U0262057

本成果受到中国农业科学院科技创新工程领军人才项目（项目编号：10 -IAED -RC -03）支持

Networked Collaborative Innovation of Agricultural Biotechnology in China

中国农业生物技术网络化协同创新

马红坤 毛世平 著

中国社会科学出版社

图书在版编目（CIP）数据

中国农业生物技术网络化协同创新／马红坤，毛世平著．—北京：中国社会科学出版社，2023.4

ISBN 978－7－5227－1782－1

Ⅰ.①中…　Ⅱ.①马…　②毛…　Ⅲ.①农业生物工程—研究—中国　Ⅳ.①S188

中国国家版本馆 CIP 数据核字（2023）第 066901 号

出 版 人　赵剑英
责任编辑　黄　晗
责任校对　王玉静
责任印制　王　超

出　　版　中国社会科学出版社
社　　址　北京鼓楼西大街甲 158 号
邮　　编　100720
网　　址　http://www.csspw.cn
发 行 部　010－84083685
门 市 部　010－84029450
经　　销　新华书店及其他书店

印　　刷　北京明恒达印务有限公司
装　　订　廊坊市广阳区广增装订厂
版　　次　2023 年 4 月第 1 版
印　　次　2023 年 4 月第 1 次印刷

开　　本　710×1000　1/16
印　　张　15.75
插　　页　2
字　　数　242 千字
定　　价　78.00 元

序

提升中国农业生物技术创新水平不仅能助力农业实现高质量发展，在当前形势下更已成为中国打赢种业翻身仗、破除在种子领域遭遇“卡脖子”的潜在风险、从根本上增强保障国家粮食安全能力的关键。鉴于协同创新，尤其是作为其高级形态的网络化协同创新能够有效推动创新主体间的优势互补，促进创新资源流动并降低交易成本，从而起到提升创新主体整体创新效能的作用，因此很有必要推动现有协同创新网络的优化升级，这是尽快提高中国农业生物技术创新水平的重要途径。那么，对于现有的协同创新网络，未来究竟应该以怎样的路径、出台怎样的措施以推动其向更趋完善的方向演化升级？回答这一问题的基本前提，是对中国农业生物技术协同创新网络的历史演化有一个根本把握，即该网络在过去一段时期，究竟呈现怎样的演化特征，这些演化特征究竟是由哪些因素、以怎样的内在机制驱动实现的？为了回答这两个重要问题，本书以1985—2017年为研究时段，基于Patsnap（中文名：智慧芽）专利数据库中的专利数据，深入探究中国农业生物技术网络化协同创新的演化机制。

本书按照理论分析—特征分析—机制分析—研究结论的思路开展系统研究，主体章节分为四个部分。第一部分（第一章到第三章）在系统综述前人研究成果的基础上，构建了中国农业生物技术网络化协同创新演化机制的理论分析框架。第一，基于技术成长理论、合作创新理论和演化理论对中国农业生物技术协同创新网络的构建和演化特征分析进行理论探究。第二，针对协同创新网络的规模演化机制分析，基于合作经济理论、演化博弈理论进行了理论阐述，并就协同创新收益、独立创新收益、市场约束力度和政府补贴力度等指标对协同创新网络规模演化的影响提出研究假说。第三，基于交易成本理论，对协同创新网络结构演化机制进行理论分析，并就个体效应、网络内生效应等方面的八个指标对协同创新网络结构演化的影响提出了研究假说。第四，基于资源观理论，对异质性主体开展网络化协同创新的比较案例分析进行了理论探究。第五，基于上述分析，构建了本书的整体理论分析框架。

第二部分（第四章）旨在探究中国农业生物技术网络化协同创新的演化特征。第一，研究建立了一套基于专利 IPC 代码的农业生物技术专利检索和可靠性检验方法，基于该方法检索获取了 1985—2017 年中国农业生物技术专利数据。第二，应用 Logistic 模型拟合的方法，识别了研究时段内中国农业生物技术发展历经的三个阶段。第三，基于联合申请专利数据，应用社会网络分析法和专用软件 Ucinet 构建了各个阶段的中国农业生物技术协同创新网络。第四，按照点、线和整体网络的顺序，借助社会网络分析法及 Ucinet 软件，对各个阶段协同创新网络的规模和结构指标进行定量解析。第五，基于各阶段协同创新网络的规模和结构指标，分别总结中国农业生物技术协同创新网络的规模演化特征和结构演化特征。研究发现，中国农业生物技术协同创新网络呈现规模和结构两个维度的清晰演化特征：网络规模维度，伴随着日趋明显的网络化态势，中国农业生物技术协同创新网络的相对规模整体不断缩小；网络结构维度，则呈现日渐清晰的“核心—边缘”分化和从单核网络向多核网络发展的宏观演化特征、拓扑层面趋于分散的中观演化特征和企业类创新主体的地位逐步提升的微观演化特征。

第三部分（第五章到第七章）对应总结出的协同创新网络规模和结构演化特征，通过第五和第六两章，分别从规模和结构两个维度探究协同创新网络演化的内在驱动机制。其中，第五章基于“创新主体要不要合作决定网络规模大小”的理念，首先构建演化博弈模型，借助 Matlab 进行仿真分析并将其和实践中中国农业生物技术协同创新网络的规模演化进行对比，分析协同创新收益、独立创新收益、市场约束力度和政府补贴力度等因素驱动中国农业生物技术协同创新网络实现规模演化的内在机制。第六章基于“创新主体同谁合作决定网络结构”的理念，选择最新的实证模型随机面向对象模型（SAOM）实证检验了创新主体个体因素和网络内生因素两类指标驱动网络结构演化的内在机制。第七章的核心目标在于探究具有明显异质性的创新主体，其在农业生物技术协同创新与演化方面究竟具有怎样的差异以及产生差异的内在原因。为此，选取中国农业大学（以下简称中国农大）、江苏省农业科学院（以下简称江苏省农科院）和北京大北农科技集团股份有限公司（以下简称大北农集团）三个具有产、学、研不同属性的创新主体为典型案例，在对各案例开展农业生物技术协同创新、合作关系的演化和驱动演化的内在机制等环节分别进行深入分析的基础上，聚焦主体间在上述环节的异同进行了横向比较分析并探究了产生差异的内在原因。研究发现，对于网络规模演化的驱动机制，在协同创新收益不高、创新主体自身盈利能力不强、实质性市场约束力度较弱和政府给予合作创新的补贴力度不足的情况下，创新主体参与协同创新的意愿不强，进而导致了宏观层面中国农业生物技术协同创新网络相对规模的日渐缩小。对于网络结构演化的驱动机制，研究发现，协同创新存在机会成本，为了弥补机会成本，创新主体倾向同具有地理相似、认知相似、制度相异、规模较大、经验丰富、“朋友的朋友”以及网络明星等特征的其他创新主体建立合作关系，面对日渐增多的调整合作伙伴的机会，上述选择偏好从微观层面推动了网络结构的宏观演化。研究发现，相比于产、学、研三类创新主体在协同创新演化、合作意愿以及伙伴选择的影响因素等方面具有的共性，企业类创新主体开展协同创新具有更强的活跃度、更高的经济敏感性和更加明显的内部合作倾向，而创新主体间在功能定位和管理体制方面的不同是导致上述差异的可能原因。

第四部分（第八章）进行研究总结并提出了如下政策建议：综合施策，强化市场机制下对破坏协同创新的各类行为的约束力度；多措并举，加大政府对以合作形式开展的科技创新活动的扶持奖励力度；推动产业集聚，为开展协同创新进一步提供地理和空间便利；深化体制改革，进一步激发高等学校和科研院所科研人员开展协同创新的积极性。

本书具有以下特色和创新。一是基于多学科交叉融合的研究选题，这是本书的一大特色。农业生物技术创新对于种业创新乃至整个农业科技创新领域都具有重要意义。与此同时，关于构建协同创新网络以强化协同创新的研究正日渐兴起。对于将二者结合起来，探究如何通过构建协同创新网络以强化农业生物技术创新的科学选题，就需要提出新的研究思路并选择新的研究工具。为此，本书通过引入定量研究社会关系的社会网络分析法、考虑了生物学内容的经济学模型 Logistic 增长模型以及源于生物演化和博弈论的演化博弈模型等研究工具，顺利地实现研究目标。二是构建的“农业生物技术”专利检索方法，为后续研究提供了新思路。本书通过尝试学科映射、IPC 映射等新思路，定义了“农业生物技术”，识别了“农业生物技术”专利的 IPC，以此为基础构建了农业生物技术专利检索方法；与此同时，建立了评价“农业生物技术”检索效能的评价指标体系。本书建立的农业生物技术专利检索和准确度评价方法，为后续研究的定量分析提供了便利，也为该领域的研究提供了一个新思路和视角。三是从宏观到微观研究视角的切换，是本书的另一个重要特色。本书采取从宏观到微观的研究视角探究协同创新网络演化的特征和机理。对于协同创新网络呈现的演化特征，本书主要从宏观视角测算和梳理总结其在规模和结构维度呈现的演化特征。对于为何如此演化，即演化机理的探究则从微观视角，以“创新主体选择是否进行协同创新推动了协同创新网络规模演化”“创新主体选择同谁合作推动了协同创新网络结构演化”为理念，通过探究微观个体的合作行为，实现对网络演化特征内在机理的探究。

农业生物技术是当前全球农业科技创新的前沿和制高点之一。强化农业生物技术创新，对于赋能中国农业实现高质量发展具有不可替代的战略意义。本书从网络化协同创新的视角，力求对如何强化中国的农业生物技术创新能力进行有价值的探究。在专著写作和修改的不同阶段，美国爱荷华州立大学杰出教授 Dermot Hayes，国际食物与政策研究所（IFPRY）高级研究员游良智，康奈尔大学助理教授张文栋，北京大学王晓兵教授，中国人民大学教授孔祥智、马九杰、曾寅初、王志刚，中国农业大学教授司伟、田维明、穆月英以及浙江大学教授陈志钢、研究员龚斌磊，中央财经大学教授乔方彬，北京理工大学教授胡瑞法、副教授蔡金阳，中国科学技术发展战略研究院研究员刘冬梅，中国农业科学院农业经济与发展研究所研究员吴敬学、助理研究员林青宁等专家学者以不同方式提出了建设性意见和建议。临沂大学教授杨成东、鲁证期货有限公司高级经理朱应舜分别对复杂网络、演化博弈、机器学习等环节的软件操作给予多方指导与协助。对上述专家学者提供的高水平建议和各种形式的协助，深表感谢。虽然本书是作者的呕心之作，但由于作者时间与水平所限，难免有不妥和不足之处，对此，敬请专家和同仁批评指正。

本书的出版得到中国农业科学院科技创新工程领军人才项目（项目编号：10－IAED－RC－03）的资助，在此表示感谢。

马红坤　毛世平

2023 年 4 月 28 日

目　　录

第一章　绪论

第一节　研究背景

打赢种业翻身仗、确保中国碗主要装中国粮、中国粮主要用中国种已经成为中国各界共识。当前，部分发达国家已成功跨越基于分子生物技术的育种3.0时代，进入以“生物技术＋人工智能＋大数据信息技术”为主要手段的育种4.0时代。与之相比，中国的育种阶段尚停留在以杂交育种为主要手段的2.0—3.0时代①。农业生物技术创新水平的滞后，直接制约了中国种业自主创新水平的提升。在极端情况下，如果部分品种的种子出现断供，虽不会“一卡就死”，却会在很大程度上影响中国农产品的质量和效益②。因此，提升中国农业生物技术创新水平直接关系到中国能否打赢种业翻身仗，消除育种技术“卡脖子”的潜在隐患，进而从根本上提升中国保障粮食安全的能力。

协同创新能够有效提升原始创新水平已经成为学界共识。资源基础观认为，创新主体间开展协同创新有助于其充分利用稀缺创新资源，

---

① 中国工程院院士、中国农科院副院长、著名分子育种专家万建民院士在接受新华社采访时指出：“种业发展可以分为四个阶段，1.0时代是农家育种，2.0时代是杂交育种，3.0时代是分子育种，包括分子标记、转基因、基因编辑育种等，4.0时代是‘生物技术＋人工智能＋大数据信息技术’育种。目前发达国家已进入种业4.0时代，中国还在2.0—3.0时代之间。”（详见 https：//baijiahao. baidu. com/s? id = 1690212273100573072&wfr = spider&for = pc）

② 《农业部部长2021年1月16日在中国农业科学院调研时的讲话》，http：//www. moa. gov. cn/xw/zwdt/202101/t20210106_ 6359518. htm。

进而提升整体创新水平①；交易成本理论认为，创新主体间开展协同创新可以有效规避市场交易的不确定性，降低信息的不对称性，同时有效应对道德风险偏高的问题②；产业组织理论认为，创新主体间开展协同创新能够防止技术的非正常溢出，从而更好地保证创新效益的内部共享③。从促进科技成果转化的角度看，由于学、研和产等不同属性的创新主体通常隶属于原始创新和成果转化这个创新链条的不同环节，强化其相互间的协同创新，有助于增强上下游各环节创新主体间的互动，进而有效避免当前存在的科研和转化“两张皮”“重基础、轻应用”“重科研、轻转化”等问题的出现。

20 世纪 90 年代以来，伴随知识经济的发展和全球化创新的深化，网络化的创新格局逐渐替代等级化的创新格局④，进而引发了创新模式的变革。此后，协同创新网络作为促进创新要素共享、创新主体协作的重要载体和有效途径受到越来越多的关注⑤。新区域主义和全球生产网络两大创新研究学派均强调网络在知识流动和协同创新中所起的关键作用⑥。“新区域主义 2.0”更是着重强调了“流空间”（Space of Flows）中的网络关系⑦。Huggins（2010，2017）则将网络视为和物质资本、人力资本、R&D 资本具有同等地位的关键资本要素，提出了

---

① 吴晓云、张欣妍：《企业能力、技术创新和价值网络合作创新与企业绩效》，《管理科学》2015 年第 6 期；李晓翔、刘春林：《为何要与国有企业合作创新？——基于民营中小企业资源匮乏视角》，《经济管理》2018 年第 2 期。

② 高孟立：《合作创新中互动一定有助于促进合作吗?》，《科学学研究》2018 年第 8 期。

③ 单英华、李忠富：《基于演化博弈的住宅建筑企业技术合作创新机理》，《系统管理学报》2015 年第 5 期；徐建中、赵亚楠、朱晓亚：《基于复杂网络演化博弈的企业低碳协同创新行为网络演化机理研究》，《运筹与管理》2019 年第 6 期。

④ Castells，Wiley S. B. C.，“Rethinking nationality in the Context of Globalization”，*Communication Theory*，Vol. 14，No. 1，2004.

⑤ Bergman，Lin Z.，Cao X.，Cottam E.，“International Networking and Knowledge Acquisition of Chinese SMEs：The Role of Global Mind-set and International Entrepreneurial Orientation”，*Entrepreneurship & Regional Development*，Vol. 32，No. 5 – 6，2020.

⑥ Bunnell T. G.，Coe N. M.，“Spaces and Scales of Innovation”，*Progress in Human Geography*，Vol. 25，No. 4，2001.

⑦ Huggins R.，Prokop D.，“Network Structure and Regional Innovation：A Study of University-industry Ties”，*Urban Studies*，Vol. 54，No. 4，2015.

“网络资本”（*Net Work Capital*）概念①。总体来说，相比于一般意义上的协同创新，以网络化形式开展的协同创新在多尺度的空间格局、组织方式和核心功能等方面都发生了重构，其进一步提升创新绩效的作用已获得学界的广泛认同。

相比于国内学术界更为关注一般意义上的协同创新、相对忽视网络化协同创新这一高级和新型协同创新模式，“网络化协同创新”和“协同创新网络”的研究在国外学术界正成为热门话题。然而，无论国外学术界还是国内学术界，都较为侧重对应用性技术门类相关的协同创新网络进行研究，对同基础型学科紧密关联的技术门类相关的协同创新网络进行的研究较少。当然，对后者的忽视很大程度上是因为究竟如何更好地表征和评价基础性学科相关的协同创新存在较大难度。然而，忽视后者这一在结构、形态和演化特征方面同前者存在明显差异的网络类型的研究，必将导致协同创新网络整体研究版图的不完整。基于此，本书聚焦以农业生物技术这个同基础性学科紧密相连的技术门类为载体的协同创新网络，对其演化特征和驱动机制进行深入研究，无论对推动学术界更多关注协同创新网络的研究，还是补齐协同创新网络研究的整体版图，都具有较强的理论意义。

协同创新能够加快创新资源在创新主体间的流动，促进创新主体实现优势互补，显著提升相关创新主体的整体创新水平②。协同创新网络是协同创新的高级形式和必然发展趋势③，这已在协同创新研究领域获得了基本共识。未来，构建更加优化和完善的协同创新网络有利于加快创新

---

① Huggins R.，“Forms of Network Resource：Knowledge Access and the Role of Inter-firm Networks”，*International Journal of Management Reviews*，Vol. 12，No. 3，2010；Huggins R.，Thompson P.，“Networks and Regional Economic Growth：A Spatial Analysis of Knowledge Ties”，*Environment and Planning A*，Vol. 46，No. 6，2017.

② 田真真、王新华、孙江永：《创新网络结构、知识转移与企业合作创新绩效》，《软科学》2020年第11期；蒋兴华、范心雨、汪玲芳：《伙伴关系、协同意愿对协同创新绩效的影响研究——基于政府支持的调节作用》，《中国科技论坛》2021年第2期。

③ 周灿、曾刚、辛晓睿、宓泽锋：《中国电子信息产业创新网络演化——基于SAO模型的实证》，《经济地理》2018年第4期；周灿、曹贤忠、曾刚：《中国电子信息产业创新的集群网络模式与演化路径》，《地理研究》2019年第9期；王黎萤、吴瑛、朱子钦、宋秀玲：《专利合作网络影响科技型中小企业创新绩效的机理研究》，《科研管理》2021年第1期。

资源在创新主体间的流动，进而提升中国农业生物技术的整体创新水平。

提升中国农业生物技术创新水平意义重大。从粮食安全的维度来看，这事关中国能否更快更好地打赢种业翻身仗，从而在“藏粮于技”的方面提升中国粮食安全的保障能力。从农业可持续发展的维度来看，当前中国农业发展正面临日益严峻的资源环境约束，农业绿色发展转型势在必行①，这也是发达国家农业发展的主流趋势②③。提升农业生物技术创新水平，有助于降低中国农业生产对化肥、农药和其他化学品等传统投入要素的过度依赖，这必将有利于推动中国农业的绿色发展转型。

鉴于对协同创新网络的历史演化特征及其驱动机制进行了深入研究，可为未来构建更趋合理的协同创新网络提供有效借鉴，本书对中国农业生物技术协同创新网络的历史演化特征及其驱动机制研究的选题具有较强的现实意义。

第二节　概念界定

本书的后续研究涉及多个专业性较强、具有一定知识门槛的专业领域，为进一步增强研究的严谨性，提高专著的可读性，特对后续研究中的关键概念进行界定。

一　农业生物技术

生物技术是20世纪后期人类科技史上最令人瞩目的高新技术，也是国际科技竞争乃至经济安全的重点④。生物技术是以现代生命科学理论

① 马红坤、毛世平：《中国农业支持政策的绿色生态转型研究——基于中日韩三国的比较分析》，《经济体制改革》2020年第2期。

② 马红坤、孙立新、毛世平：《欧盟农业支持政策的改革方向与中国的未来选择》，《现代经济探讨》2019年第4期。

③ 在本书的预研工作中，作者针对推进中国农业绿色发展转型的必要性、主要发达国家推进农业绿色发展转型的典型经验、强化包括农业生物技术创新在内的农业科技创新投入力度以及为农业转型提供强力支撑的欧盟的做法等进行了系统研究。这些系统研究是本书第一章“研究背景”的重要来源，但受篇幅所限，作者未将其全部纳入本书，具体内容可见马红坤等（2019，2020）。

④ 李晓曼、孙巍、徐倩、郝心宁：《基于专利计量的农业生物技术发展态势分析》，《生物技术通报》2018年第12期。

为基础，利用生物材料或生物系统，应用工程学原理，并遵循生物学的规律来设计、构建具有预期形状的新个体以及新型生物制品的一种综合性技术体系①。顾名思义，农业生物技术是应用于农业领域的生物技术的统称②，是指运用基因工程、细胞工程、发酵工程、酶工程以及分子育种等生物技术手段，改良动植物及微生物品种的性状，培育动植物及微生物新品种，生产生物农药、兽药与兽用疫苗的新型技术体系③。

由于生物技术这一概念的范畴较大，且没有明确的边界，农业生物技术究竟包含哪些技术尚存争议。2015—2016 年，美国康奈尔大学和美国国际开发署在其报告（*Agriculture Biotechnology*）中，将农业生物技术定义为通过综合或单独运用基因工程、细胞工程等生物技术，改善动植物及微生物品种性状、生产生物农药、兽药与疫苗的新技术④。欧盟、OECD 和中国国家知识产权局等国内外机构则通过专利国际分类代表（International Patents Classification，IPC）列表的形式，列出了农业生物技术包含的专利门类⑤，且这些专利门类基本被囊括在（*Agriculture Biotechnology*）所定义的范畴中。

本书基于"农业生物技术为生物技术应用于农业领域"的基本原则，对"农业生物技术"进行了概念界定和范畴厘清。首先，通过 Web of Science（WOS）和 Essential Science Indicators（ESI）中对细分学科的界定，识别了"农业"包含的所有细分学科；其次，综合欧盟、OECD 和国内研究机构对"生物技术"所涉 IPC 的界定，基于 IPC 梳理出"生物技术"的范畴；最后，将"生物技术"IPC 向"农业领域"逐一映射，得出"农业生物技术"相应的 IPC，从而实现了对"农业生物技术"的界定（见表 1－1）。具体厘清和识别农业生物技术的方法，见本书第四章。

---

① 薛爱红：《农业生物技术专利信息管理分析》，《中国科技论坛》2010 年第 4 期。

② 潘月红、逯锐、周爱莲、贾硕、孙国凤：《中国农业生物技术及其产业化发展现状与前景》，《生物技术通报》2011 年第 6 期。

③ 石家惠、杜艳艳：《基于专利数据的中国农业生物技术发展现状研究》，《情报杂志》2013 年第 9 期。

④ 康奈尔大学官方网站，http：//absp2. cornell. edu/resources/briefs/documents/warp_ briefs_ eng_ scr. pdf。

⑤ 相应表格和资料请见本书第三、第四章。

表 1－1　本书对“农业生物技术”的界定

一级分类	二级分类	三级分类	拟用 IPC	专利范畴
A	A01	—	A01H	新植物或获得新植物的方法；通过组织培养技术的植物再生方法
		—	A01N	人体、动植物体或其局部的保存；杀生剂，例如作为消毒剂，作为农药或作为除草剂；害虫驱避剂或引诱剂；植物生长调节剂
	A61	A61K	A61K38/00	含肽的医药配制品（兽医兽药类）
			A61K39/00	含有抗原或抗体的医药配制品（兽医兽药类）
			A61K48/00	含有插入活体细胞中的遗传物质以治疗遗传病的医药配制品；基因治疗（兽医兽药类）
	A23	—	A23K	专门适用于动物的喂养饲料；其生产方法
C	C05	C05F	C05F11/08	含有加入细菌培养物、菌丝或其他类似物的有机肥料
			C05F15/00	包含在 C05F1/00 至 C05F11/00 一个以上的大组中的混合肥料；由包含在本小类中但不包含在同一大组的原料混合物制造的肥料
	C07	C07K	C07K14/415	来自植物的糖类及其衍生物、核苷、核苷酸、核酸
			C07K14/195	来自细菌的糖类及其衍生物、核苷、核苷酸、核酸
			C07K14/37	来自真菌的糖类及其衍生物、核苷、核苷酸、核酸
	C12	—	C12M	酶学或微生物学装置
		—	C12N	微生物或酶；其组合物
		—	C12Q	包含酶或微生物的测定或检验方法；其所用的组合物或试纸；这种组合物的制备方法；在微生物学方法或酶学方法中的条件反应控制
		—	C12S	使用酶或微生物以释放、分离或纯化已有化合物或组合物的方法
		—	C12P	发酵或使用酶的方法合成目标化合物或组合物，或从外消旋混合物中分离旋光异构体

二 创新群体、协同创新网络与网络化协同创新

（一）创新群体

在本书中，“创新群体”与“协同创新网络”是两个截然不同而又存在密切关联的概念。其中，只要以申请专利的形式进行了农业生物技术创新的创新主体，即是创新群体中的一员；而只有通过联合申请专利的形式进行过协同创新，才是协同创新网络的一员。从这个意义上来说，“协同创新网络”中的创新主体是整个“创新群体”中的一部分。具体来说，中国农业生物技术专利可以分为仅由单个创新主体申请获得和两个及以上创新主体基于协同创新申请获得两个大类。其中，未曾进行过协同创新而一直通过独立创新申请农业生物技术专利的创新主体是创新群体中的一员，但却不是协同创新网络中的一员；反过来讲，通过联合申请专利、融入协同创新网络中的创新主体，必然是创新群体中的一员。

（二）协同创新网络

本书中的协同创新网络是指由高等学校、科研院所和企业等不同类型的创新主体，以联合申请专利的形式进行协同创新，并最终形成的网络化协同创新形式。中国农业生物技术协同创新网络可以分为三个层次：网络节点，即各类创新主体；节点连线，即节点间进行的协同创新联系；整体网络，即整体意义上的中国农业生物技术协同创新网络。本书第五章在总结和梳理网络演化特征时，即按照节点—连线—整体网络的顺序进行（见图 1－1）。

（三）网络化协同创新

本书中，“网络化协同创新”同“协同创新网络”同样是具有紧密联系的两个概念。简单来说，“网络化协同创新”是动词，“协同创新网络”是名词，这是二者的本质不同。与此同时，创新主体间通过以网络化形式开展协同创新，便能形成协同创新网络，因此，“协同创新网络”是“网络化协同创新”的对应宾语。在本书中，不考虑词语属性的话，“中国农业生物技术网络化创新协同”和“中国农业生物技术协同创新网络”均指多个中国农业生物技术创新主体，通过相互间开展协同创新而形成的网络形式。

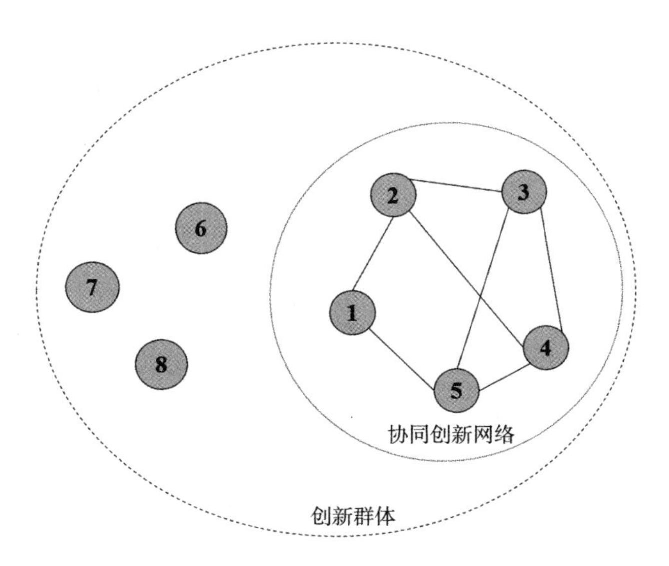

图 1－1 "创新群体"和"协同创新网络"的概念界定

说明：本书将"农业生物技术创新群体"界定为：进行农业生物技术创新活动的创新主体的总和，在图 1－1 中，包含编号为 1—8 的创新主体；将"协同创新网络"界定为创新主体通过开展协同创新、基于错综复杂的合作关系形成的网络化合作机制，在图 1－1 中，协同创新网络由编号为 1—5 的创新主体组成。总体来看，创新主体只要进行农业生物技术创新，即是创新群体的一员；只有以合作创新的形式进行农业生物技术创新，才是协同创新网络的一员。从创新主体范围来看，创新群体包含协同创新网络。

三 协同创新网络的规模

协同创新网络是由创新主体基于协同创新关系形成的。因此，创新主体和协同创新关系的数量可以用来衡量协同创新网络的规模。结合对"创新群体"和"协同创新网络"概念的界定，协同创新网络的规模存在两种定义。一是协同创新网络的绝对规模，即某一个时期协同创新网络中包含的创新主体和协同创新关系的绝对数量；二是协同创新网络的相对规模，即协同创新网络中包含的创新主体数量占创新群体中主体总数的比例。

需要强调的是，在第五章对中国农业生物技术协同创新网络规模演化的分析中，"协同创新网络规模"是指第二种定义，即相对规模。如此界定的原因在于，本书旨在探究中国农业生物技术协同创新网络的演化，而随着时间的演进（1985—2017 年），进行农业生物技术创新的主体的绝对数量必然是持续增长的，相应合作关系数量的绝对值也是增长的。由此以来，中国农业生物技术协同创新网络的绝对规模将毫无悬念地持续增长。在此情况下，探究绝对规模的演化及其机理并无实际意义。然而，随着农业生物技术创新主体数量的增多，进行协同创新主体数量的占比（即相对规模）却未必呈现相同的演化特征。基于此，本书将“协同创新网络的规模”界定为“相对规模”，以此探究随着农业生物技术的发展，进行协同创新并融入协同创新网络的主体占比呈现怎样的演化特征，有哪些因素驱动了这种演化（见图 1－2）。

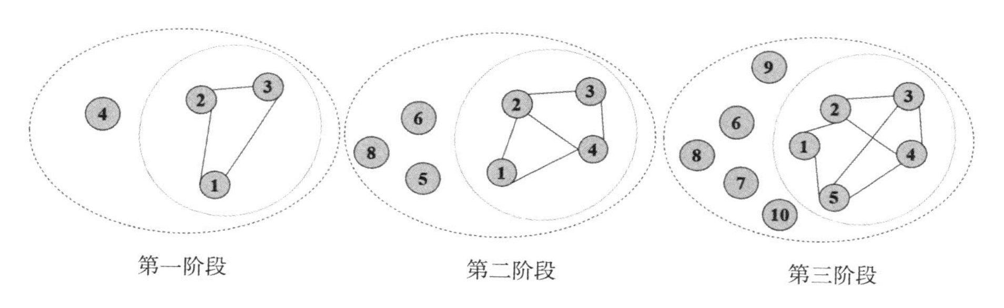

图 1－2　“协同创新网络的规模”的概念界定

说明：本书将“协同创新网络的规模”界定为协同创新网络的相对规模。第一阶段，创新群体和协同创新网络分别由 4 个和 3 个创新主体组成，协同创新网络的相对规模为 3/4，即 75%；在第二阶段和第三阶段中，协同创新网络的相对规模分别为 57.1% 和 50%。随着协同创新网络从第一阶段发展至第三阶段，虽然协同创新网络中拥有的主体数量逐渐增多，但是本书认为其规模是逐渐缩小的。

四　创新主体的异质性

在中国农业生物技术协同创新网络中，主要包含三类属性截然不同的创新主体：高等学校、科研院所和企业。各类创新主体在功能定位、运行机制、管理方式和人员组成等方面存在较大差异。现有研究表明，这些差异将在一定程度上影响创新主体的协同创新活动。本书中，为了尽可能在清晰探究上述诸多差异性对协同创新及其演化的影响和降低研究难度、化繁为简之间取得平衡，将“创新主体的异质性”界定为高等学校、科研院所和企业类创新主体属性的异质性。基于此，本书对“创新主体的异质性对协同创新及其演化的影响”的研究，将聚焦在高等学校、科研院所和企业三类创新主体的属性差异对其开展协同创新及相应演化影响的探究。

第三节 研究框架与主要内容

农业生物技术创新对“打赢种业翻身仗”，破除中国在种子领域遭遇“卡脖子”的潜在风险，进而从根本上保障国家粮食安全具有重要作用。基于此，应强化中国的农业生物技术创新能力。鉴于网络化协同创新能够促进创新主体实现优势互补，加快创新资源在创新主体间的流动，从而起到大幅提升创新主体整体创新效能的作用，亟须推动构建完善的农业生物技术协同创新网络。

那么，未来的协同创新网络究竟应该如何构建？针对现有的协同创新网络，究竟应该怎样推动其演化升级，进而实现网络功能的升级换代？回答上述问题的前提，是掌握中国农业生物技术协同创新网络的历史演化特征及其内在机制。

基于此，本书聚焦中国农业生物技术协同创新网络的历史演化，深入探究如下三个问题。

1. 中国农业生物技术协同创新网络究竟呈现怎样的历史演化特征？

对于任何一个网络，规模和结构都是其最为基本的二元特征。基于此，本书将着重探究如下两个子问题。

（1）中国农业生物技术协同创新网络在网络规模角度呈现怎样的演化特征？

（2）中国农业生物技术协同创新网络在网络结构角度呈现怎样的演化特征？

2. 在上述演化特征的表象下，究竟具有怎样的内在机制？或者说，究竟是哪些因素，以怎样的机制驱动了协同创新网络呈现上述演化特征？

前文对网络演化特征的总结分为规模和结构两个维度，因此本部分将从规模和结构两个维度探究协同创新网络演化的内在机制。

（1）哪些因素以怎样的机制影响了创新主体进行协同创新的意愿，进而推动了网络规模的演化？对创新主体来说，“要不要进行协同创新”直接关系到网络规模的宏观演化，也就是说，创新主体的合作意愿直接决定网络规模的演化趋势。因此，本书将探究哪些因素影响了创新主体开展协同创新的意愿，以此实现对网络规模演化内在机制的探究。

（2）哪些因素以怎样的机制影响了创新主体对协同创新伙伴的选择，进而推动了网络结构的演化？“同谁合作”直接影响合作关系的演化，而合作关系的演化则直接推动网络结构的演化。基于此，本书将探究创新主体合作伙伴选择的影响因素，以此实现对网络结构演化内在机制的探究。

3. 鉴于协同创新网络中存在高等学校、科研院所和企业三类具有明显异质性的创新主体，那么，对于上述不同种类的创新主体，其协同创新与演化机制究竟会呈现怎样的差异？怎样的内在原因导致了这些差异？

开展农业生物技术创新活动的主体主要包含高等学校、科研院所和企业三类。现有研究表明，不同属性的创新主体，其创新活动会在较大程度上具有其属性的“烙印”[①]。那么，高等学校、科研院所和企业类创新主体，其农业生物技术协同创新、演化及驱动演化的内在机制具有怎样的差异？哪些因素导致了这些差异？本书将选择三个不同属性的创新主体作为典型案例，通过比较分析，深入探究其协同创新与演化的差异。

一　研究框架

为了科学回答上述问题，本书将分为四个部分，深入地开展具体研究，如图 1－3 所示。

---

① 乔永忠、邓思铭：《创新主体类型对中国专利奖获奖专利运用能力影响研究——以不同地区为视角》，《情报学报》2019 年第 5 期；王成军、秦素、胡登峰：《不同高等学校类型下产学合作对学术创新绩效影响的实证研究》，《中国科技论坛》2020 年第 7 期。

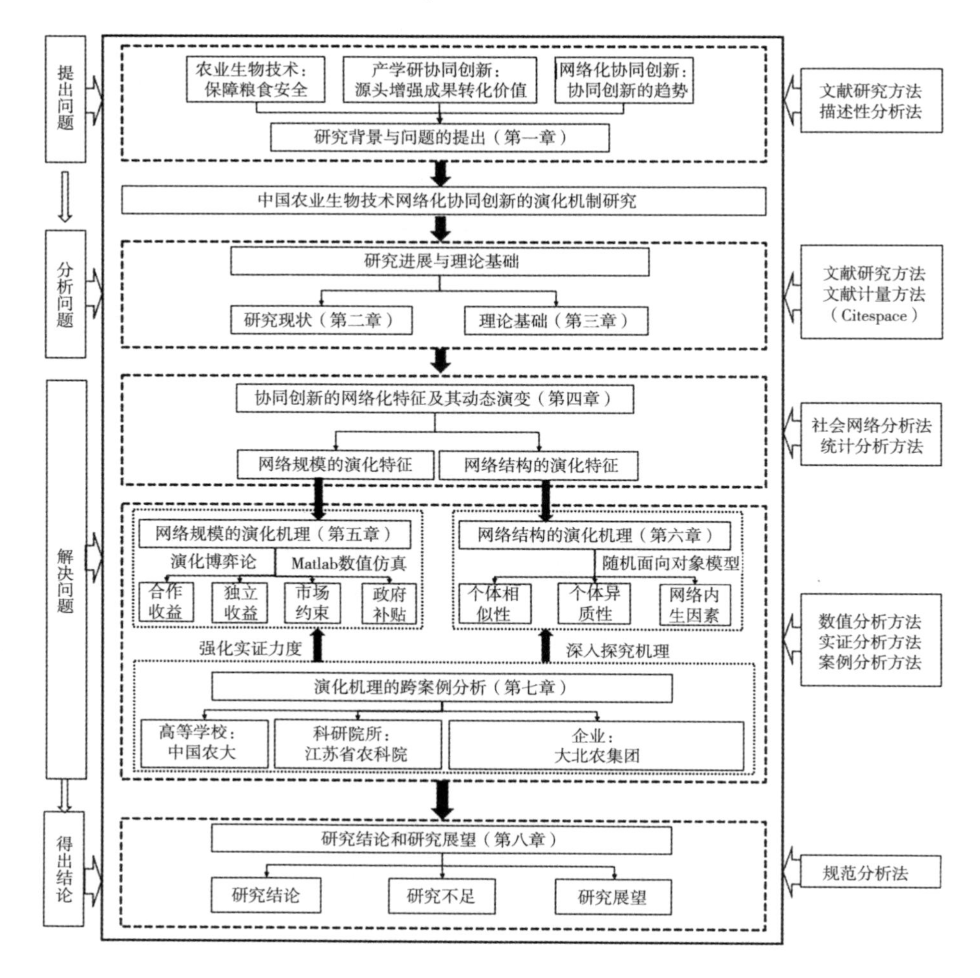

图1－3　本书的技术路线

二　主要内容

本书的主要研究内容如下。

1. 绪论部分：在分析研究背景的基础上提出研究问题

第一章为绪论。该部分深入探讨本书选题的背景以及研究意义并提出问题；之后给出本书的研究目标和思路，并对本书相关的核心概念进行阐述。

2. 研究进展与理论分析部分：对拟研究问题进行分析

该部分将包含本书的第二章和第三章。在第二章，首先借助Citespace软件，基于文献计量方法探究拟研究问题的热点领域和研究前沿；之后，以传统文献综述方法，从协同创新网络的概念与内涵、网络形成、网络演化和演化机理等多个方面进行文献综述。第三章对研究的核心问题进行理论分析，之后构建本书的总体理论分析框架。

3. 中国农业生物技术网络化协同创新的演化特征及其机理探究的实证分析部分

第三部分为对中国农业生物技术网络化协同创新演化机制的实证分析，具体包含第四章至第七章。

（1）第四章为中国农业生物技术网络化协同创新演化特征的探究。首先，构建专利检索式，检索中国农业生物技术专利书记。鉴于传统的基于名称、关键词或研究主题进行专利检索的方法不适用农业生物技术专利检索，本书拟以专利的分类代码IPC为基础，通过多领域映射的方法，并结合时间、地域和主体等检索要素，创造性构建“中国农业生物技术”专利检索式。其次，借用数据挖掘领域的准确性检验方法，检验筛选出的专利IPC的检索效能。再次，利用检索出的1985—2017年中国农业生物技术专利数据，基于技术生命周期理论，借助Logistic模型，将其间的创新历程划分为三个阶段。最后，从网络规模和网络结构两个维度系统探究中国农业生物技术协同创新网络的演化特征。具体来说，首先，对1985—2017年中国农业生物技术协同创新经历的阶段进行识别和划分；其次，基于筛选出的联合申请专利数据，构建各阶段的中国农业生物技术协同创新网络；再次，按照点、线和整体网络的分析顺序，对不同阶段的中国农业生物技术协同创新网络进行动态解析，并基于各阶段指标的纵向比较，分析中国农业生物技术协同创新网络的演化态势；最后，总结归纳中国农业生物技术协同创新网络在规模和结构两个维度所呈现的演化特征。

（2）第五章为中国农业生物技术网络化协同创新规模演化的机理探究。该章主要探究哪些因素以怎样的机理推动了中国农业生物技术协同创新网络的规模实现了演化。由于协同创新在本质上为主体间合作—不合作的博弈，当“合作”倾向在中国农业生物技术创新群体中得到扩散或者被普遍采纳，也就意味着更多创新主体进行协同创新从而加入协同创新网络，进而推动了中国农业生物技术协同创新网络规模的逐步扩大；反之，“不合作”策略的普遍采纳则意味着网络规模的减小。基于该研究理念，第五章通过构建演化博弈模型并以 Matlab 进行数值仿真，探究在合作创新收益、独立创新收益、市场约束力度、政府补贴力度等诸多因素作用下，中国农业生物技术协同创新网络规模的演化机理。

（3）第六章为中国农业生物技术网络化协同创新结构演化的机理探究。该章主要探讨有哪些因素驱动中国农业生物技术协同创新网络结构的演化。本章将建立随机面向对象模型（Stochastic Actor-Oriented Models，SAOM），综合考虑地理相似和社会相似等多维相似性因素、根植性和网络地位等网络结构内生因素、主体创新能力和合作创新经验等个体特性等变量，探究其对中国农业生物技术协同创新网络结构演化的驱动作用。

（4）第七章为异质性主体协同创新及其演化的比较案例分析。本章拟采用比较案例分析的研究范式，分别选取高等学校、科研院所和企业类创新主体作为典型案例，通过对不同属性创新主体的协同创新活动及其演化进行比较分析，深入探究异质性主体在协同创新及其演化方面的差异及差异产生的原因。

4. 研究结论与研究展望部分

本部分为第八章。本章将系统总结本书的研究结论，提出相应政策建议；同时，针对现有研究存在的不足和进一步的研究计划，进行研究展望。

第二章 中国农业生物技术网络化协同创新的研究进展

仅就“中国农业生物技术网络化协同创新的演化”而言，其由两个核心要件组成：“农业生物技术创新”和“网络化协同创新”。在后续的文献综述中，本书将以“网络化协同创新”作为侧重点，主要考虑如下。首先，“农业生物技术创新”的相关研究虽然很多，但从创新模式的视角展开的研究很少，而聚焦“网络化协同创新”或以其他形式开展协同创新的研究基本没有。就“农业生物技术创新”的研究来说，相关文献主要分为两类：一类为自然科学范畴，主要是通过特定实验方法，在分子或细胞层面进行技术操作，从而实现对生物体的改造，这类研究是以自然科学的研究范式开展的，因此本书未给予过多关注；另一类则为社会科学范畴，其中，聚焦国内问题的学者们主要关注农业生物技术细分领域中的转基因技术或者直接将转基因技术作为农业生物技术的代名词，从该技术的经济效益①、社会效益②、技

---

① 赵芝俊、孙炜琳、张社梅：《转基因抗虫（Bt）玉米商业化的经济效益预评价》，《农业经济问题》2010 年第 9 期；薛艳、郭淑静、徐志刚：《经济效益、风险态度与农户转基因作物种植意愿——对中国五省 723 户农户的实地调查》，《南京农业大学学报》（社会科学版）2014 年第 4 期；李昭琰、郭艳琴、乔方彬：《双价转基因抗虫棉经济效益分析》，《农业技术经济》2015 年第 8 期。

② 米建伟、黄季焜、胡瑞法、王子军、陈瑞剑：《转基因抗虫棉推广应用与次要害虫危害的关系——基于微观农户调查的实证研究》，《农业技术经济》2011 年第 9 期；郭淑静、徐志刚、黄季焜：《转基因技术采用的潜在收益研究——基于中国五省的实地调查》，《农业技术经济》2012 年第 1 期。

术采纳[①]、标签制度[②]、购买意愿[③]和生物伦理与安全[④]等多个角度进行研究。显然，“农业生物技术创新”的研究固然重要，但对其进行大范围综述容易使本章对“网络化协同创新”研究进行综述的焦点变得模糊。其次，“农业生物技术”是“网络化协同创新”的技术载体，对后者进行充分综述，有利于在有限的篇幅内，梳理清楚协同创新网络研究的基本现状和普遍规律。总之，基于本书的研究选题和上述原因，本章将聚焦网络化协同创新演化及其机理的探究并进行文献综述。

第一节　协同创新网络的内涵

“网络”概念提出的初衷是用以表述各种空间实体的内在和外在联系[⑤]。由于众多社会现象的背后都存在网络化关联的“影子”，由此在20世纪70年代，社会学家首先基于网络的视角对社会问题，尤其是社会结构进行研究[⑥]。随着学科交叉的深入，“网络”一词的应用不再局限于社会学领域，而是得到广泛引申和借用。例如，在企业管理领域，学者们

---

① 储成兵、李平：《农户对转基因生物技术的认知及采纳行为实证研究——以种植转基因Bt抗虫棉为例》，《财经论丛》2013年第1期；薛艳、郭淑静、徐志刚：《经济效益、风险态度与农户转基因作物种植意愿——对中国五省723户农户的实地调查》，《南京农业大学学报》（社会科学版）2014年第4期。

② 姚东旻、张鹏远、李军林：《转基因食品标识政策的选择和评价》，《改革》2018年第6期；刘婷：《转基因食品强制标识的效力：基于美国联邦法案的考察》，《农业经济问题》2019年第2期；姚东旻、张磊、张鹏远：《一样的科学，不一样的政策——转基因产品标识政策差异的博弈分析》，《财经研究》2020年第4期。

③ 辛鸣：《消费者对转基因食品的认知程度和接受意愿——以河南省为例》，《中国软科学》2017年第9期；张明杨、范玉兵、陈超：《异质性信息对消费者购买意向的影响：以转基因大米为例》，《中国农村观察》2020年第1期。

④ 何晓丹、陈琦琦、展进涛：《欧美等国基因组编辑生物安全管理政策及对中国的启示》，《中国科技论坛》2018年第8期；杨辉：《谁在判定农业转基因生物是否安全——国家农业转基因生物安全委员会群体素描》，《自然辩证法研究》2019年第10期。

⑤ 曾菊新：《论新世纪适宜居住的城市观》，《经济地理》2001年第3期。

⑥ 张文宏：《宏观社会结构变迁背景下城市居民社会网络构成的变化》，《天津社会科学》2006年第2期。

认为可以用“网络”一词表述企业之间结成的关系网①。

具体到创新研究领域，1991 年英国经济学家弗里曼首先将“网络”这一术语引入创新经济研究②。弗里曼创造性地提出了“协同创新网络”的概念，他认为“协同创新网络”本质上是由创新者基于合作联系组成的“合作者网络”，从这一角度来讲，“协同创新网络”等同于“创新者网络”（Networks of Innovator）。基于弗里曼的理解，协同创新网络是为了实现系统性创新而建立的一种基本制度安排，创新主体是网络中的节点，而创新主体间的协同创新联系则构成了网络架构的主要连接机制。

自协同创新网络的概念被提出后，由于其能形象地阐述创新主体间网络化协同创新，因而在学术界掀起了研究热潮。随着研究的持续推进，学界对“协同创新网络”概念和内涵的认知也在逐渐演化和深化（见表 2－1）。

表 2－1　**学界对“协同创新网络”概念定义的演化**

文献	协同创新网络概念的主要观点	相应内涵
Freeman（1991）	协同创新网络是创新主体间为应对系统性/协同性创新的一种基本制度安排，企业间的协同创新关系是这种网络架构的主要连接机制	协同创新网络是一种“制度安排”
Nonaka 等（1995）	协同创新网络是一种便于创新主体获取规范化的系统知识、正式报告、软件以及隐性知识的工具；同时，协同创新网络合并了组织内部以及组织间的正式与非正式联系	协同创新网络是一种“工具”
Koschatzky（1999）	协同创新网络不是固定、僵化的科层安排，而是“一种相对松散的、非正式的、含蓄的、可分解的和重复连接的相互联系的系统”	强调协同创新网络的动态性

① 鲁若愚、周阳、丁奕文、周冬梅、冯旭：《企业创新网络：溯源、演化与研究展望》，《管理世界》2021 年第 1 期。

② Freeman C.，“Networks of Innovators：A Synthesis of Research Issues”，*Research Policy*，Vol. 20，No. 5，1991.

续表

文献	协同创新网络概念的主要观点	相应内涵
Harris 等（2000）	不同创新参与者（包括制造业中的企业、研发机构和创新导向服务供应者等）形成的协同群体，由其共同参与新产品的形成、开发、生产和销售过程，以及创新的开发与扩散；通过创新主体间的交互作用建立科学、技术、市场之间的直接或间接、互惠且灵活的合作关系	强调“交互”对网络形成的影响
王大洲（2001）	由企业组成的协同创新网络，即在技术创新过程中围绕企业形成的各种正式与非正式合作关系的架构总和	强调网络核心对网络形成的影响
沈必扬等（2005）	协同创新网络是一定区域内的企业与各行为主体（高等学校、科研院所、地方政府、中介机构、金融机构等）在交互式的作用当中建立的相对稳定的、能够激发或促进创新的正式或非正式的关系总和	更加关注“关系”，认为网络即是“关系”的总和
Ojasalo（2008）	协同创新网络是焦点企业在开展研发活动过程中与其他行为主体形成关系的总和	认为网络即是“关系”的总和
Dilk 等（2008）	协同创新网络可以理解为两个或两个以上的企业以共同研究、开发或传播创新为目标所形成的一种组织形式	认为网络是一种组织形式
党兴华等（2011）	创新主体间的协同创新广泛存在，当数量和密度达到一定门槛时，即构成协同创新网络；协同创新网络是为了解决网络环境下技术创新不确定性和单个企业创新资源有限性的突出矛盾，由各个不同层次的相关企业或组织基于共同的技术创新目标而建立起来的一种组织形式	认为网络这一“组织形式”的形成存在自发性
Balland 等（2012）	由创新主体在地理相似、认知相似、组织相似、制度相似和社会相似等多重因素作用下，为了创新水平的共同提高而形成的创新连接机制	更加关注“多维相似性”对网络形成的作用
Balland 等（2016）	协同创新网络是由创新主体间基于正式或非正式联系形成的，有利于实现知识溢出和创新资源流动的创新利益连接机制	合作网络是“利益连接机制”
曹兴等（2018）	协同创新网络是在核心企业主导下形成的、具有交互关系的多个企业构成且呈现“多节点”特征的松散耦合系统	强调网络的“松散耦合”特征
李晨光等（2019）	从组织资源和信息的流动性来看，产学研协同创新网络的连通影响创新主体的资源优势互补和技术研发协作	网络通过促进资源流动实现创新优势互补

续表

文献	协同创新网络概念的主要观点	相应内涵
杨春白雪等（2020）	协同创新网络是市场和创新主体之间内部渗透的一种基本制度安排，能够有效地促进创新知识转移和扩散。在创新主体竞争合作过程中，位于关键节点的企业呈现高于其他企业的发展态势，引导网络最终演化为具有高度领导能力和高度被依赖性的“多核心”网络合作组织	回归对网络功能的关注：促进知识转移和扩散

资料来源：笔者自行整理，也参考了林春培（2012）、周文（2015）的研究成果。

第二节　协同创新网络的形成研究

协同创新网络的形成是后续演化的基础。关于协同创新网络形成的原因，目前主要有产业集聚驱动形成和知识流动驱动形成两种观点。

第一种观点认为，协同创新网络的形成是由产业集聚驱动的。这种观点的核心在于，包含诸多创新主体的某种或某些产业因各种因素形成集聚，是后续形成协同创新网络的必要条件之一。如果按照时间先后的顺序来看，则先有产业集聚，后有协同创新网络。具体来说，某个“产业”是由进行各种形式的生产和创新活动的主体组成的，其中，创新主体是创新行为的载体，当包含众多创新主体的各类产业在多种原因作用下，实现了地理上的集聚之后，也就为协同创新网络的形成提供了载体。以企业类创新主体为例，学者们认为，产业集聚的发生受到多重因素的驱动。当产业集聚形成后，在客观上为创新活动的集聚提供了便利，加之创新活动的集聚能够显著提高产业集群的整体创新能力，因此，在集群内部形成协同创新网络也就存在了必然性①。

① 赫连志巍、邢建军：《产业集群创新网络的自组织演化机制研究》，《科技管理研究》2017 年第 4 期；侯光文、薛惠锋：《集群网络关系、知识获取与协同创新绩效》，《科研管理》2017 年第 4 期；王莉、孙国强：《集群创新网络协作机制对创新绩效的作用机理研究》，《软科学》2017 年第 9 期。

第二种观点认为，协同创新网络形成的原因得益于创新主体间知识流动的驱动。两种观点的明显区别在于，第一种观点认为协同创新网络的形成得益于在其之前由于多种其他原因驱动而形成的产业集聚；而第二种观点否定了产业集聚对协同创新网络形成的必要性，也就是说，即便在没有产业集聚的情况下，创新主体间为了加速知识流动也会倾向于形成协同创新网络。事实上，第二种观点具有更加充分的证据。例如，Nomaler 等（2016）发现，在美国创新集群之间，而不是每一个集群内部，呈现明显的知识流动轨迹，也就是说，协同创新网络的形成并未限定于集群内部[①]。Bathelt 等（2004）甚至在更大的地理空间范围内发现了协同创新网络的形成痕迹，在其提出的“本地锋鸣—全球管道”观点中，Bathelt 等认为本地锋鸣固然有利于创新，但是全球管道也同样有利于企业从不同环境获取不同的知识，最终提高创新水平[②]。正是基于这一点，协同创新网络常常以跨国公司为载体在国际形成。Glückler（2014）也以跨国公司的例子阐述知识流动对协同创新网络形成的重要性，他认为不同的地理环境更加有利于跨国公司子公司捕捉新颖知识以及用不同的方式创造知识，即便没有形成物理空间上的集聚，但子公司间不断的信息交叉也逐步推动形成了协同创新网络[③]。

第三节 协同创新网络的演化特征研究

从研究方法角度来看，对协同创新网络演化特征的定量研究得益于社会网络分析法及其专用软件 Ucinet 和 Gephi 等的开发和引入。正是基于这些定量研究方法的引入，以 2004 年为分界线，协同创新网络演化研究从对网络形态等开展定性研究转入了主要针对网络结构等开展定量研

---

① Nomaler Ö, Verspagen B., “River Deep, Mountain High: of Long Run Knowledge Trajectories within and between Innovation Clusters”, *Journal of Economic Geography*, Vol. 16, No. 6, 2016.

② Bathelt H., Malmberg A., Maskell P., “Clusters and Knowledge: Local Buzz, Global Pipelines and the Process of Knowledge Creation.”, *Progress in Human Geography*, Vol. 28, No. 1, 2004.

③ Glückler J., “How Controversial Innovation Succeeds in the Periphery? A Network Perspective of BASF Argentina”, *Journal of Economic Geography*, Vol. 14, No. 5, 2014.

究的新阶段[1]。2004年至今，网络结构分析一直是协同创新网络研究的重要内容。得益于Ucinet和Gephi等软件，协同创新网络研究领域的学者们可以处理庞大的网络数据，并实现在网络节点、网络连线和整体网络等不同维度上，对节点中心性、合作强度、网络密度、聚类系数等网络结构指标的系统分析。得益于静态结构指标的定量计算，协同创新网络演化研究摆脱了仅基于主观的描述分析，进入了基于定量统计数据开展量化分析的新阶段。

从研究内容角度来看，协同创新网络演化特征的研究基本呈现和上述研究方法同样的发展轨迹。在早期研究中，受研究手段的制约，对协同创新网络演化特征的研究多以其载体，也即产业集群为案例，通过定性剖析不同发育阶段产业集群的网络特征，实现对协同创新网络演化特征的描述性分析。伴随社会网络分析方法引入创新经济学和区域经济学研究，组织间互动关系得以量化，弥补了早期研究中缺乏规范性及对网络关系演化过程定量探究不足的缺陷。例如，Gay等（2005）对法国生物技术产业创新联盟网络拓扑结构的研究发现，网络具有择优连接性，趋向于小世界网络[2]；Ter Wal（2013）基于1980—2000年EPO和USPTO的合作专利数据，通过测算网络平均路径长度、网络连通性、网络凝聚系数等指标，对法国索菲亚科技园区信息技术和生命科学产业集群创新网络的整体网络结构演化进行了对比分析[3]。国内部分学者基于合作专利、合作论文、产业技术创新联盟等数据，通过测算中心度、结构洞等个体网络指标，分析了生物医药、装备制造、汽车、物流、电子信息等不同产业的协同创新网络的演化特征[4]。与上述学者更多关注拓扑形

① 周灿、曾刚、辛晓睿、宓泽锋：《中国电子信息产业创新网络演化——基于SAO模型的实证》，《经济地理》2018年第4期。

② Gay B., Dousset B., "Innovation and Network Structural Dynamics: Study of the Alliance Network of a Major Sector of the Biotechnology Industry", *Research Policy*, Vol. 34, No. 10, 2005.

③ Ter Wal A. L. J., "Cluster Emergence and Network Evolution: A Longitudinal Analysis of the Inventor Network in Sophia-Antipolis", *Regional Studies*, Vol. 47, No. 5, 2013.

④ 汪涛、李丹丹：《知识网络空间结构演化及对NIS建设的启示——以中国生物技术知识为例》，《地理研究》2011年第10期；吕国庆、曾刚、马双、刘刚：《产业集群创新网络的演化分析——以东营市石油装备制造业为例》，《科学研究》2014年第9期；叶琴、曾刚、（转下页）

态的协同创新网络稍有不同，区域经济学者更加关注协同创新网络的空间组织形态及演化轨迹。创新网络空间演化研究集中于选取不同的空间分析单元，据此刻画不同空间尺度下的网络空间格局变化。例如，李丹丹等（2013）基于2000—2009年Institute for Scientific Information（ISI）和重庆维普（VIP）数据库中合作发表论文数据，以国家、省、城市为空间单元，刻画了不同空间尺度下知识溢出网络的空间结构演变，发现协同创新网络在国家和国际层面上趋向于小世界网络，区域层面上则趋向于随机网络[①]。近年来，基于多集群的网络演化研究逐渐兴起。例如，Turkina等（2016）对“全球集群网络”情境下，集群内和集群间企业网络结构及演化的分析[②]和Nomaler等（2016）运用主导路径方法对1986—2006年美国35个集群内和集群间专利引用的空间格局及其演化趋势的分析[③]。

第四节　协同创新网络的演化机制研究

“创新”本身是一个动态的、不断探寻未知的过程；在探索未知世

（接上页）陈弘挺：《组织与认知邻近对东营市石油装备制造业创新网络演化影响》，《人文地理》2017年第1期；刘刚、曾刚：《都市型农业创新网络结构与演进机理研究——以上海市为例》，《资源开发与市场》2017年第6期；叶琴、曾刚、陈弘挺：《组织与认知邻近对东营市石油装备制造业创新网络演化影响》，《人文地理》2017年第1期；周灿、曾刚、宓泽锋、鲜果：《区域创新网络模式研究——以长三角城市群为例》，《地理科学进展》2017年第7期；宓泽锋、曾刚：《创新松散型产业的创新网络特征及其对创新绩效的影响研究——以长江经济带物流产业为例》，《地理研究》2017年第9期；周灿、曹贤忠、曾刚：《中国电子信息产业创新的集群网络模式与演化路径》，《地理研究》2019年第9期；叶琴、曾刚：《不同知识基础产业创新网络与创新绩效比较——以中国生物医药产业与节能环保产业为例》，《地理科学》2020年第8期。

① Cassi L., Morrison A., Ter Wal A. L. J., “The Evolution of Trade and Scientific Collaboration Networks in the Global Wine Sector: A Longitudinal Study Using Network Analysis”, *Economic geography*, Vol. 88, No. 3, 2012.

② Turkina E., Van Assche A., Kali R., “Structure and Evolution of Global Cluster Networks: Evidence from the Aerospace Industry”, *Journal of Economic Geography*, Vol. 16, No. 6, 2016.

③ Nomaler Ö, Verspagen B., “River Deep, Mountain High: of Long Run Knowledge Trajectories within and between Innovation Clusters”, *Journal of Economic Geography*, Vol. 16, No. 6, 2016.

界的过程中，创新主体掌握的知识、技能和自身优势存在动态性。“创新”本身的动态性，叠加创新主体知识、技能和自身优势的动态性，注定了协同创新并不是一成不变的，也注定了协同创新网络将是不断动态演化的。协同创新网络是由创新主体组成，因此，影响协同创新网络演化的因素主要分为三大类：创新主体特征因素、协同创新网络自身因素和网络外部因素①。其中，创新主体特征因素主要包含创新主体的多维相似性特征以及由于其身处协同创新网络而具有的网络指标性特征；协同创新网络自身因素主要指网络内生效应，即网络驱动自身实现动态演化的效应；网络外部因素主要指区域制度、企业家精神等网络环境特征。需要指出的是，由于数据所限，本书后续研究中并未就网络外部因素影响协同创新网络演化的机制进行探究，因此，本部分也不再就此展开综述，而是聚焦前两类因素，也即对创新主体特征因素、协同创新网络自身因素驱动协同创新网络演化的机制进行系统综述。

一 多维相似性

20 世纪 90 年代，法国相似动力学派（French School of Proximity）最先提出多维相似性论题并进行探讨②。隶属于该学派的 Kirat 等③和 Talbot④ 等学者，以制度主义方法，考虑三种形式的相似性：地理相似性、组织相似性、制度相似性。在此之外，Rallet 等将认知相似性也纳入了多维相似性学说⑤。近年来，以荷兰乌得勒支大学的 Boschma 和 Balland 等

① 周灿、曾刚、辛晓睿、宓泽锋：《中国电子信息产业创新网络演化——基于 SAO 模型的实证》，《经济地理》2018 年第 4 期；周灿：《中国电子信息产业集群创新网络演化研究：格局、路径、机理》，博士学位论文，华东师范大学，2018 年。

② Carrincazeaux C., Lung Y., Vicente J., "The Scientific Trajectory of the French School of Proximity: Interaction and Institution-Based Approaches to Regional Innovation Systems", *European Planning Studies*, Vol. 16, No. 5, 2008.

③ Kirat T., Lung Y., "Innovation and Proximity: Territories as Loci of Collective Learning Processes", *European Urban and Regional Studies*, Vol. 6, No. 1, 1999.

④ Talbot D., "Les Institutions Créatrices de Proximités", *Revued Economie Regionale Urbaine*, No. 3, 2008.

⑤ Rallet A., Torre A., "Is Geographical Proximity Necessary in the Innovation Network in the Era of Global Economy?", *Geo Journal*, Vol. 49, No. 4, 1999.

创新经济学者为代表的研究人员，从演化经济学和演化经济地理学的视角探究多维相似性对创新网络形成和演化的驱动作用[①]。

（一）地理相似性

地理相似能够驱动协同创新网络的形成，这已在大部分协同创新网络研究者中达成共识[②]。Bathelt 等（2004）认为，地理相似性的重要性体现在较短的地理距离有利于知识和创新要素在创新主体间的流动和关联[③]。基于 2000—2007 年欧洲学者的论文合作数据，Hoekman 等（2010）发现，即便欧盟已经形成了高度一体化，也就是说行政边界对学者们协同创新的作用已经大幅弱化，但是地理相似对合作网络演化的驱动作用依然非常重要[④]。Balland 等（2013）对 1987—2007 年全球视频游戏创意产业合作网络的演化驱动机制进行了研究，基于实证检验，发现网络中的企业确实更加倾向于同地理距离较近的企业建立合作关系[⑤]。Balland 等认为，这是因为更短的地理距离更加有利于创意产业技术的溢出与扩散。

随着信息、交通和传媒工具的日渐发达，地理相似对协同创新网络形成及演化的驱动程度如何变化出现了争议。一些学者认为，时至今日，地理相似性的重要性没有丝毫减弱，例如 Cassi 等（2015）发现，面对日益深化的全球化进程，地理相似对全球葡萄酒研发网络的

① Boschma R. A., "Does Geographical Proximity Favour Innovation?", *Économie et Institutions*, No. 6 - 7, 2005; Balland P. A., "Proximity and the Evolution of Collaboration Networks: Evidence from Research and Development Projects within the Global Navigation Satellite System (GNSS) Industry", *Regional Studies*, Vol. 46, No. 6, 2012; Balland P. A., Vaan M. D., Boschma R., "The Dynamics of Interfirm Networks along the Industry Life Cycle: The Case of the Global Video Game Industry, 1987 - 2007", *Journal of Economic Geography*, Vol. 13, No. 5, 2013.

② Morgan K., "The Exaggerated Death of Geography: Learning, Proximity and Territorial Innovation Systems", *Journal of Economic Geography*, Vol. 4, No. 1, 2004.

③ Bathelt H., Malmberg A., Maskell P., "Clusters and Knowledge: Local Buzz, Global Pipelines and the Process of Knowledge Creation.", *Progress in Human Geography*, Vol. 28, No. 1, 2004.

④ Hoekman J., Frenken K., Tijssen R. J. W., "Research Collaboration at a Distance: Changing Spatial Patterns of Scientific Collaboration within Europe", *Research Policy*, Vol. 39, No. 5, 2010.

⑤ Balland P. A., Vaan M. D., Boschma R., "The Dynamics of Interfirm Networks along the Industry Life Cycle: The Case of the Global Video Game Industry, 1987 - 2007", *Journal of Economic Geography*, Vol. 13, No. 5, 2013.

影响力并没有降低[①]。但另一些学者却基于实证检验，发现地理相似性在驱动协同创新网络形成方面的重要性下降了。例如，崔静波等（2020）发现，随着中国高铁网络的完善，地理相似驱动专利合作网络形成和演化的作用在下降[②]。即便存在上述争议，学者中依然存在两项共识：一是地理相似对于协同创新网络的形成和演化依然发挥着不可替代的重要作用；二是虽然地理相似可以促进创新要素在创新主体之间的流动，是理想的地理相似值存在一个限度，过度的地理相似会使本地创新网络对外部知识的吸收能力降低，形成区域内的路径依赖与锁定[③]。

（二）认知相似性

认知相似，又称为技术相似，用以衡量和表征创新主体间知识基础和技术水平的相似程度[④]。Scherngell 等（2011）对中国 31 个省份在空间上的知识合作网络的影响机制进行分析，发现以技术相似为主的认知相似对于知识合作网络的形成确实具有推动作用[⑤]。至于认知相似能够驱动协同创新网络形成和演化的内在机制，一般认为，当创新主体间拥有较为相似的知识基础时，它们一方面更加倾向于进行交流学习，另一方面共同的知识基础也降低了交流学习的门槛。基于以上两个方面的原因，知识相似性较强的创新主体间更加倾向于开展协同创新[⑥]。从知识属性角度来看，由于隐性知识的存在，知识在创新主体间的传播和流动存在一定障碍，而当创新主体对于隐性知识有较为相似的知识基础时，

---

① Cassi L.，Morrison A.，Rabellotti R.，"Proximity and Scientific Collaboration：Evidence from the Global Wine Industry"，*Journal of Economic & Social Geography*，Vol. 106，No. 2，2015.

② Cui J.，Li T.，Wang Z.，"Research Collaboration Beyond the Boundary：Evidence from University Patents in China"，*Journal of Regional Science*，Vol. 10，2020.

③ Boschma R. A.，"Does Geographical Proximity Favour Innovation?"，*Économie et Institutions*，No. 6 – 7，2005.

④ Nooteboom B.，"Learning by Interaction：Absorptive Capacity，Cognitive Distance and Governance"，*Journal of Management and Governance*，Vol. 4，No. 1，2000.

⑤ Scherngell T.，Hu Y. J.，"Collaborative Knowledge Production in China：Regional Evidence from a Gravity Model Approach"，*Regional Studies*，Vol. 45，No. 6，2011.

⑥ Cohen W. M.，Levinthal D. A.，"Absorptive Capacity：A New Perspective on Learning and Innovation"，*Administrative Science Quarterly*，Vol. 35，No. 1，1990.

这种阻碍会显著下降①。同地理相似性相似，在一定程度内，随着认知相似性的加大，协同创新网络更加容易形成；但是当认知相似性超过门槛值后会导致创新主体间知识异质性的下降，从而提高知识锁定的风险，导致主体间进行协同创新的可能性下降，进而不利于协同创新网络的形成与演化②。

（三）制度相似性

North（1990）对制度相似性进行了定义，即制度层面的相似是潜在合作伙伴所共享的某种非正式或正式约束③。当合作伙伴享有共同或相似的正式制度（如法律和规则）和非正式制度（如行业惯例）的情况下，共同的规则、惯例和激励机制使知识在二者中的传递更加有效④。对于横跨产、学、研三个领域的协同创新来说，创新主体遍布产业界、高等学校和科研院所，三者在制度和管理层面必然面临较大差异。对于该种形式协同创新的研究，Ponds 等（2007）采用三重螺旋模型，对企业界、学术界和政府进行了行业区分，发现不同行业的创新主体在进行合作时，需要花费额外的精力和时间用于处理行业隔阂和管理模式差异带来的合作障碍，而相同行业领域的创新主体在合作时，这一问题被极大缓解⑤。Balland 等（2013）对全球视频游戏创意产业的企业间合作网络演化机制进行分析时，发现制度相似一开始对于合作网络的形成有着重要的驱动作用，但随着全球视频游戏产业网络的演化，制度相似的重

---

① Balland P. A.，Belso-Martínez J. A.，Morrison A.，"The Dynamics of Technical and Business Knowledge Networks in Industrial Clusters：Embeddedness，Status or Proximity?"，*Economic Geography*，Vol. 92，No. 1，2016.

② Nooteboom B.，Haverbeke W.，Duysters G.，"Optimal Cognitive Distance and Absorptive Capacity"，*Research Policy*，Vol. 36，No. 7，2007；Romero C. C.，"Personal and Business Networks within Chilean Biotech"，*Industry and Innovation*，Vol. 25，No. 9，2018.

③ North D. C.，"A Transaction Cost Theory of Politics"，*Journal of Theoretical Politics*，Vol. 2，No. 4，1990.

④ Knoben J.，Oerlemans L.，"Proximity and Inter-Organizational Collaboration：A Literature Review"，*International Journal of Management Reviews*，Vol. 8，No. 2，2006.

⑤ Ponds R.，Van Oort F.，Frenken K.，"The Geographical and Institutional Proximity of Research Collaboration"，*Regional Science*，Vol. 86，No. 3，2007.

要性逐渐削减①。

（四）组织相似性

组织相似性是指创新主体由于同属于一个组织体系，拥有相似的制度、结构及其他派生特征，进而基于集体感或相似感产生的相互认同。由于同属于一个组织体系，创新主体间的协同创新具有较为明显的“内部化”特征②。创新经济学领域的著名学者 Boschma 指出，如果创新主体间拥有较强的组织相似性，那么创新主体对其潜在合作伙伴行为不确定性的担忧会明显下降③。当创新主体间能够高度共享组织相似性时，无疑将有助于规避二者在合作过程中出现不必要的知识外溢，并降低其他不确定性。在此基础上，Miorner 等（2018）进一步指出，组织相似性能够显著降低协同创新的内部交易成本，实现创新主体间整体效用最大化④。但是，组织相似性效用的发挥同样存在临界值。Broekel 等（2018）的研究表明，当组织相似性越过临界值时，过高的组织相似会造成创新主体间缺乏灵活的互动，从而形成封闭的网络系统，这不利于网络功能的发挥，也不利于网络的进一步演化和升级⑤。

（五）多维相似性的交互作用

面对复杂的社会网络关系，作为网络节点的创新主体间往往不只具有一种相似性，而是多种相似性相互交织，彼此间存在交互作用。目前的研究表明，多维相似性的交互作用主要表现为相似性指标间的替代作用和互补作用两类。

---

① Balland P. A., Vaan M. D., Boschma R., “The Dynamics of Interfirm Networks along the Industry Life Cycle: The Case of the Global Video Game Industry, 1987 – 2007”, *Journal of Economic Geography*, Vol. 13, No. 5, 2013.

② Oerlemans L., Meeus M., “Do Organizational and Spatial Proximity Impact on Firm Performance?”, *Regional Studies*, Vol. 39, No. 1, 2005. Caragliu 等，2015.

③ Boschma R. A., “Does Geographical Proximity Favour Innovation?”, *Économie et Institutions*, No. 6 – 7, 2005.

④ Miorner J., Zukauskaite E., Trippl M., et al., “Creating Institutional Preconditions for Knowledge Flows in Cross-border Regions”, *Environment and Planning C*, Vol. 35, No. 2, 2018.

⑤ Broekel T., Mueller W., “Critical Links in Knowledge Networks: What about Proximities and Gatekeeper Organizations?”, *Industry and Innovation*, Vol. 25, No. 10, 2018.

对于相似性指标间替代作用的研究，主要体现在其他形式的相似性对地理相似性的替代。随着研究的深化，学者们越来越多地发现其他相似性对地理相似性的替代现象①。Cassi 等（2013，2015）通过探究相似性与共同发明者网络之间的关系，发现当网络形成之后，组织相似性逐步替代地理相似性，成为影响创新网络扩张和演化的更为重要的因素。还有学者的研究证实，当社会相似和认知相似增强至一定程度时，合作的主体间会减少对地理相似的依赖②。相似性指标间的替代作用还体现在，随着协同创新网络的发育，对不同阶段的协同创新网络来说，起到关键驱动作用的相似性呈动态变化。王缉慈将协同创新网络发展划分为形成阶段、扩张阶段与成熟阶段，发现不同阶段的网络演化机制存在差异，即便相同的相似性在不同阶段起到的驱动作用也大小不同③。Boschma 等也得到同样的研究发现，他们认为，多维相似性在协同创新网络的不同阶段发挥着不同的驱动作用④。Broekel 等（2012）⑤ 和 Balland 等（2013）⑥ 分别对荷兰航空产业和全球视频游戏产业形成的合作网络进行

① Maggioni M. A., Nosvelli M., Uberti T. E., "Space Versus Networks in the Geography of Innovation: A European Analysis", *Papers in Regional Science*, Vol. 86, No. 3, 2007; Autant-Bernard C., Billand P., Frachisse D., et al., "Social Distance Versus Spatial Distance in R&D Cooperation: Empirical Evidence from European Collaboration Choices in Micro and Nanotechnologies", *Papers in Regional Science*, Vol. 86, No. 3, 2007; Agrawal A., Kapur D., McHale J., "How do Spatial and Social Proximity Influence Knowledge Flows? Evidence from Patent Data", *Journal of Urban Economics*, Vol. 64, No. 2, 2008; Breschi S., Catalini C., "Mobility of Skilled Workers and Co-invention Networks: An Anatomy of Localized Knowledge Flows", *Journal of Economic Geography*, Vol. 9, No. 4, 2009.

② Torre A., "On the Role Played by Temporary Geographical Proximity in Knowledge Transmission", *Regional Studies*, Vol. 42, No. 6, 2008; Leszczyńska D., Khachlouf N., "How Proximity Matters in inter Active Learning and innovation: A Study of the Venetian Glass Industry", *Industry and Innovation*, Vol. 25, No. 9, 2018.

③ 王缉慈：《创新的空间：企业集群与区域发展》，北京大学出版社 2001 年版。

④ Boschma R., Ter Wal A. L., "Knowledge Networks and Innovative Performance in an Industrial District: The Case of a Footwear District in the South of Italy", *Industry and Innovation*, Vol. 14, No. 2, 2007.

⑤ Broekel T., Boschma R., "Knowledge Networks in the Dutch Aviation Industry: The Proximity Paradox", *Journal of Economic Geography*, Vol. 12, No. 2, 2012.

⑥ Balland P. A., Vaan M. D., Boschma R., "The Dynamics of Interfirm Networks along the Industry Life Cycle: The Case of the Global Video Game Industry, 1987 – 2007", *Journal of Economic Geography*, Vol. 13, No. 5, 2013.

了探究，研究结果同样表明，对于不同阶段的合作网络来说，多维相似性表现出不同程度的影响。

对于相似性指标间互补作用的研究，也主要体现在其他形式的相似性对地理相似性不足的补偿。这在实证研究中已经得到证实。例如，在研究影响企业与高等学校间合作网络形成的因素时，Drejer 等（2017）发现，这一影响是由地理距离与社会关系叠加产生的[①]。Broekel（2015）在对德国研发合作网络的演化进行研究时，也发现了不同相似性相互依存共同作用于网络演化的现象[②]。对于地理相似性和其他相似性产生互补作用的内在机制，学者们认为主要存在两个方面的原因。一是非地理类相似性因素减少了面对面的交流的需要，从而在即便缺少地理相似的情况下，主体间也能开展合作并构建网络；二是对于已经存在的其他类型的相似性因素，地理相似性也能在更大程度上对它们起到催化和提升作用，使其更好地作用于网络的形成和演化[③]。

二　创新主体自身的节点特征

多维相似性是从创新主体相互间的关系角度作用于网络形成和演化的，也就是说，任何一种多维相似性指标均至少针对两个主体，仅就某一个创新主体而言，是不存在多维相似性这个指标的。事实上，作为协同创新网络中的节点，某一个创新主体的个体特征同样能够影响协同创新网络的形成和演化，这主要体现在创新主体自身的规模特征和经验特

---

① Drejer I.，Østergaard C. R.，"Exploring determinants of firms' collaboration with specific universities：Employee Driven Relations and Geographical Proximity"，*Regional Studies*，Vol. 51，No. 8，2017.

② Broekel T.，"The Co-evolution of Proximities：A Network Level Study"，*Regional Studies*，Vol. 49，No. 6，2015.

③ Hansen T.，"Substitution or Overlap? The Relations between Geographical and Non-spatial Proximity Dimensions in Collaborative Innovation Projects"，*Regional Studies*，Vol. 49，No. 10，2015；Tanner A.，"The Emergence of New Technology-Based Industries：The case of Fuel Cells and Its Technological Relatedness to Regional Knowledge Bases"，*Journal of Economic Geography*，Vol. 16，No. 3，2016；Cao Z.，Derudder B.，Peng Z. W.，"Interaction between different Forms of Proximity in Inter-organizational Scientific Collaboration：The Case of Medical Sciences Research Network in the Yangtze River Delta Region"，*Regional Science*，Vol. 98，No. 1，2019.

征两个方面。

从规模特征来看，McKelvey 等（2003）[①] 和 Boschma 等（2007）[②] 发现了大型组织比小型组织更容易吸引其他组织建立合作关系，从而产生集聚并推动本地知识协同创新网络形成的现象。Giuliani 等（2005）也发现了类似的现象[③]。至于产生上述现象的原因，不少学者倾向于从创新资源的角度进行解释。他们认为，规模较大的创新主体往往具有更多的创新资源，也具有较强的进一步获取创新资源的能力。从创新主体自身管理的角度来看，规模是财务和管理资源禀赋以及规模经济和范围经济的重要指标[④]。鉴于协同创新的直接或间接目的均是通过资源（包括知识）交换以获得他们自身没有的资源，一般情况下，规模较小的创新主体更加倾向于寻找规模较大的创新主体进行协同创新。

而从创新主体的经验特征来看，Cassiman 等（2002）的研究表明，创新主体所具有的经验特征也可能影响合作关系的建立[⑤]。对于这一现象的内在机制，学者们认为并不复杂：就创新来说，创新经验的积累和声望的获得需要时间，创新成果的价值更需要时间检验，因此，一般情况下从事创新的资历越久，其创新经验越丰富、声望越高，也更容易被其他主体选择作为合作伙伴[⑥]。对于拟寻找伙伴以建立协同创新的创新

---

① McKelvey M., Alm H., Riccaboni M., "Does Co-location Matter for Formal Knowledge Collaboration in the Swedish Biotechnology-Pharmaceutical Sector?", *Research Policy*, Vol. 32, No. 3, 2003.

② Boschma R., Ter Wal A. L., "Knowledge Networks and Innovative Performance in an Industrial District: The Case of a Footwear District in the South of Italy", *Industry and Innovation*, Vol. 14, No. 2, 2007.

③ Giuliani E., Bell M., "The Micro-Determinants of Meso-Level Learning and Innovation: Evidence from a Chilean Wine Cluster", *Research Policy*, Vol. 34, No. 1, 2005.

④ Gulati R., "Social Structure and Alliance Formation Patterns: A Longitudinal Analysis", *Administrative Science Quarterly*, Vol. 104, No. 5, 1995; Cannavale C., Esempio A., Ferretti M., "Up-and Down-Alliances: A Systematic Literature Review", *International Business Review*, Vol. 28, No. 3, 2021.

⑤ Cassiman B., Veugelers R., "R&D Cooperation and Spillovers: Some Empirical Evidence from Belgium", *American Economic Review*, Vol. 92, No. 4, 2002.

⑥ Cunningham L. X., Rowley C., "Small and Medium-sized Enterprises in China: A Literature Review, Human Resource Management and Suggestions for Further Research", *Asia Pacific Business Review*, Vol. 16, No. 3, 2010.

主体来说，Gulati 等（2003）认为，与那些具有长期运营记录、有较高声誉的创新主体建立协同创新对寻找潜在合作伙伴的创新主体具有很多好处：一方面，有利于利用前者丰富的知识储备并获得其创新经验①；另一方面，富有经验的合作伙伴在建立和管理联盟方面更有经验，这有利于相互间合作关系的稳固②。

三 网络内生效应

协同创新网络驱动自身演化的内生效应，是指网络凭借网络力对自身结构和形态产生影响，进而驱动网络演化。对于网络内生效应的研究，主要体现在网络结构嵌入性和网络优先连接性两个方面。

对于网络结构嵌入性，又称为网络根植性或三元闭包，是一种局部网络力，能够引起网络中原本两个未连接的节点连接到一个公共节点，最终实现二者相互连接③。网络结构嵌入性强调一切经济行为都植根于其所处的社会网络和社会环境，这有助于减少协同创新在人际关系、信息搜集等方面产生的交易成本，进而有利于协同创新网络的形成和进一步扩张。从创新主体层面来说，三元闭包现象的合理性和必然性似乎更高。从作为合作信息传递中介的中间主体的角度来看，其可以向两个合作伙伴提供信息，从而减少两个陌生创新主体在建立协同创新关系时，对彼此创新能力和可信度不确定性的担忧④。而从两端的两个创新主体的角度来看，由于二者具有共同的合作伙伴，会在一定程度上对潜在合作伙伴产生声誉锁定，并阻止其发生机会主义行为。整体来看，通过三

---

① Gulati R., Gargiulo M., "Where do Interorganizational Networks Come from?", *American Journal of Sociology*, Vol. 104, No. 5, 1999.

② Katon W., Von Korff M., Lin E., "Collaborative Management to Achieve Depression Treatment Guidelines", *The Journal of Clinical Psychiatry*, Vol. 58, No. 1, 1997.

③ Holland P. W., Leinhardt S., "Transitivity in Structural Models of Small Groups", *Comparative Group Studies*, Vol. 2, No. 2, 1971.

④ Uzzi B., "The Sources and Consequences of Embeddedness for the Economic Performance of Organizations: The Network Effect", *American Sociological Review*, Vol. 39, No. 1, 1996; Cowan R., Jonard N., Zimmermann J. B., "Bilateral Collaboration and the Emergence of Innovation Networks", *Management Science*, Vol. 53, No. 7, 2007.

元闭包，三个协同创新伙伴容易形成稳定闭环的局部协同创新网络，进而可以通过直接接触进一步促进知识的循环和流通[①]，并为三者带来共同的回报[②]。而从网络稳定性角度来说，网络结构嵌入性也有其必然性和合理性，因为图形之中三角最为稳定。

对于网络优先连接性，一般指网络中实力强、能力突出或具备其他特征的创新主体更加容易吸引合作伙伴进而构建新的合作关系。早在2004年，Owen-Smith等通过研究证实，在美国波士顿的生物医药协同创新网络中，部分核心企业更容易吸引其他企业建立新的合作关系，进而实现对网络整体结构和信息流向的改变[③]；Nepelski等（2018）对全球通信技术网络进行研究，发现节点国家在网络中的地位能够通过影响该节点与其他网络节点之间的联系强度，实现对整体网络结构的影响和改变[④]；同样，通过对科学家科研合作网络的研究，Tahmooresnejad等（2018）发现，以科学家在网络中的网络中心度表征的网络地位，对节点之间的合作数量具有重要影响[⑤]。至于优先连接性产生的内在机制，研究人员认为，网络内的重要节点往往拥有较强技术水平和知识能力，能够通过直接方式获取外部技术和知识，与外部组织要素建立更为密切的联系，并充当了网络“知识或技术守门员”的角色[⑥]。其他创新主体同这些“明星”节点建立协同创新关系，将显著有利于提升其自身获

---

① Uzzi B.，“Social Structure and Competition in Interfirm Networks：The Paradox of Embeddedness”，*Administrative Science Quarterly*，Vol. 39，No. 1，1997.

② Asheim B. T.，Isaksen A.，“Regional Innovation Systems：the Integration of Local ‘Sticky’ and Global ‘Ubiquitous’ Knowledge”，*The Journal of Technology Transfer*，Vol. 27，No. 1，2002.

③ Owen-Smith J.，Powell W. W.，“Knowledge Networks as Channels and Conduits：The Effects of Spillovers in the Boston Biotechnology Community”，*Organization Science*，Vol. 15，No. 1，2004.

④ Nepelski D.，Prato G. D.，“The Structure and Evolution of ICT Global Innovation Network”，*Industry and Innovation*，Vol. 25，No. 10，2018.

⑤ Tahmooresnejad L.，Beaudry C.，“The Importance of Collaborative Networks in Canadian Scientific Research”，*Industry and Innovation*，Vol. 25，No. 10，2018.

⑥ Graf H.，Kalthaus M.，“International Research Networks：Determinants of Country Embeddedness”，*Research Policy*，Vol. 47，No. 7，2018.

取资源的能力①。

第五节 协同创新网络的研究展望

为进一步提升选题的精准性和前瞻性，本部分首先利用文献计量的研究方法，借助专用软件 Citespace，对现有研究的热点和前沿进行定量和客观探究。考虑到对于协同创新网络演化研究来说，欧美学者的研究起步较早、研究手段和研究视阈整体更为前沿，同时拥有较大国际影响力的期刊多为英文期刊，因此本部分以 WOS 收录的英文期刊为文献源，以此探究当前的研究热点和研究前沿。

以 1991 年 Freeman（1991）② 最早系统化提出创新网络概念为文献收集起点。在 WOS 核心数据库中，通过如下检索式进行文献检索：主题 = （innovation network dynamic OR evolution of innovation network OR innovation network evolution OR dynamic of innovation network）AND 类别 = （Economics OR Regional Urban Planning OR Geography OR Urban studies）AND 文献类型 = （Article OR Proceedings Paper OR Review）AND 语种 = （English）AND 时间跨度 = （1991 to 2020）。经过检索，共获取 2122 篇经济学领域与协同创新网络演化研究相关的文献。

一 现有研究的热点

关键词是一篇论文研究方法和研究成果的核心概括，更是论文研究议题的直接体现。当某个关键词出现在多篇文献中时，一般意味着上述文献在研究主题方面存在一定关联；而某一个关键词在文献中出现的次数越多，则表明该关键词表征的研究议题更多地受到研究者关注，是某

① TerWal 等，2011；Huggins R.，Prokop D.，“Network Structure and Regional Innovation：A Study of University-industry Ties”，*Urban Studies*，Vol. 54，No. 4，2017；Gui Q. C.，Liu C. L.，Du D. B.，“Does Network Position Foster Knowledge Production? Evidence from International Scientific Collaboration Network”，*Growth and Change*，Vol. 49，No. 4，2018.

② Freeman C.，“Networks of Innovators：A Synthesis of Research Issues”，*Research Policy*，Vol. 20，No. 5，1991.

一时期的研究热点。基于这一原理，本书借助 Citespace 分析软件对1991—2020 年协同创新网络研究方面发表在 SCI、SSCI 等的英文文献关键词进行分析，以客观探究协同创新网络研究的热点领域。

关键词共现知识图谱（见图2－1）显示，1991—2019 年，从经济学尤其是演化经济学视角对协同创新网络演化研究的研究热点主要涉及以下三个方面。

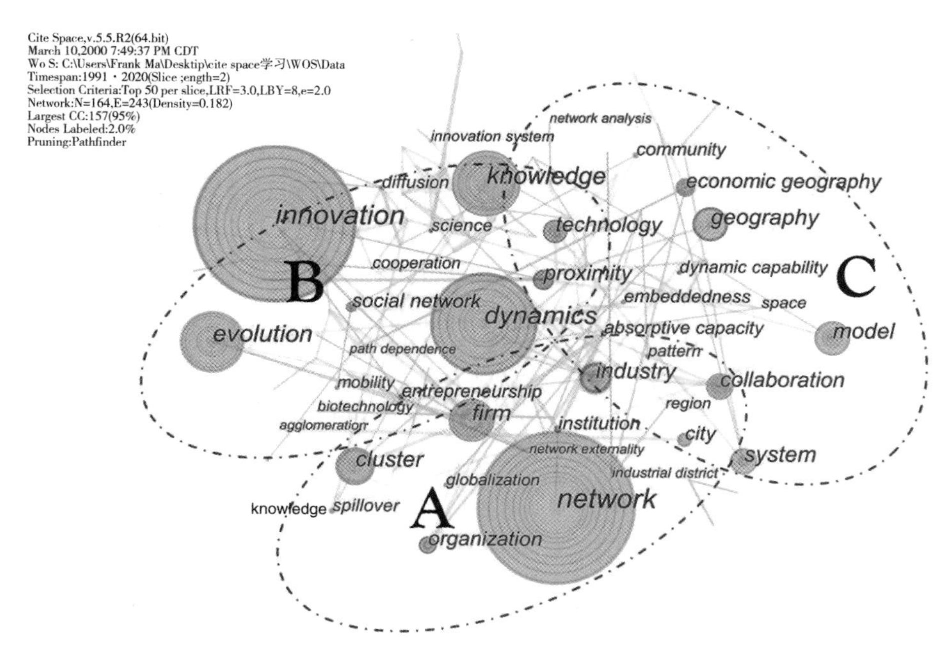

图2－1　创新网络的研究领域分析

一是协同创新网络的动态结构（见图2－1A）。该部分的高频关键词包括网络（network）、动态（dynamics）、产业（industry）、集群（cluster）、企业（firm）、知识溢出（knowledge spillover）、小世界网络（small world network）等。整体来看，协同创新网络是以某类产业、产业集群或者集群中的某类企业作为载体，基于这些主体间的知识共享和溢出形成的网络化协同创新机制。由于创新主体及其知识产出的变动，协同创新网络的规模和结构并不是一成不变的，而是呈现动态调整态势。

二是协同创新网络的演化及演化路径（见图 2－1B）。该部分的高频关键词包括演化（evolution）、演化经济地理（evolutionary economic geography）、路径依赖（path dependence）、路径创造（path creation）、锁定（lock-in）等。上一段已经阐述，由于创新主体自身、创新主体的知识生产和相互间知识溢出在不断变化，协同创新网络是动态变化的。协同创新网络的动态变化并不是无序的，而是沿着特定路径进行演化。整体来看，协同创新网络的演化路径包括路径依赖、路径创造和路径锁定等。

三是协同创新网络演化的内在机制（见图 2－1C）。该部分的高频关键词有相似性（proximity）、根植性（embeddedness）、距离（distance）、吸收能力（absorptive capacity）、认知相似性（cognitive proximity）、地理（geography）等。整体来看，协同创新网络演化的内在机制研究主要围绕相似动力学派提出的各类“相似性”展开，即回答地理相似性、认知相似性、社会相似性等指标连同网络根植性等网络内生效应是怎样驱动协同创新网络演化的。

二 现有研究的前沿

为了探究协同创新网络研究前沿的演化，本书通过 Citespace 软件对论文关键词进行时序分析（见图 2－2）。研究发现，从关键词角度，协同创新网络研究可以划分为三个不同的阶段。第一个阶段为 1991—2012 年。1991 年，“创新网络”作为一个学术概念被首次提出，在之后的 20 年间，创新经济学者和演化经济学者更多地关注协同创新网络自身，并未将网络同其他技术载体进行关联。这一时期，协同创新网络研究相关的文献多以“Innovation”“Network”“Network Externality”等为关键词。

随着研究的深入，在第二阶段（2005—2016 年），协同创新网络研究开始和各类产业实体以及科学门类互相融合。一方面，“industry”“organization”“firm”和“entrepreneurship”等词汇成为热门关键词。在这一时期，区域经济学者和创新经济学者从企业、产业、集群等不同层面，

Top 21 Keywords with the Strongest Citation Bursts

Keywords	Year	Strength	Begin	End	1991 - 2020
innovation	1991	7.9276	**1991**	2002	
network	1991	5.2661	**1995**	2006	
network externality	1991	8.3159	**1998**	2012	
industry	1991	6.0777	**1998**	2005	
compatibility	1991	8.0929	**2000**	2009	
economics	1991	4.2355	**2000**	2008	
organization	1991	5.2869	**2002**	2005	
firm	1991	4.3844	**2003**	2007	
science	1991	3.6282	**2006**	2010	
biotechnology	1991	4.1568	**2007**	2011	
network effect	1991	3.8165	**2007**	2012	
modularity	1991	4.0922	**2008**	2012	
lesson	1991	4.909	**2009**	2011	
climate change	1991	3.5039	**2012**	2014	
pipeline	1991	5.491	**2015**	2016	
distance	1991	4.1367	**2015**	2016	
entrepreneurship	1991	3.9232	**2015**	2016	
knowledge base	1991	3.8614	**2015**	2018	
innovation network	1991	4.7799	**2017**	2018	
challenge	1991	3.6427	**2017**	2020	
social network analysis	1991	3.6427	**2017**	2020	

图2-2 基于关键词分析的协同创新网络研究前沿演化

关注创新网络拓扑结构和空间组织形态地演化及其演化轨迹。另一方面，“biotechnology”“climate change”等关键词变得热门。这表明，随着气候变化、生物技术等问题在全球范围内引起关注，学者们开始将创新网络及其演化的研究同这些具体的科学门类结合起来，希望通过创新网络演化的研究提高相关领域的创新水平。

随着社会网络分析方法被引入协同创新网络研究，该领域的研究进入第三阶段（2016 年至今）。在这一阶段，学者们利用社会网络分析法及其专用分析软件 Ucinet 和 QAP 等计量分析方法，开始对创新网络演化的驱动因素和驱动机制展开更深入的研究。在这一时期，“distance”“Social Net Work”等开始成为热门关键词。尤其是 2020 年，“Social Net

Work”成为协同创新网络研究最为热门的关键词，这也表明，借助社会网络分析法开展的研究是当前对协同创新网络研究的前沿和热点。

基于关键词的前沿分析（见图2-2）和基于研究领域演化的前沿分析（见图2-3）可以互相印证。然而稍有不同的是，图2-3还显示，近年来，关于协同创新网络演化机制的研究正成为吸引学者关注的另一个研究前沿。2005年以来，网络形成机理的研究（Network Formation）、网络演化路径研究（路径创造，Path Creation）成为明显的前沿研究领域。

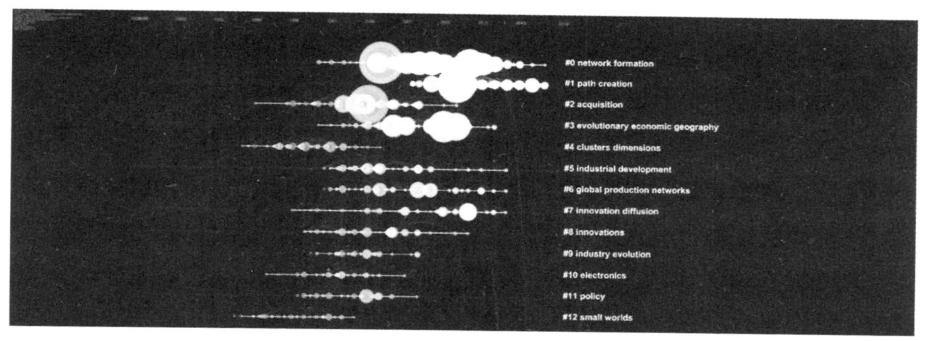

图2-3 基于研究领域分析的协同创新网络研究前沿演化

第六节 总结与评述

一 现有研究总结

得益于演化经济学的发展以及社会网络分析法的引入，创新经济学、区域经济学、演化经济学同时将目光聚集到协同创新网络演化这一重要课题上来。纵观国内外现有研究，对研究的热点、国际前沿和主要观点总结如下。

（一）协同创新网络演化研究的热点和国际前沿

（1）借助社会网络分析法及其配套计量软件，分析协同创新网络演化及其机制是国际研究的一大热门。基于 Citespace 对 2122 篇经济学英文文献的计量分析，尤其是基于关键词的聚类分析发现，借助社会网络分析法实现协同创新网络演化特征的定量分析是当前国际研究的一大热门；同时，受益于近年来专项用于分析网络演化影响因素的二次指派程序模型（QAP）和随机面向对象模型（SAOM）等方法的开发与建立，对协同创新网络演化的机制进行定量实证分析也成为研究的另一个热门。

（2）针对生物技术、气候变化等热门技术的协同创新网络研究，是当前的国际研究前沿。同样基于 Citespace 对上述文献关键词的时间线分析，"Biotechnology""Climate Change""Innovation Network""Social Network Analysis"等关键词成为近十年来最热门的关键词，这说明借助社会网络分析法，对上述热门技术的协同创新网络开展研究是当前的国际研究前沿。

（二）协同创新网络演化研究的主要观点

（1）协同创新网络是应付系统性创新的一种制度安排，其主要连接机制是主体间的协同创新关系。创新主体间的创新协作和资源互补，促进了网络的形成；反过来看，协同创新网络的连通也促进了创新主体的资源优势互补和技术研发协作。

（2）协同创新网络的载体是特定的技术，技术发育阶段的演化推动了网络的演化。基于社会网络分析法的定量研究，协同创新网络演化主要体现为密度、聚类系数、中心性、平均路径长度、网络连通性、网络凝聚系数等具体指标的演化。

（3）协同创新网络的演化是由多重因素共同推动的，主要包括网络内部特征和外部特征两类。其中，内部特征包括网络结构内生效应、网络组织要素特征和多维相似性等因素；外部特征主要包含区域制度、文化、企业家精神等。

二　简要评述

虽然国内外关于协同创新网络演化的研究已经取得了较多成果，但依然存在以下几个方面的不足。

第一，从作为协同创新网络载体的技术类型来看，现有研究更多关注具有较强应用导向的技术相关协同创新网络的研究，对同基础学科联系更为紧密的技术门类相关的协同创新网络的研究较为薄弱。具体来说，现有研究更加侧重对电子信息、装备制造、航天发射、视频游戏和重大工程等具有明显应用导向的技术门类相关的协同创新网络演化的研究，相对忽视了对建立于或者脱胎于基础学科的技术相关协同创新网络演化的研究。事实上，两类技术由于进入门槛、合作风险、创新外部性等方面的不同，协同创新会呈现明显的差异，由此引致的协同创新网络的演化与机理也会呈现显著差异。以农业生物技术为例，该技术具有两个显著特征：一是建立于生命科学这一基础学科之上；二是隶属于农业科技创新的范畴，同农业紧密相连。前一个特征使其进入门槛极高，一般创新主体难以涉足，也就谈不上协同创新；由于生命科学是基于对未知生命过程的探究，而生命现象本来就是一种具有不可预知性和不可控制性的科学门类，导致生物技术创新具有风险更高、周期更长的特点，这进一步提高了规模小、风险承受能力弱的创新主体的进入门槛。后一个特征又进一步放大了其周期长、投入高、风险大等特点。此外，由于农业生物技术创新的大部分流程仅需要在实验室由小规模团队完成，这必然使其协同创新同航天发射、重大工程等大型应用型项目的协同创新存在差异。

第二，从研究的重点来看，现有研究更多关注协同创新网络在结构层面演化机制的探究，对网络规模演化机制的探究关注较少。对于协同创新网络来说，规模和结构是两个具有同等地位的特征，从这一点来说，仅关注结构演化机制的研究而忽视网络规模演化机制显然有失偏颇。呈现这一局面的可能原因是，研究者在一定程度上想当然地认为，随着技术和时代的发展，必然有更多创新主体进行相关技术的创新，由此导致网络规模必然呈现增大的趋势，因此探究网络为什么在规模维度呈现演化特征缺少必要性。事实则不然，伴随着创新主体总数的扩大，很有可能呈现这样一种局面，即不介入协同创新的主体数量相对增幅更大，由此导致协同创新网络中创新主体占创新群体总数的比例呈现下降特征。

也就是说，虽然网络的绝对规模扩大了，但是网络的相对规模很可能呈现下降趋势。对于这种演化特征，则极有必要对为何更大比例的主体不愿意介入协同创新进行深入探究。

第三，从研究的范式来看，现有研究更多以经济地理的研究范式开展，较少以管理学和经济学特有的研究范式进行研究。不能否认，经济地理和人文地理学者对推动协同创新网络研究起到了不可替代的作用。事实上，协同创新网络中作为网络节点的创新主体具有各自的地理信息，因此地理属性是协同创新网络的一个基本属性。也正是因为地理属性的存在，为经济地理学者通过 ArcGIS 等地理分析工具进行协同创新网络演化研究提供了得天独厚的优势。然后，通过协同创新实现对创新资源的有效利用，本质上是一个创新经济学问题；合作网络又涉及创新资源在合作伙伴中的优化配置问题，这是一个经典的管理学问题；网络演化还同演化经济学紧密相连。也就是说，对协同创新网络演化问题的探究，管理学和经济学研究者都不能缺席，管理学和经济学等研究范式应该被更加重视。然而，这些问题在现有研究中受到的重视程度显然不够。例如，是否进行合作？要不要维护合作？都是两两博弈的问题，而随着时间的推进，创新主体的上述博弈策略不断动态调整，从而出现了演化博弈的问题。也就是说，对协同创新网络演化的探究完全可以借助演化博弈这一经典的经济学理论开展，但是以“演化博弈”“协同创新网络”为主题词，搜集的英文文献依然较少，中文文献则更少。

第四，从研究的技术手段看，现有研究较多进行网络演化的定性研究，导致得出的研究结论较为单薄，说服力有待加强。在对协同创新网络演化研究的早期，受制于量化研究手段的缺失，学界以描述性分析为主；随着社会网络分析法从社会学领域引入创新经济学研究，其被大量运用于分析协同创新关系，从而使对协同创新网络研究的量化分析手段得到了显著加强。由于社会网络分析法仅能用于对协同创新网络结构的量化分析，并不能运用于解析协同创新网络结构演化的驱动因素和相关机制。在后续研究的发展中，学者们开始通过构建计量模型，并着力克服研究“关系的关系”时容易出现多重共线性的困难，对协同创新网络的演化进行基于计量经济学的定量分析。纵观协同创新网络研究的发展历程，可以发现其研究手段尚存在以下不足：首先，量化分析的力度不够。由于关系型数据多重共线性的限制和网络演化分析中网络矩阵数据和非矩阵数据掺杂交织带来的困扰，传统的计量经济分析手段很难用来解析协同创新网络的演化。因此，未来，还需要尝试构建更加适合分析网络型关系数据的计量分析模型，以强化对该问题的量化研究。其次，仅就社会网络分析法和实证分析来讲，得出相应数据和估计结果并不能对“网络演化”进行透彻解析。尤其是在机理分析层面，“演化”蕴含了太多难以用数据描述的细节问题。因此，必须通过将描述性分析、量化分析以及经典的管理学分析方法，即案例分析进行集成，以实现对协同创新网络演化及其内在机理的系统研究。

基于上述总结和述评，本书选取中国农业生物技术协同创新网络为研究对象，尝试通过经济学和管理学研究范式，借助社会网络分析法、演化博弈、计量经济分析、案例分析等多重研究手段，从网络规模演化和网络结构演化两个维度，分析中国农业生物技术协同创新网络的演化特征及相应的驱动机制，进而为全面提升中国农业生物技术创新水平提供理论支撑；同时，为政策制定者制定更有针对性的政策措施，从而为未来构建和完善协同创新网络提供决策参考。

第七节　本章小结

首先，本章借助文献计量分析软件 Citespace，对 1991—2020 年 2122 篇网络化协同创新演化研究相关的英文文献进行了文献计量分析，以此辅助探究该领域研究的热点和前沿；其次，在这些英文文献的基础上，补充了国内学者发表的中文文献，通过传统文献梳理方法，对中外学者在网络化协同创新演化研究领域的研究进展进行了系统梳理和综述。从对研究前沿和热点领域的探究来看，“生物技术”和“社会网络分析法”是近年来网络化协同创新研究的国际热门，这印证了开展“中国农业生物技术网络化协同创新演化机制研究”的必要性和前沿性，也佐证了本书选题的前瞻性。在以文献计量手段进行客观探究之后，本章回归传统文献综述方法，就网络化协同创新演化问题中的各个子问题，具体包括协同创新网络的概念与内涵、协同创新网络的形成、演化以及演化驱动机制等问题进行了系统综述。最后，本章对前文综述进行了总结，并进行了简要述评。

第三章　中国农业生物技术网络化协同创新演化机制的理论分析框架

本章将基于技术成长理论、合作创新理论、演化理论等基础理论，按照中国农业生物技术协同创新网络构建、演化特征总结和演化驱动机制探究的顺序对全书进行理论分析，以此构建本书的理论分析框架，从而为后续研究打下坚实的理论基础。

第一节　协同创新网络构建及其演化特征分析

本书的研究对象是中国农业生物技术协同创新网络，即以中国农业生物技术的创新为载体，由从事该技术创新的各类主体基于协同创新联系形成的“合作网络”。为了分析中国农业生物技术协同创新网络的演化特征，需要首先基于技术的生命周期理论，将中国农业生物技术的创新历程识别和划分为不同阶段；其次基于合作创新理论，构建不同阶段的中国农业生物技术协同创新网络；最后基于纵向比较，分析和总结中国农业生物技术协同创新网络演化的特征。

一　理论基础

（一）技术成长理论

技术成长理论又称为技术生命周期理论。通常情况下，某一项技术的生命周期共包含初始阶段、发展阶段、成熟阶段和衰退阶段四个阶段。1986 年，美国学者 Foster 在《S 曲线：创新技术的发展趋势》[①] 一书中提出了S曲线模型，认为可以用S曲线来表征技术发展所经历的各个阶段。从狭义角度来说，技术生命周期理论主要应用于分析单一技术的成长与演化。但是在学界，学者们通常将技术生命周期理论进行引申，并将其用于识别、划分或预测一项技术体系的发展进程[②]。学者们发现，随着一个技术领域或技术体系的萌芽、成长、成熟和衰落，单位时间内创新产出的数量也会呈现“S”形曲线的发展态势[③]。

（二）协同创新理论

Fry等（1994）认为合作创新的过程，就是合作的主体为了达到共同的目标而将彼此的知识、技能和经验组合起来，从而实现资源互补的过程[④]。Bozeman等（2013）则将合作定义为“人们将人力资本集中在一起，以生产知识为目标而进行的社会性活动”[⑤]。作为合作的一大类型，协同创新（或科研合作）已成为科学技术研究领域重要的日常活动之一。Katz（1997）认为，科研合作指的是研究者们为了创造新的科学知识而携手通力合作[⑥]。孟潇等则（2013）提出，组织间的科研合作是组织依靠各自资源的共享和流通，为解决复杂科研问题而开展的跨组织科研活动[⑦]。根据Katz和Martin（1997）的总结，如果科研人员或机构共同拟定了原始研究计划，或者一起完成科研项目的全部或其中一部分工作，抑或是共同承担

---

① Foster R. N., “Working the S-Curve: Assessing Technological Threats”, *Research Management*, Vol. 29, No. 4, 1986.

② 丁晟春、刘嘉龙、张洁逸：《产业领域专利技术构成与关联演化分析——以人工智能领域为例》，《情报科学》2020年第12期；罗建强、戴冬烨、李丫丫：《基于技术生命周期的服务创新轨道演化路径》，《科学学研究》2020年第4期；曾闻、王曰芬、周玹宇：《产业领域专利申请状态分布与演化研究——以人工智能领域为例》，《情报科学》2020年第12期。

③ 李牧南、梁欣谊、朱桂龙：《专利与理想度提升法则视角的石墨烯技术创新演化阶段识别》，《科研管理》2017年第2期。

④ Fry A., Mortimer K., Ramsay L., “Clinical Research and the Culture of Collaboration”, *The Australian Journal of Advanced Nursing: A Quarterly Publication of the Royal Australian Nursing Federation*, Vol. 11, No. 3, 1994.

⑤ Bozeman B., Fay D., Slade C. P., “Research Collaboration in Universities and Academic Entrepreneurship: The-State-Of-The-Art”, *The Journal of Technology Transfer*, Vol. 38, No. 1, 2013.

⑥ Katz J. S., Martin B. R., “What is Research Collaboration?”, *Research Policy*, Vol. 26, No. 1, 1997.

⑦ 孟潇、张庆普：《跨组织科研合作有效性评价研究》，《科学学研究》2013年第9期。

项目的一个或多个部分的研究工作，则可视为科研合作的发生①。根据科研合作主体和研究目的的差异，用以量化科研合作的指标也存在一定的差异，除了合著论文，合作专利的申请或授权数也被较多使用②。

（三）演化理论

1991 年《演化经济学杂志》创刊等一系列重要事件标志着演化经济学作为重要的经济学分支的发展与成熟。近年来，越来越多的经济学家开始以演化的视角分析产业创新问题③、能源和环境问题④以及经济地理问题⑤等。就创新研究来说，演化经济学正呈现较为明显的与创新研究互相融合的态势。Ruttan 等（1997）指出，演化理论是研究技术变化的重要理论，它为研究技术创新提供了新的、更为有效的理论框架⑥。

二 理论分析

（一）农业生物技术创新历程的阶段识别和划分

研究中国农业生物技术网络化协同创新的演化，就必然涉及不同时期的中国农业生物技术协同创新网络。鉴于本书的研究时段长达 33 年，显然不可能逐一分析每年的协同创新网络。这意味着，我们有必要寻找合理的依据和恰当的方法对中国农业生物技术 33 年的创新历程进行阶段

---

① Katz J. S., Martin B. R., "What is Research Collaboration?", *Research Policy*, Vol. 26, No. 1, 1997.

② Petruzzelli A. M., "The Impact of Technological Relatedness, Prior Ties, and Geographical Distance on University-Industry Collaborations: A Joint-Patent Analysis", *Technovation*, Vol. 31, No. 7, 2011; Ter Wal A. L. J., "Cluster Emergence and Network Evolution: A Longitudinal Analysis of the Inventor Network in Sophia-Antipolis", *Regional Studies*, Vol. 47, No. 5, 2013.

③ Malerba F., "Sectoral Systems of Innovation and Production", *Research Policy*, Vol. 31, No. 2, 2002; Malerba F., "Sectoral Systems of Innovation: A Framework for Linking Innovation to the Knowledge Base, Structure and Dynamics of Sectors", *Economics of Innovation and New Technology*, Vol. 14, No. 1-2, 2005.

④ Buenstorf Guido, *The Economics of Energy and the Production Process: An Evolutionary Approach*, Cheltenham: Edward Elgar Publishing, 2004, p. 328.

⑤ Boschma R., Frenken K., "Evolutionary Economic Geography", *The New Oxford Handbook of Economic Geography*, Vol. 14, No. 2, 2018.

⑥ Ruttan V. W., "Induced Innovation, Evolutionary Theory and Path Dependence: Sources of Technical Change", *The Economic Journal*, Vol. 107, No. 444, 1997.

划分，以此为后文探究不同阶段的中国农业生物技术协同创新网络的规模特征和结构特征打下基础。

由于农业生物技术创新是协同创新网络的载体，全书对协同创新网络演化及其机理的探究都不能脱离“农业生物技术”这一根本依据。因此，本书将首先基于技术成长理论，根据中国农业生物技术发明专利的历年数据，基于 Logistic 模型进行拟合，以此实现对中国农业生物技术创新阶段的划分和识别。

（二）不同阶段协同创新网络的构建

具体来说，由于协同创新网络在本质上是基于创新主体通过两两合作形成的，本书将通过数据筛选和处理，得到两两合作的中国农业生物技术专利。在合作创新理论的指引下，本书通过社会网络分析方法及其专用分析软件 Ucinet 构建不同阶段的中国农业生物技术协同创新网络。基于构建不同阶段的中国农业生物技术协同创新网络，本书将按照点、线和网的顺序，分别解析不同时期的协同创新网络在规模和结构角度呈现的动态特征。

（三）协同创新网络演化特征的总结

随着对不同时段协同创新网络规模和结构特征的解析，将基于演化理论，通过纵向比较，总结分析中国农业生物技术协同创新网络在规模和结构两个维度的演化特征（见图 3－1）。

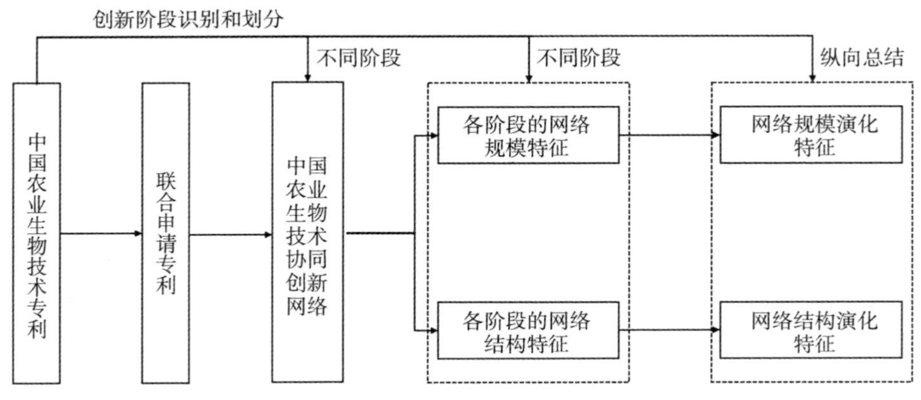

图 3－1　中国农业生物技术协同创新网络的演化特征分析

第二节 协同创新网络规模演化的机制分析

中国农业生物技术协同创新网络的演化特征主要表现在规模和结构两个维度。本书将首先探究网络规模演化的内在机制。

二 理论基础

（一）合作经济理论

合作经济学的理论体系主要用来阐述协同创新能否发生以及合作稳定性等问题。该理论体系主要由合作的发生论、制度论和组织论，影响合作的因素和分配理论等基本内容组成。关于合作究竟为何发生，美国学者鲍尔斯和金迪斯在其著作《合作的物种：人类的互惠性及其演化》中认为，合作的建立必须依靠“强互惠”的驱动①。在其学说中，大范围合作的建立必须依靠“强互惠”的驱动，即存在部分个体宁愿做出自我牺牲，也会推动对背叛合作行为的惩罚。合作的制度论和组织论认为，合作行为必须依靠一定的组织形式和制度规范来维持，以确保合作中利他行为的延续②。对影响合作因素的研究表明，群体的自身特征、群体的制度安排和外部因素（例如技术进步等）是影响协同创新行为发生和演化的三类主要因素③。

（二）演化博弈论

某种意义上可以说，演化博弈论是以博弈论为基础建立的。但是经典博弈论与演化博弈论有三个显著不同：①前者假定博弈主体是完全理性，后者则假定主体是有限理性的，其做出任何行为都存在一定的概率；②前者探究两个个体间的交互；后者的研究对象则是许多个体组成的群

① ［美］塞缪尔·鲍尔斯、［美］赫伯特·金迪斯：《合作的物种：人类的互惠性及其演化》，张弘译，浙江大学出版社2015年版。

② 黄少安、韦倩：《利他行为经济学研究的方法论》，《学术月刊》2008年第7期。

③ 黄少安、宫明波：《论两主体情形下合作剩余的分配——以悬赏广告为例》，《经济研究》2003年第12期；黄少安、韦倩：《合作行为与合作经济学：一个理论分析框架》，《经济理论与经济管理》2011年第2期。

体；③前者个体的策略指代的是行为，后者则更为宽泛，可以是游动的速度（快/慢）、采取的策略（捐赠/不捐赠），也可以是基因型（有/无抗药基因）。复杂网络上的演化博弈与普通的演化博弈稍有不同[①]。其基本过程是：在每一次博弈中，个体与其博弈伙伴进行交互，并累积所获收益。通过同其网络邻居进行收益比较，个体将基于有限理性，根据适应度进行策略更新，并以较大概率在后续博弈环节模仿邻居的博弈策略。随着时间的推进，复杂网络的演化持续进行，直至达到演化系统稳定。

二　理论分析

（一）创新群体中存在“合作”“不合作”两种不同策略

中国农业生物技术创新群体中的每一个创新主体，对于是否同其他主体进行协同创新，都存在两种潜在的策略选择：合作/不合作。同时，创新主体的策略是动态调整的。对于理性经济人（包括有限理性）来说，当其持有的策略能够为其带来更多收益时，该主体较大概率会继续持有原有策略；相反，当原有策略带来的收益较其网络邻居更少时，该主体较大概率会学习和借鉴群体中其他创新主体的策略。当然，即便经过多轮调整，群体中依然只有“合作”“不合作”两种策略。

（二）创新主体调整其潜在的“合作”“不合作”策略的机制

创新群体中的每一个创新主体，必将持有“合作”“不合作”中的某一种策略。随着时间的延续，创新主体的策略可能出现调整。从微观角度来看，“合作”“不合作”策略调整的内在机制如下。

1. 创新主体开展 t 轮博弈并计算各自收益

潜在协同创新伙伴之间就是否开展协同创新的考量过程是一个博弈的过程。每一个创新主体都可以选择“合作”或“不合作”等不同的策略。在不涉及政府介入的情况下，对于采纳“合作”策略的创新主体来说，其在博弈结束后的收益分为两个部分，包括独立创新获得的收益和

① Nowak M. A., May R. M., “Evolutionary Games and Spatial Chaos”, *Nature*, Vol. 359, No. 6398, 1992.

协同创新提高创新绩效等原因产生的额外收益。相应来说，其成本也将包括独立创新产生的成本和为了维护协同创新关系而产生的额外成本两个部分。创新主体博弈后的净收益为上述总收益与总成本的差值。t 轮博弈结束后，无论是否采纳了协同创新策略，博弈双方都会计算各自在本轮获得的净收益，为下一轮合作是否做出策略调整提供依据。

2. 收益比较并确定下一轮博弈策略

经过 t 轮博弈且计算自身净收益后，创新主体 i 将在自己周围有限半径范围内的创新主体中随机选择一个邻居 j 进行策略比较。如果邻居的本轮收益高于自身的收益，在 $t+1$ 轮的博弈中，i 将以一定的概率学习和模仿创新主体 j 在 t 轮的博弈策略。在现有文献中①，这种学习和模仿的概率是根据统计物理中的费米函数计算的，计算公式如下：

$$Fermi_{S_i \to S_j} = \frac{1}{1+\exp[\frac{U_i - U_j}{k}]} \tag{3-1}$$

式（3-1）中，S_i 和 S_j 分别表示 i 和 j 在 t 轮的博弈策略，U_i 和 U_j 分别表示 i 和 j 在 t 轮各自博弈后的净收益，k 描述了环境噪声因素，表征创新主体的理性程度，$k \subset (0,\infty)$，创新主体的理性程度越高，k 值越小；反之则越大。

通过式（3-1）可以看出，创新主体 i 究竟会在多大概率上学习和模仿其邻居 j 在 t 轮的博弈策略，关键取决于两个指标。第一个指标是 U_i 和 U_j 的大小，这决定 $\frac{U_i - U_j}{k}$ 的正负取值。当 U_i 低于 U_j 时，i 很容易接受 j 在 t 轮的博弈策略；当 U_i 高于 U_j 时，i 也并非完全不可能学习 j 在 t 轮的博弈策略，只是这种概率相较上一种情况明显较低。第二个指标是噪声因子 k，k 值越接近 0，表示个体的非理性选择趋近于 0，策略更新是确定的，如果比较对象的收益高于自身，则一定会选择学习，反之会坚持自身

① 廖名岩：《基于复杂网络演化博弈协同创新研究》，《湖南社会科学》2018 年第 6 期；李小妹、谢昀雅、付夔钰：《产学研合作导向的创新生态系统——基于多个体博弈的动态演化分析》，《西南政法大学学报》2019 年第 3 期；丁颖辉、何一帆：《大气污染治理的网络演化动力与博弈机制研究》，《价值工程》2020 年第 2 期。

原本的策略；当 k 值趋近于无穷大时，表示个体处于噪声环境中，无法做出理性决策，只能随机更新自己的策略，甚至会在自身收益明显高于被学习对象时，依然做出向其学习和模仿的“愚蠢”行为。

3. 选择下一轮博弈对手方

i 在以概率 $Fermi_{S_i \to S_j}$ 学习和模仿了 j 的博弈策略并实现了自身策略的调整后，将以随机概率 $W_{i \leftrightarrow k}$ 同协同创新网络中的其他异质性创新主体进行断边重连。即便是随机概率，但是鉴于创新主体是有限理性的个体，其在合作伙伴选择时仍具有一定的偏好。曹霞等（2020）和徐莹莹等（2016）利用带有偏好连接的重连机制确定 i 的连接主体 k，并通过公式计算随机概率，其公式如下：

$$W_{i \leftrightarrow k} = \sum_{i \in G} \frac{U_k^{\beta}}{U_i^{\beta}} \tag{3-2}$$

式（3-2）中，U_i 为 i 的收益，β 为偏好倾向。当 $\beta=0$ 时，表示此连接无任何偏好倾向，也就是说本次连接是随机连接；β 越大，表示连接的倾向偏好越大。

总而言之，经过上述三个环节，如果采纳“合作”策略能够让博弈中的创新主体获得更多的收益，那么很大概率上该种策略将会被创新群体中的其他创新主体采纳。相反，如果在各种外界因素作用下，采纳“合作”策略不能让相应创新主体产生收益甚至出现较大损失，那么很可能该种策略不会在创新群体中获得大范围扩散。如果将博弈的时间轴拉长，创新群体中也就实现了演化博弈。

（三）“合作”“不合作”策略在创新群体中的扩散驱动协同创新网络规模演化

如图 3-2 所示，创新群体中共包含 12 个采取不同策略的创新主体。在初始博弈中，有 6 个创新主体采取了“合作”策略（A 主体），并形成了协同创新网络。与此同时，其他 6 个创新主体则采取“不合作”策略（B 主体），这些创新主体虽是创新群体的成员，但并不是协同创新网络的成员。

在 t 轮博弈结束后，采取 B 策略的创新主体学习和借鉴了其网络邻居

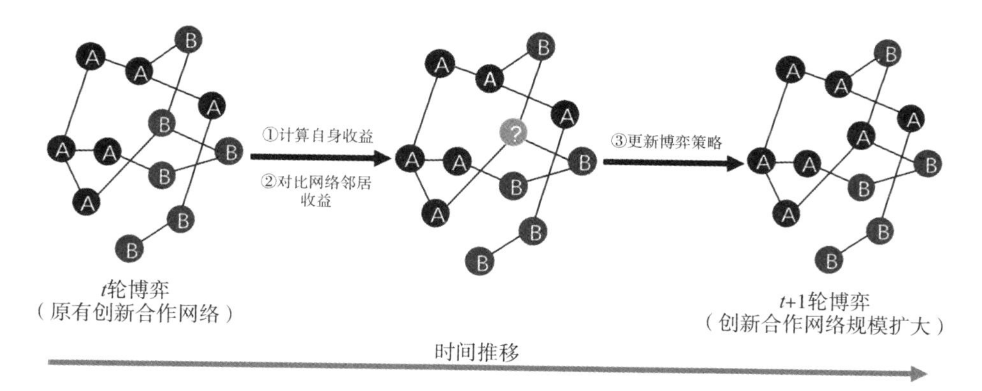

图3－2　创新主体合作策略的动态选择推动了网络规模演化

注：A表示采取“合作”策略的创新主体；B表示采取“不合作”策略的创新主体。

资料来源：笔者以（苏奇，2020）为基础绘制。

在 t 轮博弈中采取的A策略，并应用于 $t+1$ 轮博弈中。在此时间节点看，采取“合作”策略的创新主体增长至7个，协同创新网络的规模实现了增长。如果持续出现B策略向A策略转变，也就意味着“合作”策略在创新群体中实现了扩散，进而表明协同创新网络实现了规模从小到大的演化。

三　研究假说

现实中，中国农业生物技术协同创新网络中的创新主体是有限理性的，存在多种潜在因素，会因影响其收益进而影响其对“合作”或“不合作”策略的选择和调整。基于现有研究，可能影响创新主体策略选择和调整的因素如下。

（一）协同创新产生的净收益

协同创新能够加快创新资源流动，在创新主体间形成优势互补，进而提升创新主体的创新绩效[①]。这意味着，对于开展合作创新的创新主

① 郭建杰、谢富纪：《企业合作网络位置对创新绩效的影响——以ICT产业为例》，《系统管理学报》2020年第6期；王黎萤、吴瑛、朱子钦、宋秀玲：《专利合作网络影响科技型中小企业创新绩效的机理研究》，《科研管理》2021年第1期；郭京京、眭纪刚、郭斌、陈晓玲：《外商直接投资、产学研合作与地区创新绩效——来自中国省级面板数据的实证研究》，《管理工程学报》2021年第2期。

体来说，其将产生额外的创新产出。该部分创新产出扣除维护合作关系等因素产生的成本，将使创新主体因参与协同创新而产生额外绩效，这将有利于其在后续创新活动中，更加倾向选择“合作”策略。然而，从群体角度来讲，徐莹莹等（2018a、2018b）的研究表明，如果合作双方仅有一方能够因协同创新获得额外净收益，“合作”策略也不能在群体中得到普遍采纳；当双方均能获得额外净收益时，“合作”策略才能得到更多采纳，进而推动协同创新网络的规模实现扩大[①]。基于此，提出研究假说 H1a：

H1a：协同创新产生的净收益为正，有利于创新主体采纳“合作”策略；在创新主体基于独立创新获得净收益的能力一般时，只有合作双方通过协同创新获得的净收益均为正，“合作”策略才能在创新群体中得到普遍采纳。

（二）独立创新产生的净收益

研究发现，对于合作中的创新主体，当协同创新产生的额外净收益为负，即创新主体因进行协同创新而产生亏损时，基于上文分析，协同创新策略本不能在创新群体中得到大规模扩散，然而当开展协同创新的双方，凭借独立创新能产生较大净收益，且这种净收益能够明显覆盖协同创新产生的亏损时，“合作”策略也能在创新群体中得到大规模扩散[②]。这种情况发生的机理为，如果创新主体仅凭借独立创新即能获得高额利润，通常情况下意味着，其具有较大的经营规模或较强的独立获利能力，进而意味着该创新主体对外在风险的整体承受能力较强，其能够以较长远的眼光，容忍协同创新带来的暂时性收益下降。基于此，提出研究假说 H1b：

H1b：即便合作创新为合作双方带来的净收益为负，但当创新主体

---

① 《基于复杂网络演化博弈的企业集群低碳技术创新扩散研究》，《中国人口·资源与环境》2016 年第 8 期；吕希琛、徐莹莹、徐晓微：《环境规制下制造业企业低碳技术扩散的动力机制——基于小世界网络的仿真研究》，《中国科技论坛》2019 年第 7 期。

② 徐莹莹、綦良群：《基于复杂网络演化博弈的企业集群低碳技术创新扩散研究》，《中国人口·资源与环境》2016 年第 8 期；吕希琛、徐莹莹、徐晓微：《环境规制下制造业企业低碳技术扩散的动力机制——基于小世界网络的仿真研究》，《中国科技论坛》2019 年第 7 期。

基于独立创新即能获得明显高于合作带来的亏损时，“合作”策略也能在创新群体中得到普遍采纳。

（三）市场约束力度

合作创新是一种市场化行为。在对中国农大、江苏省农科院和大北农集团等农业生物技术创新主体的实地调研中，发现创新主体在着手开展协同创新之前，通常会基于市场化机制签订协同创新协议，并就协同创新涉及各方的权利、义务以及违约责任等做出明确规定。在对合作创新博弈的研究中，部分文献指出，由于一定强度的市场约束的存在，将会使破坏协同创新的行为承担额外成本，同时使采纳合作策略并认真执行协同创新的创新主体获得部分补偿①。在上述两个方面力量的综合作用下，能够有效促进协同创新被更多创新主体采纳，从而推动其在创新群体中的扩散。基于此，提出假说 H1c：

H1c：对协同创新施加一定强度的市场约束能够促进“合作”策略在创新群体中得到普遍采纳。

（四）政府补贴力度

诸多研究表明，政府对合作创新行为进行补贴能够影响博弈主体自身博弈策略的制定②。在此基础上，岳为众等（2020）基于演化博弈理论进一步发现，政府对具有某种博弈倾向的主体进行补贴将有助于该种博弈策略在群体中的扩散③。本书在对农业生物技术创新主体的调研访谈中发现，政府对农业生物技术创新主体间协同创新的补贴是基于结果导向的。也就是说，协同创新成功建立和实施后，创新主体将获得补贴；而当博弈中的一方选择“不合作”策略，导致协同创新未能圆满结束

① 臧欣昱、马永红：《协同创新视角下产学研合作行为决策机制研究》，《运筹与管理》2018 年第 3 期；王先甲、顾翠伶、赵金华、全吉：《随机演化动态及其合作机制研究综述》，《系统科学与数学》2019 年第 10 期。

② 韩莹、陈国宏：《政府监管与隐形契约共同作用下集群企业协同创新的演化博弈研究》，《中国管理科学》2019 年第 11 期；周珊珊、孙玥佳：《政府补贴与高技术产业持续适应性创新演化》，《科研管理》2019 年第 10 期。

③ 岳为众、刘颖琦、童宇、宋泽源：《政府补贴在新能源汽车充电桩产业中的作用：三方博弈视角》，《中国人口 · 资源与环境》2020 年第 11 期。

时，任何一方都不能获得政府补贴。基于此，提出假说 H1d：

H1d：基于结果导向的一定强度的政府补贴能够促进“合作”策略在创新群体中得到普遍采纳。

第三节　协同创新网络结构演化的机制分析

继上节对中国农业生物技术协同创新网络的规模演化机制进行理论分析后，本部分将从理论层面，阐述中国农业生物技术协同创新网络的结构演化机制（见图 3－3）。

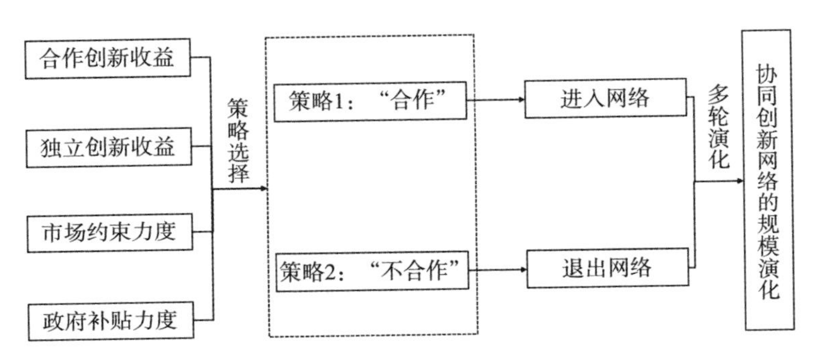

图 3－3　中国农业生物技术协同创新网络实现规模演化的机制分析

一　理论基础

交易成本理论（Transaction Costs）也称交易费用理论。科斯认为，企业在获取更准确市场信息、进行商业谈判或签订契约的过程中必然产生费用，而这些费用即是交易成本①。科斯指出，多个企业通过将各自资源组合起来，形成一个类似企业一样的组织可以有效降低交易成本。然而，即便这样，在此过程中，依然不能完全消除机会成本。在组建合作组织的过程中，企业依然需要承担相当程度的交易成本。Williamson

① 张云亭：《科斯理论与交易成本思维》，《经济导刊》2013 年第 12 期。

（1999）将在此过程中的交易成本区分为搜寻成本、信息成本、议价成本、决策成本、监督交易进行的成本以及违约成本①。显然，面对合作中的交易成本，为了实现合作效用的最大化，包括企业在内的任何理性主体都会基于理性考虑选择最为“中意”的合作伙伴。

二　理论分析

（一）创新主体合作关系的调整推动协同创新网络结构的演化

协同创新网络是由若干创新主体基于合作关系形成的虚拟组织，本质上来说，其只是合作关系的交织与集合，并不存在实体意义上的网络。因此，协同创新网络虽然在网络参数层面表现出演化趋势，但是网络本身是不能推动自身实现演化的，网络演化的决定力量是创新主体对自身协同创新关系的调整。事实上，中国农业生物技术协同创新网络结构的宏观演化包含了众多微观层面合作关系的调整（见图3－4）。

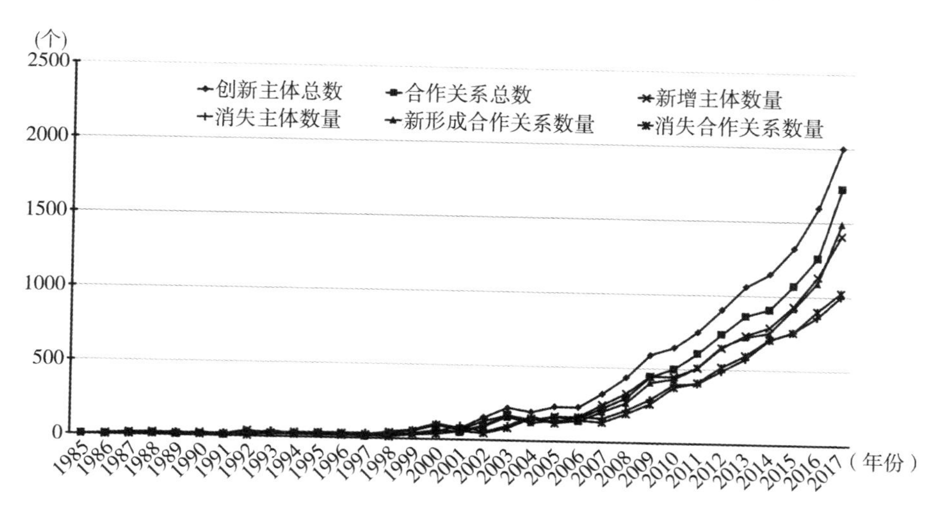

图3－4　中国农业生物技术协同创新网络中合作关系的动态变动

① Williamson O. E.，“Strategy Research：Governance and Competence Perspectives”，*Strategic Management Journal*，Vol. 20，No. 12，1999.

具体来说，创新主体对合作关系的三种调整行为推动了创新网络的演化。一是创新主体建立合作关系并首次进入协同创新网络；二是协同创新网络中的创新主体取消当前的协同创新关系，并从合作网络中退出；三是调整协同创新关系，即取消同原有伙伴的合作关系，转而寻求其他伙伴建立新的合作关系（见图3-5）。

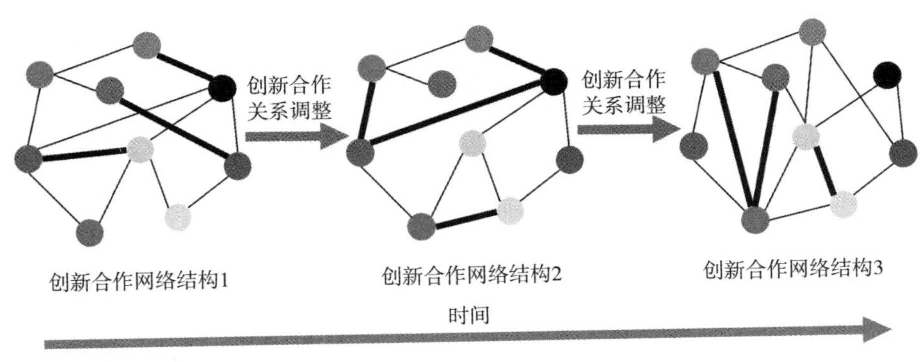

图3-5　创新主体间合作关系的调整推动网络结构演化图示

（二）合作关系调整的前提：协同创新网络能够提供调整关系的机会

在 t 时期的协同创新网络 x^0 中，创新主体 i 决定建立、调整或退出某种合作关系的基本前提是其有充足机会做出上述行为。当上述改变的机会出现，创新主体 i 改变了同另一个创新主体 j 之间的协同创新关系 x_{ij}，并推动协同创新网络从 x^0 演化为新的网络 x，$x \in C(x^0)$。Snijders 等（2010）提出，在动态变化的协同创新网络中，创新主体进行上述行为的机会是由比率函数（Rate Function）决定的，而比率函数则同当前协同创新网络 x^0、未来网络 x、创新主体的个体特征 v 和外部环境 w 等多重因素相关①。比率函数的表达式如下：

① Snijders T. A. B., Van de Bunt G. G., Steglich C. E. G., "Introduction to Stochastic Actor-based Models for Network Dynamics", *Social Networks*, Vol. 32, No. 1, 2010.

$$P\{x^0 \to x\} = p_i(x^0, x, v, w, \cdots) = \frac{\exp(f_i(x^0, x, v, w, \cdots))}{\sum_{x \in C(x_0)} \exp(f_i(x^0, x', v, w, \cdots))} \quad (3-3)$$

式（3-3）中，$P\{x^0 \to x\}$ 为处于 x^0 状态创新网络的创新主体 i 能够获得改变协同创新关系的机会。

（三）合作关系调整的决定：创新主体选择更为理想的合作伙伴

基于上述分析，当创新主体 i 在协同创新网络中获得机会改变其之前建立的协同创新关系时，i 将寻找潜在的协同创新伙伴 j 以建立合作关系。基于理性经济人的考虑，对于 i 来说，上述合作关系的建立必然能使其实现效用最大化。然而，从协同创新关系的另一方 j 来说，其同样会基于理性经济人考虑，只有在其效用最大化时才会选择接受 i 的邀请，最终建立协同创新关系 x_{ij}。基于上述分析，整体来看，只有当创新关系的双方充分考虑各种因素并实现双方加权效用最大化时，才有可能最终实现新的协同创新关系的建立并推动协同创新网络从 x^0 演化为新的网络 x，$x \in C(x^0)$。

Snijders 等（2008，2010）定义了创新主体选择协同创新伙伴时的效用函数，并依据效用函数来模拟协同创新关系的演变①。同比率函数相似，效用函数的大小同样受当前协同创新网络 x^0、未来协同创新网络 x、创新主体的个体特征 v 和外部环境 w 等多重因素影响。效用函数的表达式定义如下：

$$f_i(x^0, x, v, w) = \sum_k \beta_k s_{ki}(x^0, x, v, w) \quad (3-4)$$

式（3-4）中，β_k 为各类影响因素在效用函数中的系数，$s_{ki}(x^0, x, v, w)$ 为创新主体效用函数的影响因素。

总体来看，协同创新网络的演化在微观层面上可以视为每个节点依

① Snijders T. A. B.，Steglich C. E. G.，van de Bunt G G，"Introduction to Actor-based Models for Network Dynamics"，*Social Networks*，Vol. 33，No. 1，2008.；Snijders T. A. B.，Van de Bunt G. G.，Steglich C. E. G.，"Introduction to Stochastic Actor-based Models for Network Dynamics"，*Social Networks*，Vol. 32，No. 1，2010.

次做出决策的结果，这种决策包括改变或维持一条有向连接，以及改变或者维持个体属性值的一个单位等，每个节点的决策都是随后其他节点决策的前提，通过所有节点一系列前后连贯的微步（Mini Step），网络实现从前一个阶段到下一个阶段的连续演化。在此过程中，网络因素和创新主体自身因素综合作用，决定了创新主体改变当前合作状态的机会大小；而创新主体基于自身效用最大化的目标函数（Objective Function）做出如何改变协同创新关系的决策。

三 研究假说

（一）创新主体的同质性对协同创新伙伴选择的影响

1. 地理相似性

从合作成本的角度来看，地理位置的接近能降低建立和维持伙伴关系所需的努力或成本①；不仅如此，合作伙伴间地理位置的接近还有助于合作伙伴间有形和无形资源的调动②。从信息流动的角度来看，信息流的数量和质量会随距离的增加而衰减③。相反，由于信息流动的渠道（比如人力的流动）多偏向于本地，当创新主体空间距离较近时，潜在合作伙伴适宜性和可靠性的信息在数量和质量上都有所增加。从知识传播的角度来看，地理上的相似性与知识的传播之间存在着紧密的联系④。潜在的主要机制是，隐性知识是创新过程的关键驱动力，其很难在空间距离较大的合作伙伴间进行转移和传递⑤。生物技术是一门新兴学科，其知识属性更加偏向隐性。由于隐性知识表现出嵌入人力资本的特点，

① Rivera M. T., Soderstrom S. B., Uzzi B., "Dynamics of Dyads in Social Networks: Assortative, Relational, and Proximity Mechanisms", *Annual Review of Sociology*, 2010.

② Rivera-Santos M., Rufín C., "Global Village vs. Small Town: Understanding Networks at the Base of the Pyramid", *International Business Review*, Vol. 19, No. 2, 2010.

③ Breschi S., Lissoni F., "Knowledge Spillovers and Local Innovation Systems: A Critical Survey", *Industrial and Corporate Change*, Vol. 10, No. 4, 2001.

④ Audretsch D. B., Feldman M. P., "R&D Spillovers and the Geography of Innovation and Production", *The American Economic Review*, Vol. 86, No. 3, 1996.

⑤ Howells J., "Intermediation and the Role of Intermediaries in Innovation", *Research Policy*, Vol. 35, No. 5, 2006.

面对面沟通无疑是成本最低、效率最快的知识交流方式，而短距离明显有利于面对面沟通①。基于此，提出假说H2a：

假说H2a：农业生物技术创新主体更加倾向于选择同自身具有较高地理相似性的创新主体以建立协同创新关系。

2. 认知相似性

认知相似性是创新主体知识基础或知识存储的相似程度②。知识在很大程度上具有私有属性，一般来说，其表现形式为某个创新主体的惯例或某个人的技能③。知识的这些特点增加了知识传递的难度。当两个创新主体的知识储备差异过大时，必然为相互间的知识交流带来困难。就此，Nooteboom（2000）指出，“信息如果不是新的就没有用，但是如果不能理解它，它也是无用的④”。为了降低知识交流的难度，创新主体在寻找合作伙伴时，必然倾向在接近其知识库的群体中进行搜索。基于此，众多研究表明，当创新主体在选择其未来的合作伙伴时，认知相似度是重要甚至具有决定意义的因素⑤。基于此，提出假说H2b：

假说H2b：农业生物技术创新主体更加倾向于选择同自身具有较高认知相似性的创新主体以建立协同创新关系。

3. 制度相似性

North（1990）对制度相似性进行了定义，即制度层面的相似是潜在

① Torre A.，“On the Role Played by Temporary Geographical Proximity in Knowledge Transmission”，*Regional Studies*，Vol. 42，No. 6，2008.

② Nooteboom B.，“Learning by Interaction：Absorptive Capacity，Cognitive Distance and Governance”，*Journal of Management and Governance*，Vol. 4，No. 1，2000.

③ Nelson R. R.，Winter S. G.，“An Evolutionary Theory of Economy Change”，*Belknap Harvard*，Vol. 80，No. 3，1982. Nelson R. R.，Winter S. G.，“The Schumpeterian Tradeoff Revisited”，*The American Economic Review*，Vol. 72，No. 1，1982.

④ Nooteboom B.，“Learning by Interaction：Absorptive Capacity，Cognitive Distance and Governance”，*Journal of Management and Governance*，Vol. 4，No. 1，2000.

⑤ Antonelli C.，“Collective Knowledge Communication and Innovation：the Evidence of Technological Districts”，*Regional Studies*，Vol. 34，No. 6，2000；Boschma R. A.，Fritsch M.，“Creative Class and Regional Growth：Empirical Evidence from Seven European Countries”，*Economic Geography*，Vol. 85，No. 4，2009.

合作伙伴所共享的某种非正式或正式约束①。当合作伙伴享有共同或相似的正式制度（如法律和规则）和非正式制度的情况下，共同的规则、惯例和激励机制使知识在二者中的传递更加有效②。对于横跨产、学、研三个领域的协同创新来说，创新主体遍布产业界、高等学校和科研院所，三者在制度和管理层面必然面临较大差异。对于该种形式协同创新的研究，Ponds 等（2007）采用三重螺旋模型，对企业界、学术界和政府进行了行业区分，发现不同行业间的创新主体在进行合作时，需要花费额外的精力和时间用于处理行业隔阂和管理模式差异带来的合作障碍，而相同行业领域的创新主体在合作时，这一问题则会被极大缓解③。基于此，提出假说 H2c：

假说 H2c：农业生物技术创新主体更加倾向于选择同自身具有较高制度相似性的创新主体以建立协同创新关系。

4. 组织相似性

"信任"是包括协同创新在内一切合作的基础，当创新主体具有组织层面的相似性时，必然容易增强相互间的信任基础。在社会学研究中，派系的存在通常被解释为社会资本的标志④。具体到协同创新领域，Boschma（2005）指出，创新主体间拥有组织相似性会在很大程度上减少未来合作伙伴行为的不确定性⑤。当创新主体间能够高度共享组织相似时，无疑将有助于控制二者合作过程中不必要的知识外溢和其他不确定性。结合本书的前序研究，本书创新主体的组织相似性更多体现为母子公司、具有关联关系的兄弟公司或其他形式的关联关系。毫无疑问，当创新主体间具备这些形式的组织相似性时，创新主体可以通过更为简化的流程

① North D. C.，"A Transaction Cost Theory of Politics"，*Journal of Theoretical Politics*，Vol. 2，No. 4，1990.

② Knoben J.，Oerlemans L.，"Proximity and Inter-Organizational Collaboration：A Literature Review"，*International Journal of Management Reviews*，Vol. 8，No. 2，2006.

③ Ponds R.，Van Oort F.，Frenken K.，"The Geographical and Institutional Proximity of Research Collaboration"，*Regional Science*，Vol. 86，No. 3，2007.

④ Kilduff Martin and Wenpin Tsai，*Social Networks and Organizations*，Irvin：Sage，2003.

⑤ Boschma R. A.，"Does Geographical Proximity Favour Innovation?"，*Économie et Institutions*，No. 6 -7，2005.

来降低合作成本。基于此，提出假说 H2d：

假说 H2d：农业生物技术创新主体更加倾向于选择同自身具有较高组织相似性的创新主体以建立协同创新关系。

（二）创新主体的异质性对协同创新伙伴选择的影响

1. 经验异质性

除了相似性指标之外，诸多研究表明，创新主体的个体特征也可能影响合作关系的建立[①]。拥有具有理想属性的合作伙伴是协同创新取得成功并获得理想绩效的关键[②]。就创新来说，创新经验的积累和声望的获得需要时间，创新成果的价值更需要时间检验。因此，一般情况下，从事创新的资历越久，其创新经验越丰富、声望越高，也更容易被其他主体选择作为合作伙伴[③]。对于拟寻找伙伴以建立协同创新关系的创新主体来说，Gulati 和 Higgins（2003）认为，与那些具有长期运营记录、有较高声誉和影响力的合作伙伴建立协同创新关系具有很多好处[④]。一方面，有利于利用其丰富的知识储备并分享其创新经验[⑤]；另一方面，富有经验的合作伙伴在建立和管理联盟方面更有技巧，有利于合作关系的稳固[⑥]。基于此，提出假说 H3a：

假说 H3a：农业生物技术创新主体更加倾向于选择创新经验更加丰富的创新主体以建立协同创新关系。

---

① Cassiman B., Veugelers R., "R&D Cooperation and Spillovers: Some Empirical Evidence from Belgium", *American Economic Review*, Vol. 92, No. 4, 2002.

② Brouthers K. D., Brouthers L. E., "Strategic Alliances: Choose your Partners", *Long Range Planning*, Vol. 28, No. 3, 1995.

③ Cunningham L. X., Rowley C., "Small and Medium-sized Enterprises in China: A Literature Review, Human Resource Management and Suggestions for Further Research", *Asia Pacific Business Review*, Vol. 16, No. 3, 2010.

④ Gulati R., Higgins M. C., "Which Ties Matter When? The Contingent Effects of Interorganizational Partnerships on IPO Success", *Strategic Management Journal*, Vol. 24, No. 2, 2003.

⑤ Gulati R., Gargiulo M., "Where do Interorganizational Networks Come from?", *American Journal of Sociology*, Vol. 104, No. 5, 1999.

⑥ Katon W., Von Korff M., Lin E., "Collaborative Management to Achieve Depression Treatment Guidelines", *The Journal of Clinical Psychiatry*, Vol. 58, No. 1, 1997.

2. 规模异质性

从创新资源的角度来看，规模较大的创新主体往往具有更多的创新资源，也具有较强的进一步获取创新资源的能力。从创新主体自身管理的角度来看，规模是财务和管理资源禀赋以及规模经济和范围经济的重要指标[①]。鉴于协同创新的直接目的或间接目的均是通过资源（包括知识）交换以获得他们自身没有的资源，一般情况下，规模较小的创新主体更加倾向于寻找规模较大的创新主体进行协同创新。当然，上述分析并不意味着本书否认部分规模较小的创新主体同样具有较强吸引力，因为其往往具有更强的灵活性，同其建立协同创新关系有助于增强规模较大创新主体的灵活性。然而，考虑到中国生物技术尤其是农业生物技术创新主体在规模角度往往呈现较大程度的两极分化，创新活跃的创新主体往往具有较大规模，小规模创新主体大多从事较为低层次的辅助工作，其吸引其他主体建立协同创新关系的能力较弱。基于此，提出假说 H3b：

假说 H3b：农业生物技术创新主体更加倾向于选择规模更大的创新主体以建立协同创新关系。

（三）协同创新网络的内生效应对协同创新伙伴选择的影响

创新主体处于合作网络之中，其行为有可能在不同程度上受到网络结构所引致的各类效应的影响。基于此，本书聚焦网络结构效应中最为突出的结构嵌入性和优先连接性两个指标，探究其对创新主体协同创新伙伴选择行为的影响。

1. 结构嵌入性

结构嵌入性，又称为三元闭包，是一种局部网络力，能够引起网络中原本两个未连接的节点连接到一个公共节点，最终实现二者相互连

---

① Gulati R.，"Social Structure and Alliance Formation Patterns：A Longitudinal Analysis"，*Administrative Science Quarterly*，Vol. 104，No. 5，1995；Cannavale C.，Esempio A.，Ferretti M.，"Up-and Down-Alliances：A Systematic Literature Review"，*International Business Review*，Vol. 28，No. 3，2021.

接[1]。结构嵌入性意味着协同创新网络通过合作的传递，能够使伙伴的伙伴变为自己的伙伴，从而实现三元闭合。从网络稳定性角度来说，三元闭包有其必然性和合理性，因为图形之中，三角最为稳定。从创新主体层面来说，三元闭包现象的合理性和必然性似乎更高。作为传递中介的共同合作伙伴，其可以向两个合作伙伴提供信息，从而减少两个陌生创新主体在建立协同创新关系时对潜在合作伙伴能力和可信度的不确定性[2]。而从两端的两个创新主体的角度来看，由于有两者共同的合作伙伴提供高质量的信息和某种程度上的声誉担保，这容易对潜在合作伙伴产生声誉锁定，从而阻止其发生机会主义行为。整体来看，通过三元闭包，三个协同创新伙伴容易形成稳定闭环的局部协同创新网络，从而可以通过直接接触促进知识的循环和流通[3]，进而为三者带来整体更高的回报[4]。基于此，提出假说 H4a：

假说 H4a：创新主体受到其所在网络结构嵌入效应的正向影响，倾向同“朋友的朋友”建立新的协同创新关系。

2. 优先连接性

现有文献表明，对于任何有意建立联盟的个体来说，其总是有意或无意地倾向于把社会中地位较高的其他个体当作潜在合作伙伴[5]。对于拟建立协同创新关系的创新主体来说，这种倾向同样存在。原因是，一方面，在创新网络中地位较高的创新主体有能力为其提供更多更有价值的信息和知识；另一方面，同地位较高的创新主体建立合作关系，在某

---

① Holland P. W., Leinhardt S., “Transitivity in Structural Models of Small Groups”, *Comparative Group Studies*, Vol. 2, No. 2, 1971.

② Uzzi B., “The Sources and Consequences of Embeddedness for the Economic Performance of Organizations: The Network Effect”, *American Sociological Review*, Vol. 39, No. 1, 1996; Cowan R., Jonard N., Zimmermann J. B., “Bilateral Collaboration and the Emergence of Innovation Networks”, *Management Science*, Vol. 53, No. 7, 2007.

③ Uzzi B., “Social Structure and Competition in Interfirm Networks: The Paradox of Embeddedness”, *Administrative Science Quarterly*, Vol. 39, No. 1, 1997.

④ Asheim B. T., Isaksen A., “Regional Innovation Systems: the Integration of Local ‘Sticky’ and Global ‘Ubiquitous’ Knowledge”, *The Journal of Technology Transfer*, Vol. 27, No. 1, 2002.

⑤ Lazega E., Mounier L., Snijders T., et al., “Norms, status and the Dynamics of Advice Networks: A Case Study”, *Social Networks*, Vol. 34, No. 3, 2012.

种程度上有助于其创新地位获得认可[①]。此外，在协同创新网络中，社会地位高的直接表现是同其建立的协同创新关系数量多、分布范围广、网络更加密集，而同地位高的主体建立合作，无疑意味着该创新主体进入了知识交流的密集区，这将有利于提升其获得新知识的数量和质量[②]。事实上，对协同创新网络中协同创新的研究已经表明，拥有最多连接的创新主体确实在吸引新的协同创新伙伴方面具有优势[③]（见图3－6）。基于此，提出假说H4b：

假说H4b：创新主体受到其所在网络优先连接效应的正向影响，倾向同网络地位高的创新主体建立协同创新关系。

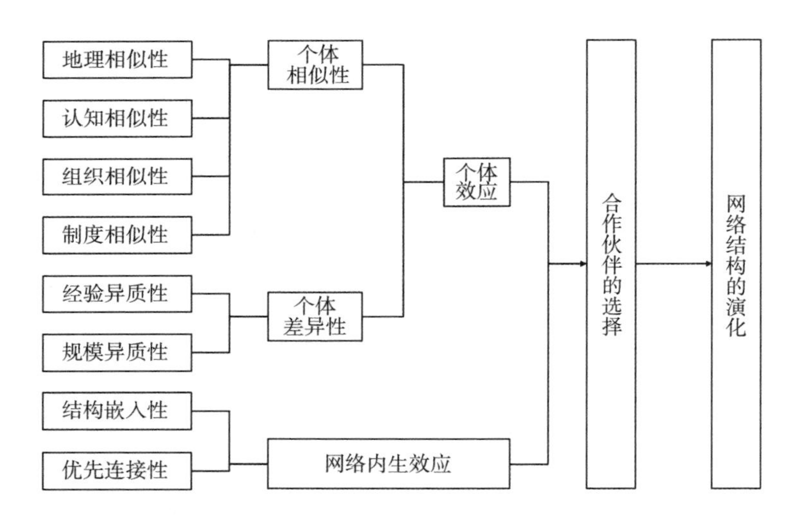

图3－6 中国农业生物技术协同创新网络实现结构演化的机制分析

① Blau P. M.，"Social Exchange Theory"，*Retrieved September*，Vol. 3，No. 2007，1964.

② Zaheer A.，Bell G. G.，"Benefiting from Network Position：Firm Capabilities，Structural Holes，and Performance"，*Strategic Management Journal*，Vol. 26，No. 9，2005.

③ Barabási A. L.，Albert R.，"Emergence of Scaling in Random Networks"，*Science*，Vol. 286，No. 5439，1999.

第四节 异质性主体协同创新及其演化的比较案例分析

一 理论基础

沃纳菲尔特于1984年提出了资源基础理论①，学术界也将其称为资源观理论。资源观理论认为，企业具有各种有形和无形的资源，资源的不同使企业具有异质性能力，也使其具有竞争力差异。资源观理论提出之后，学者们越来越认识到，开展组织间合作，尤其是具有异质性的组织间合作，对于相关创新主体获取异质性资源，进而快速提升组织间各类主体的整体竞争力非常重要。例如，Agrawal（2001）认为，企业通过与高等学校和各类科研院所等异质性主体建立合作关系，能够从这些异质性主体获取更多技术和创新资源，从而充实自身无形知识资本，进而提升自身生产效能、降低运行成本②。与此同时，主体间开展合作时，在各自异质性作用下，主体间的合作行为又会呈现一定差异。

二 理论分析

中国农业生物技术协同创新网络中，主要包含三类创新主体：高等学校、科研院所和企业。不同种类的创新主体间具有明显的主体异质性。主要表现在：首先，对于高等学校、科研院所和企业来说，由于管理体制、机制和使命的截然不同，三类主体在制度层面具有明显差异；其次，高等学校主要由行政机关和教学科研单位组成，科研院所同样一般由行政机关和较为独立的科研处室组成，如果说二者间的组织异质性尚不明显，那么企业则是一个更为紧密、管理更趋扁平化的机构，同前两者具有截然不同的组织差异性；最后，高等学校、科研院所和企业由于分布

---

① Wernerfelt B.，“A Resource-Based View of the Firm”，*Strategic Management Journal*，Vol. 5，No. 2，1984.

② Agrawal A. K.，“University-To-Industry Knowledge Transfer：Literature Review and Unanswered Questions”，*International Journal of Management Reviews*，Vol. 3，No. 4，2001.

广泛，不同地区的高等学校、科研院所和企业往往具有异质性明显的地区差异，尤其是省市所属的科研院所和高等学校，由于具有服务地方经济发展的职能，其区域异质性尤为明显。此外，高等学校、科研院所和企业在人才培育、行事风格、合作导向等方面还具有多方面异质性。

焦媛媛等（2017）的研究表明，合作主体的异质性将影响创新主体在协同创新过程中的行为，进而对合作的紧密程度和合作水平产生影响①。於流芳等（2017）的研究则表明，创新主体异质性对其相互间在创新联盟中的关系并无直接影响②。对于中国农业生物技术协同创新网络中具有各种异质性，尤其是具有明显属性异质性的主体来说，其在协同创新活动中有可能表现出不同的合作特征。与此同时，相互间在合作意向、伙伴选择等环节上明显的异质性很有可能在较大程度上影响协同创新关系的演化（见图3－7）。

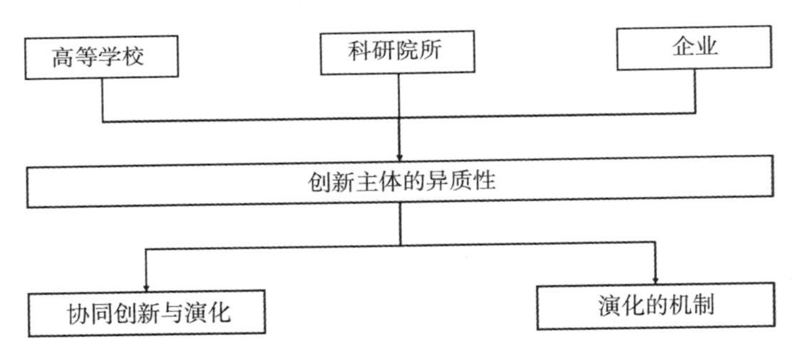

图3－7　异质性创新主体网络化协同创新及其演化的比较案例分析

第五节　总体理论分析框架

基于上述分析，本书构建了中国农业生物技术网络化协同创新演化

① 焦媛媛、李建华：《主体异质性对产学研合作程度的影响及对策》，《社会科学战线》2017年第3期。

② 於流芳、尹继东、许水平：《供给侧改革驱动下创新主体异质性与创新联盟关系风险》，《科技进步与对策》2017年第5期。

机制的理论分析框架（见图3－8）。基于此，本书的核心环节将分为如下四个部分。

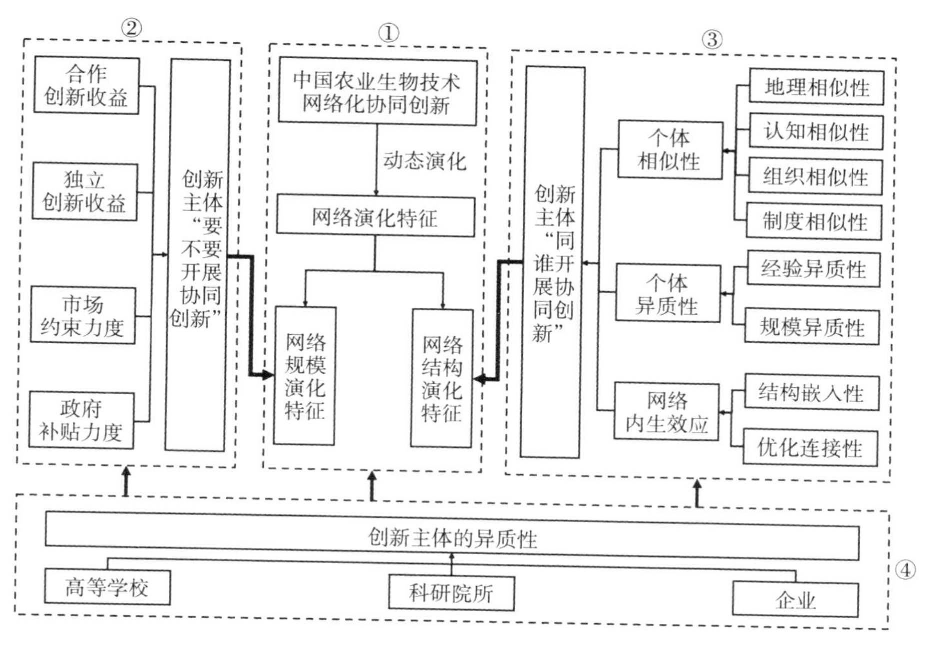

图3－8　中国农业生物技术网络化协同创新演化机制的理论分析框架

第一部分，分析网络在规模和结构两个维度的演化特征。在本部分，将首先基于技术生命周期理论，识别中国农业生物技术创新历程包含的几个阶段，为后文研究“演化”做出铺垫；其次将基于联合申请专利数据，在协同创新理论的指引下，构建中国农业生物技术协同创新网络；最后将结合演化理论，从规模和结构两个维度，总结不同阶段的中国农业生物技术协同创新网络呈现的演化特征（见图3－8①）。

第二部分，借助演化博弈论分析网络呈现规模演化特征的内在机制。第二部分将直接对应第一部分中总结的协同创新网络在规模维度的演化特征，借助复杂网络中的演化博弈理论，综合应用演化博弈、Matlab数值仿真等多种手段，分析合作创新收益、独立创新收益、市场约束力度和政府补贴力度等对协同创新网络规模演化的驱动机制（见图3－8②）。

第三部分，探究协同创新网络在结构维度呈现演化特征的内在机制。第三部分将直接对应第一部分中总结的协同创新网络在结构维度的演化特征。鉴于同怎样的伙伴建立合作关系直接在微观层面驱动了网络的结构演化，本板块将综合个体相似性、个体异质性和网络内生效应等指标，从微观层面探究中国农业生物技术创新主体在选择合作伙伴时的影响因素和影响机制（见图3－8③）。

第四部分，探究创新主体异质性对协同创新及其演化的影响。中国农业生物技术协同创新网络中主要有高等学校、科研院所和企业三类创新主体，相互间存在显著的主体异质性。在该部分中，将通过比较案例分析，深入探究主体异质性对协同创新及其演化的影响（见图3－8④）。

第六节　本章小结

为了给后续研究打下坚实的理论基础，本章基于本书涉及的主要理论进行了系统分析，并构建了中国农业生物技术网络化协同创新演化机制的理论分析框架。首先，基于技术成长理论、合作创新理论和演化理论对中国农业生物技术协同创新网络的构建和演化特征分析进行了理论探究；其次，针对协同创新网络的规模演化机制分析，基于合作经济理论、演化博弈理论进行了理论阐述，并就协同创新收益、独立创新收益、市场约束力度和政府补贴力度等指标对协同创新网络规模演化的影响提出研究假说；再次，基于交易成本理论，对协同创新网络结构演化机制进行了理论分析，并就个体效应、网络内生效应等方面的八个指标对协同创新网络结构演化的影响提出了研究假说；最后，基于资源观理论，对异质性主体协同创新及其演化的比较案例分析进行了理论探究。基于上述分析，本书构建了中国农业生物技术网络化协同创新演化机制的理论分析框架。

第四章　中国农业生物技术协同创新的网络化特征及其动态演变

为了探究中国农业生物技术网络化协同创新的演化特征，首先应构建不同时期的协同创新网络；其次分别对其进行指标测算，并通过纵向比较对网络进行动态解析；最后基于动态解析总结网络演化的特征。基于这一思路，本章首先基于获得的样本专利数据，识别和划分 1985—2017 年中国农业生物技术创新经历的发展阶段；其次，分别构建不同阶段的中国农业生物技术协同创新网络；再次，按照节点、连线和整体网络的顺序，结合对不同时期协同创新网络规模和结构指标的测算，对协同创新网络进行动态解析，从而体现“演化”；最后，基于动态解析，总结中国农业生物技术协同创新网络在规模和结构两个维度的演化特征。鉴于社会网络分析法是本章应用的核心方法，本章还将对该方法应用于本书的适用性和局限性进行进一步讨论。

第一节　数据来源

本书基于专利数据开展对中国农业生物技术网络化协同创新演化特征及其机制的量化研究。能否获得准确、全面的专利数据，是决定后续研究能否顺利开展并获得较高可信度的研究结论的关键。

由于“农业生物技术”的外延复杂而又模糊，传统的基于标题、摘要和关键词的专利检索方法行不通：“农业生物技术”并非某一项技术，而是一类技术的统称，很难简单界定哪些技术是农业生物技术，哪些则不是，因而通过穷举的方式进行标题、摘要、关键词检索，既不现实，也不科学①。因此，本书必须先建立一套行之有效，既能保证专利“查全”又能保证专利“查准”的农业生物技术专利检索方法。

基于此，本书首先设计了一套基于国际专利分类代码（International Patent Classification，IPC）的专利检索方法。其次，为了确保专利检索的准确性，本书还借鉴数据挖掘（Date Mining）领域常用的准确度评价指标，通过抽取上市公司类创新主体作为样本，对筛选的专利 IPC 的检索效能进行评价。最后，基于构建的专利检索式，进行中国农业生物技术专利检索，并对样本专利进行初步统计分析（见图 4－1）。

一　专利检索数据库

本书是基于中国农业生物技术专利数据开展的。研究涉及的专利数据全部通过 Patsnap（中文名“智慧芽”）数据库获得。之所以选择该数据库的原因是：首先，Patsnap 是世界知识产权组织（World Intellectual Property Organization，WIPO）专门予以推介的专利数据库②。因其强大的专利检索功能，目前已被国内外学者在研究中广泛应用。仅就中文论文而言，截至 2021 年 1 月，中国知网的检索结果显示，已有 456 篇中文论文是基于或围绕 Patsnap 数据撰写的，其中包含被 CSSCI 检索收录的近 100 篇高水平论文。其次，“查全”和“查准”是本书的关键，在这两个目标中，“查全”又更为基础，因为只有“查全”才有可能通过筛选实现“查准”；而如果检索条目过少，则不能保障“查全”，从而在根本上无法保障“查准”。目前 Patsnap 数据库已实现了对 116 个国家和地区 1.4 亿条专利数据的覆盖，在此基础上，该数据库每周进行更新。这为保证本书对专利数据的“查全”提供了必要保障。事实上，本书在检索

① 例如，可以通过在主题词或关键词中检索“BT”“启动子”“转座子”或“Crisper-Cas9”等具体的词语实现对具体的涉及 BT 转基因、基因敲除或基因编辑的专利的检索；但是上述细分领域的专利仅仅是“农业生物技术”相关专利的一小部分。由于“农业生物技术”博大精深，检索人很难通过穷举法实现对全部专利的检索。

② 详见 https：//www.wipo.int/export/sites/www/aspi/en/doc/patsnap_ summary.pdf。

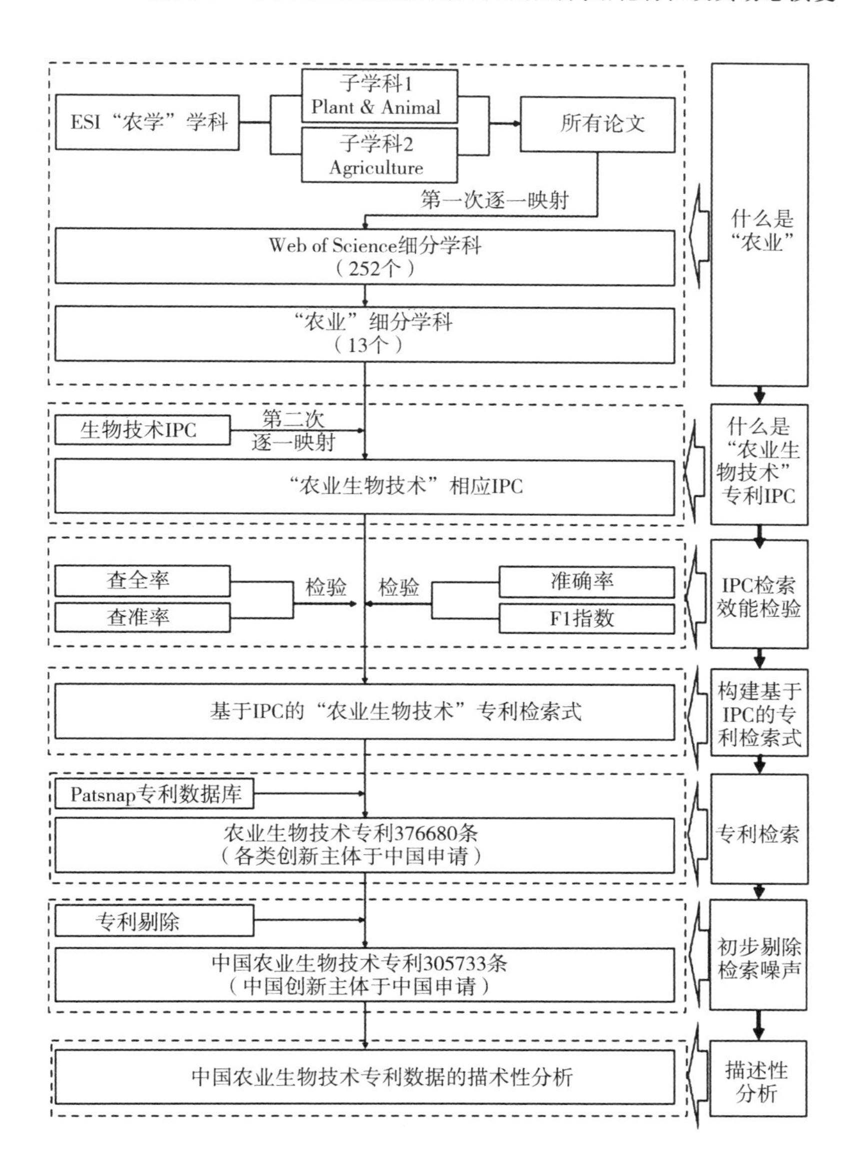

图 4－1　专利检索与准确度评价流程

之初，对包括 Patsnap 数据库在内的多个专利数据库进行了检索比较，发现在该专利数据库中可以检索到“农业生物技术”专利数据 37 万余条，是各个数据库中最多的。

二　专利检索式构建与检索效果评价方法

（一）专利检索式的构建方法

农业生物技术的内涵丰富，包含基因工程、分子标记、分子诊断、疫苗、组织培养以及对动植物和微生物等农业相关生命体的改造等相关技术。由于内涵丰富而又缺少明确的界定标准，导致“农业生物技术”的范畴很难清晰界定，进而导致很难通过传统的题名、关键词或摘要等对“农业生物技术”相关的专利和论文进行检索。

就专利检索来说，专利具有的 IPC 为上述问题的解决提供了新思路。IPC 是世界知识产权组织根据 1971 年签署的《斯特拉斯堡协定》创建的，主要目的是为 IPC 基于专利的技术领域对每一条专利进行分类，并分配相应的代码（见图4－2）。目前，IPC 共分为8 个大类，每个大类又逐级分为若干细分门类。在专利申请环节，专利申请人和相关机构将基于专利所属技术的领域给每一条专利分配相应的 IPC 号码。本书基于 IPC 分类，结合现有研究并征求相关专家意见，在 IPC 现有的 8 个门类及其细分类别中，逐一筛选出农业生物技术相关的 IPC 号码。

鉴于农业生物技术本质上是生物技术在农业领域的应用，为了确定农业生物技术的 IPC，本书的总体思路是首先对“农业领域”包含的细分门类进行界定，其次基于生物技术类 IPC 分类，实现生物技术类 IPC 对“农业领域”的映射，进而敲定“农业生物技术”相应的 IPC。

1. “农业”的范围识别

为了实现对“农业领域”的客观界定，本书借鉴徐倩①的方法，综合运用 Web of Science（WOS）和 Essential Science Indicators（ESI）两大学科及期刊分类体系。一方面，就 WOS 来说，其包含社会科学、艺术科学和自然科学等领域的 252 个细分学科，是目前公认最为详细的学科分

---

① 徐倩、李晓曼、郝心宁、孙巍：《全球农业生物技术专利检索策略研究》，《生物技术通报》2018 年第 12 期。

(12)发明专利申请

(10)申请公布号 CN 108148842 A
(43)申请公布日 2018.06.12

(21)申请号 201711449220.2
(22)申请日 2017.12.27
(71)申请人 中国科学院成都生物研究所
地址 610041 四川省成都市武侯区人民南路四段九号
申请人 成都碧青生物科技有限公司
(72)发明人 汪松虎 许春燕 蒲勤华 黄维藻 李辉 高兰阳
(74)专利代理机构 成都坤伦厚朴专利代理事务所(普通合伙) 51247
代理人 刘坤

(51)Int.Cl.
C12N 15/29(2006.01)
C12N 15/82(2006.01)
A01H 5/00(2018.01)
A01H 6/82(2018.01)

权利要求书1页 说明书9页 序列表2页 附图2页

(54)发明名称
一种利用基因工程技术改善番茄果径、果重的新方法

(57)摘要
本发明属于生物技术领域,具体涉及一种利用基因工程技术改善番茄果径、果重的新方法。现有技术主要通过改变肥料用量、施用特定化肥、改善种植方法等外部技术改善番茄的果径和果重,但这类技术无法对番茄本身的性状做出根

图4-2 每条专利均带有相应的IPC分类码

注:方框内即为该专利的IPC代码(第一行为主代码),其中Int. CI. 是International Patent Classification System的简称。此图为中国科学院成都生物研究所同成都碧青生物科技有限公司联合申请专利"一种利用基因工程技术改善番茄果茎、果重的新方法"的第一页。

类体系。对于农业领域,在WOS中,其被具体细分为"农业经济政策""土壤学""林业学"等诸多分支学科,这为界定"农业领域"提供了便利。但是由于农业领域相关研究的推进,农业正与其他诸多学科实现交叉,进而形成了诸多交叉学科,完全凭借主观判断界定所有农业领域相关学科显然不够客观,这使完全依靠WOS界定"农业领域"存在较大缺陷。另一方面，ESI 是基于 WOS 所收录的全球 12000 多种学术期刊的 1000 多万条文献记录而建立的学科分类体系，在该体系下，每一条文献均被划分到较为宽泛的 22 个 ESI 分类中的一个，且这 22 个子学科又被按照范畴划分为生命科学、农学、社会科学、理学、医学、工学和其他七大门类。基于 ESI 的学科划分，本书首先从七大学科门类中挑选“农学”，进而将“农学”下辖的 Agriculture 和 Plant & Animal 这两个相关学科列出，检索出所有论文，形成农业及其相关学科的论文数据集，并反向映射到 WOS 分类中，进而找出 WOS 中涉及“农业领域”的具体学科。

经过上述映射识别，本书最终界定“农业”包含的范畴如下（见表 4－1）。

表 4－1 **“农业”所辖细分学科**

	细分学科（英文）	细分学科
1	Biology	生物学
2	Genetics & Heredity	基因与遗传学
3	Biotechnology & Applied Microbiology	生物技术和应用微生物学
4	Food Science and Technology	食品科学与技术
5	Horticulture	农艺学
6	Agriculture，Diary and Animal Science	农业、乳制品与动物科学
7	Agronomy	园艺学
8	Veterinary Science	兽医学
9	Agricultural Engineering	农业工程
10	Soil Science	土壤学
11	Forestry	林业学
12	Fisheries	渔业学
13	Chemistry，Analytics & Chemistry，Applied	分析与应用化学

2. “生物技术”IPC 的识别

为了更好地界定“生物技术”的范围，本书选取 OECD、欧盟 EU 和中国国家知识产权局 CNIPA 等权威机构筛选的生物技术相应 IPC 作为参考（见表 4－2）。通过比较上述机构界定生物技术 IPC 的差异，并就差异 IPC 的范畴进行逐一核对，在征求相关专家意见后，最终确定“生物技术”IPC 的范围。

表 4－2　各国际权威机构关于“生物技术”IPC 的认定

机构	IPC
OECD	A01H1/00，A01H4/00，A61K38/00，A61K39/00，A61K48/00，C02F3/34，C07G（11/00，13/00，15/00），C07K（4/00，14/00，16/00，17/00，19/00），C12M，C12N，C12P，C12Q，C12S，G01N27/327，G01N33/（53 *，54 *，55 *，57 *，68，74，76，78，88，92）
EU	A01H1/00，A01H4/00，A61K38/00，A61K39/00，A61K48/00，C02F3/34，C40B40/00 －50/18，C40B70/00 －80/00，C40B，10/00，C12N，C12P，C12Q，C12S，G01N27/327，G01N33/（53 *，54 *，55 *，57 *，68，74，76，78，88，92）
CNIPA	A01H1/00，A01H4/00，A61K38/00，A61K39/00，A61K48/00，C02F3/34，C40B40/00 －50/18，C40B70/00 －80/00，C40B，10/00，C12N，C12P，C12Q，C12S，G01N27/327，G01N33

资料来源：OECD（2018）、欧盟委员会数据库和国家知识产权局（2012）。

（二）专利检索效果的评价方法

1. 总体策略与相关参数

在机器学习（Machine Learning）领域，为了能够评价不同算法对数据挖掘（Data Mining）算法实现的优劣，研究者提出了 Precision（查准率）、Recall（查全率）、F1-Score（F1-指数）、Accuracy（准确率）等检验指标①。为了对本书确立的中国农业生物技术检索式实现专利查全、

① 徐倩、李晓曼、郝心宁、孙巍：《全球农业生物技术专利检索策略研究》，《生物技术通报》2018 年第 12 期。

查准能力的检验，本书借鉴上述检验方法，进行检索式评估，以进一步保障研究数据的真实性和可靠性。

上述指标的定义和基本原理如下：将所有专利划分为四个范畴，即被检索到但是不符合检索预期的专利（A）、被检索到同时符合检索预期的专利（B）、未被检索到但是符合检索预期的专利（C）、未被检索到同时也不符合检索预期的专利（D）。查准率表示被检索到同时符合检索预期的专利数量占其与虽被检索到但是不符合检索预期的专利数量之和的比例（见式4－1）；查全率为被检索到同时符合检索预期的专利数量占其虽符合检索预期但是被遗漏的专利数量之和的比例（见式4－2）；准确率则为所有被准确检索的专利数（包含符合预期且被检索到和不符合预期且未被检索到两类）和所有在本次检索中涉及的专利数量之和的比例（见式4－3和图4－3）。

近年来，为了能够更加综合地评价不同算法的优劣，研究者在查准率和查全率的基础上提出了F1指数的概念，来对查准率和查全率进行整体评价。F1指数为查全率、查准率乘积与二者之和的比值的两倍（见式4－4）。具体如下。

$$\text{查准率}=\frac{B}{A+B}\times 100\% \tag{4-1}$$

$$\text{查全率}=\frac{B}{B+C}\times 100\% \tag{4-2}$$

$$\text{准确率}=\frac{B+D}{A+B+C+D}\times 100\% \tag{4-3}$$

$$F1=2\times\frac{\text{查准率}\times\text{查全率}}{\text{查准率}+\text{查全率}} \tag{4-4}$$

2. 检验步骤

进行两次专利检索，分别是知识产权人的全部专利检索和以知识产权人、本书选定IPC为检索式的专利检索；分别将检索到的专利进行人工阅读、去噪，最终得到相应的两份专利数据；将以知识产权人、本书选定IPC为检索式的专利作为基准，逐个比对专利权人的所有专利，对专利所属A、B、C、D进行分类；分别计算查准率、查全率、准确率和F1值。

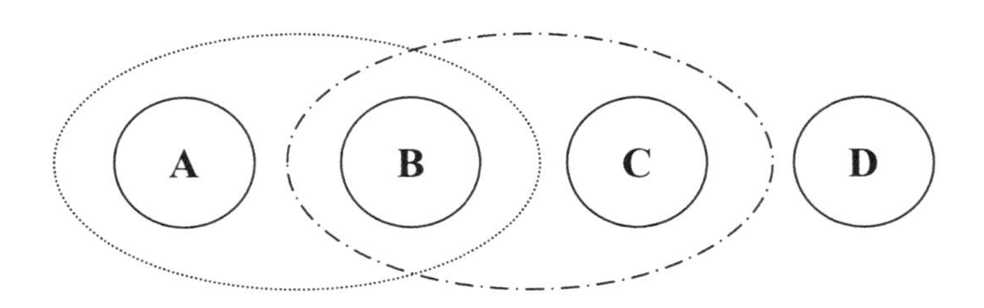

图4－3　专利查准率与查全率的关系

注：A、B、C、D分别代表被检索到但是不符合检索预期的专利、被检索到同时符合检索预期的专利、未被检索到但是符合检索预期的专利、未被检索到同时也不符合检索预期的专利。

资料来源：本图绘制借鉴了徐倩等（2018）的思路。

一　样本专利的检索

（一）农业生物技术专利IPC的识别

鉴于农业生物技术本质上即为生物技术在农业领域的应用，基于前文对“农业领域”和“生物技术”的界定，本部分通过将“生物技术”相应IPC逐一映射到“农业领域”中，并逐一征求专家意见，即可得出农业生物技术相关的IPC范畴。通过查漏补缺，最终确定本书中农业生物技术相应的IPC范畴（见表4－3）。

表4－3　**本书关于农业生物技术专利IPC的识别**

一级分类	二级分类	三级分类	拟用IPC	专利范畴
A	A01	—	A01H	新植物或获得新植物的方法；通过组织培养技术的植物再生
		—	A01N	人体、动植物体或其局部的保存；杀生剂，例如作为消毒剂，作为农药或作为除草剂；害虫驱避剂或引诱剂；植物生长调节剂
	A61	A61K	A61K38/00	含肽的医药配制品（兽医兽药类）
			A61K39/00	含有抗原或抗体的医药配制品（兽医兽药类）
			A61K48/00	含有插入活体细胞中的遗传物质以治疗遗传病的医药配制品；基因治疗（兽医兽药类）
	A23	—	A23K	专门适用于动物的喂养饲料；其生产方法

续表

一级分类	二级分类	三级分类	拟用 IPC	专利范畴
C	C05	C05F	C05F11/08	含有加入细菌培养物、菌丝或其他类似物的有机肥料
			C05F15/00	包含在 C05F1/00—C05F11/00 一个以上的大组中的混合肥料；由包含在本小类中但不包含在同一大组的原料混合物制造的肥料
	C07	C07K	C07K14/415	来自植物的糖类及其衍生物、核苷、核苷酸、核酸
			C07K14/195	来自细菌的糖类及其衍生物、核苷、核苷酸、核酸
			C07K14/37	来自真菌的糖类及其衍生物、核苷、核苷酸、核酸
	C12	—	C12M	酶学或微生物学装置
		—	C12N	微生物或酶；其组合物
		—	C12Q	包含酶或微生物的测定或检验方法；其所用的组合物或试纸；这种组合物的制备方法；在微生物学方法或酶学方法中的条件反应控制
		—	C12S	使用酶或微生物以释放、分离或纯化已有化合物或组合物的方法
		—	C12P	发酵或使用酶的方法合成目标化合物或组合物或从外消旋混合物中分离旋光异构体

（二）IPC 检索效能的检验

本书选取新希望六和股份有限公司、大北农集团和温氏食品集团股份有限公司三家涉农上市公司作为检验筛选 IPC 检索效能的样本。选取这三家上市公司作为样本的原因是：首先，这些公司在《农民日报》评选的 2020 年中国农业企业 500 强中排名靠前①，规模较大，而企业规模是产出较多创新专利的基础条件；其次，作为上市公司，其创新能力和将创新

① 详细名单请见《农民日报》官方网站（http：//www. farmer. com. cn/2020/12/26/99863999. html），其中，新希望六和股份有限公司排名第 29 名，大北农集团排名第 57 名，温氏食品集团股份有限公司排名第 13 名。

成果申请专利予以保护的意识相对较强，这使拟检索的专利数量相对较大，有利于降低计算误差；最后，这些公司的主营业务虽以涉及农业生物技术的业务为主，但整体较为多元，其创新成果和相关专利覆盖领域较多，更容易实现并覆盖本书描述的 A、B、C、D 四类专利分类，便于进行查全率、查准率等指标的计算。

针对检索出的样本相关专利，本书对专利是否为农业生物技术专利进行人工识别和统计。为了降低工作量，同时也考虑到上述创新主体在上市后创新研发、成果保护、专利申请等会更为规范，本书选取的检验时段对应上文识别出的中国农业生物技术创新的成熟期，也即 2016—2017 年，在此期间，三家样本企业已全部完成上市。

经过分别以申请人名称直接进行检索和以本书通过 IPC 构建的检索式进行的检索，分别获取了新希望六和股份有限公司、大北农集团和温氏食品集团股份有限公司的两份专利数据。经过人工筛选，分别计算查准率、查全率、准确率和 F1 指数等指标，结果见表 4－4。

表 4－4　**本书筛选的农业生物技术 IPC 检索效能检验**

公司名称	专利数 1（个）	专利数 2（个）	A	B	C	D	查准率（%）	查全率（%）	准确率（%）	*F*1 指数
新希望六和股份有限公司	148	15	1	14	2	131	93.33	87.5	98.07	90.32
大北农集团	152	43	1	42	3	106	97.67	93.33	97.37	95.45
温氏食品集团股份有限公司	149	42	4	38	3	104	90.48	92.68	95.3	91.57

注：专利数 1 为以专利申请人名称进行的专利检索，实际上是 A、B、C 和 D 四类专利的总和；专利数 2 为以本书通过 IPC 构建的检索式进行的专利检索。

检验结果显示，本书以通过 IPC 构建的检索式进行的农业生物技术专利检索，其查全率普遍高于 80%，查准率则达到 90% 以上，准确率普遍超过95%，F1 指数也大于 90%，这些指标远高于 Powers（2008）[①]、徐倩等（2018）[②] 设置的专利检索准确性的检验标准。这意味着本书筛选的农业生物技术专利 IPC 准确性较高，能够保障本书获得较为准确、可靠的农业生物技术专利数据。

（三）样本专利获取

通过 Patsnap 的高级检索功能，构建检索式 IPC = A01H or A01N or A61K38/00 or A61K39/00 or A61K48/00 or A23K or C05F11/08 or C05F15/00 or C07K14/415 or C07K14/195 or C07K14/37 or C12M or C12N or C12Q or C12S or C12P。在专利检索时限方面，鉴于 1985 年 4 月 1 日，中国颁布并施行《中华人民共和国专利法》，以此为起点，各类专利申请人开始在中国申请专利，因此本书专利检索的起始时间为 1985 年 4 月 1 日。由于通常情况下，专利申请人从提交专利申请到专利公开进而允许公众检索需要耗时约 18 个月，为了保障数据的完整性和科学性，本书专利检索的截止时间为 2017 年 12 月 31 日。在专利类型方面，本书的专利类型包含发明专利和实用新型专利。在以往的研究中，部分研究者认为发明专利的创新价值较高，因而将其专利类型仅限定为发明专利，本书认为，虽然实用新型专利的创新价值相对较低，但是该类专利背后同样蕴含了创新行为，而这些形式、深度和价值不一的创新行为都应是各类创新主体协同创新网络研究的一部分。

综上所述，确立本书的专利检索式如下。

Patents = ［（IPC = A01H or A01N or A61K38/00 or A61K39/00 or A61K48/00 or A23K or C05F11/08 or C05F15/00 or C07K14/415 or C07K14/195 or C07K14/37 or C12M or C12N or C12Q or C12S or C12P）AND（时间 = 19850401 - 20171231）AND（区域 = 中国）AND（专利类型 = 发明专利和实用新型专利）］

---

① Powers D. M. W.，“Evaluation：From Precision，Recall and F-Measure to ROC，Informedness，Markedness and Correlation”，*ArXiv Preprint ArXiv*，No. 16061，2008.

② 徐倩、李晓曼、郝心宁、孙巍：《全球农业生物技术专利检索策略研究》，《生物技术通报》2018 年第 12 期。

基于上述检索方法，本书进行了相应专利检索。1985—2017 年，全球农业生物技术专利共计 237.6 万条，其中，在中国申请的专利数量为 376680 条（见图 4－4）。

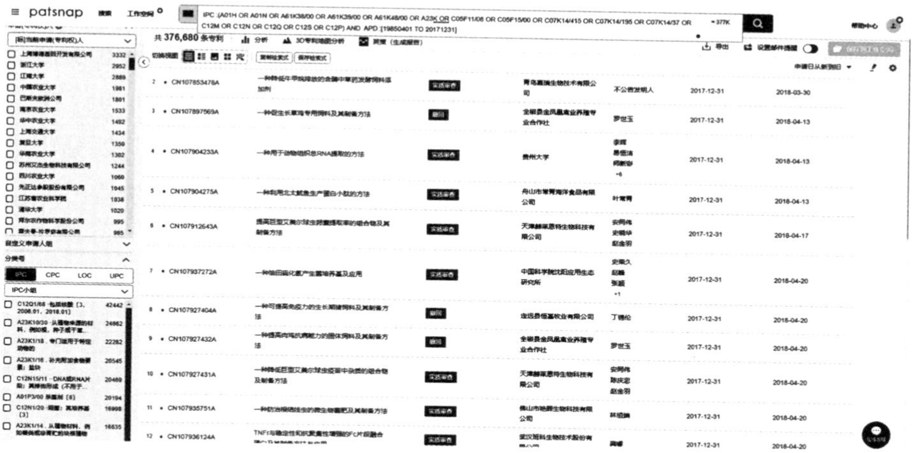

图 4－4　专利检索结果

注：本书并不细究所获专利数据的当前法律状态，因为即便专利申请被撤销或驳回，但当该专利首次提交申请时，包括合作在内的创新行为已经发生；此外，本次检索获得的专利数据仅是“毛数据”，还将进行详细的数据清洗和后续处理。

仅保留申请人位于中国大陆地区的专利，其他专利予以剔除。经过剔除和筛选，共剩余 305733 条专利，这些专利被称为“中国农业生物技术专利”，也即是本书的样本专利。在后续章节中，将以该样本专利为基础数据，经过逐级筛选，实现对中国农业生物技术协同创新网络演化特征和演化机制的探究（见图 4－5）。

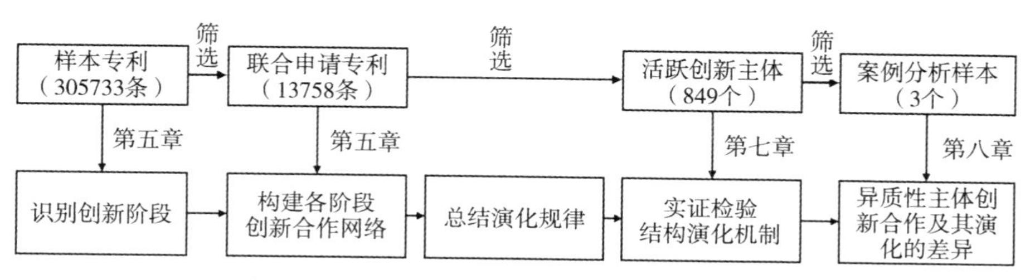

图 4－5　后续章节对样本专利的筛选和利用

第二节　研究方法

一　创新阶段的识别方法

基于技术发育理论，借鉴周灿（2018）[①] 探究和识别中国电子信息技术发育阶段的方法，通过 Logistic 增长模型，以上文获得的 305733 条中国农业生物技术样本专利为依据，在 1985—2017 年，识别并划分出中国农业生物技术创新经历的不同发展阶段。以之为分析不同阶段下，中国农业生物技术协同创新网络的演化特征打下基础。

1. Logistic 增长模型

Logistic 增长模型在数学表达式与 Fisher-pray 曲线一致（见式 4－5）所示。

$$y=\frac{L}{1+\alpha\cdot\exp^{-\beta}} \tag{4-5}$$

其中，y 代表农业生物技术专利年申请累计数；α 代表技术成长曲线在相应年份处的斜率；β 为技术成长曲线的反曲点（Inflection Point 或 Midpoint），该点为成长曲线斜率最大的点，在数学意义上其二次微分值为 0，也是相应技术成长速度最快的点；L 代表技术成长的饱和值（Saturation），即专利累积数量的极限值。基于技术发育理论，技术成长的整个过程可划分为三个阶段：低于饱和值 10% 的阶段为技术发育的第一个阶段，该阶段技术发育较为缓慢，创新产出整体处于较低水平；位于饱和值 10% 和 90% 之间，为技术的高速成长阶段，本阶段持续的时间称为"成长时间"（Growth Time）；在技术发育理论中，当某项技术的创新产出高于饱和值 90% 时，则认为该项技术进入了成熟期以及后续的衰退期，由于农业生物技术是一系列技术的统称，"衰退期"的说法并不严谨，在本书中，当超过饱和值的 90% 时，即进入农业生物技术创新的成熟期。

① 周灿：《中国电子信息产业集群创新网络演化研究：格局、路径、机理》，博士学位论文，华东师范大学，2018 年。

2. Loglet Lab 对 Logistic 增长曲线的拟合

Loglet Lab 是专门用来拟合 Logistic 曲线模型的工具。软件采用迭代法（Iterative Method），自动多次拟合并实现对成长曲线饱和值、成长时间和反曲点等参数的估计。

二　协同创新网络的构建方法

（一）数据的处理

1. 合作申请专利数据的获取

基于 305733 条中国农业生物技术专利，提取由两个及以上申请人联合申请的专利；为了便于获取地理信息（后续章节将涉及地理相似性等指标测算），将联合申请人中包含自然人的专利剔除。最终获得 13758 条中国农业生物技术合作申请专利。

2. 无向合作关系的形成

本书假设合作创新中，每个创新主体对专利的贡献度相同，因此协同创新关系是无向的，即 A－B 合作等同于 B－A。在此基础上，本书将每项合作专利涉及的协同创新关系统一处理为两个创新主体间的无向合作组合。例如，假设某一专利由甲、乙和丙三个创新主体合作申请，则处理为甲乙、甲丙、乙丙三条无向合作关系。经上述处理后，形成 17220 条无向合作关系。本书不对专利的质量高低等做过多区分，因此这些合作关系的权重完全相等。

3. 形成协同创新矩阵

基于两两无向合作关系数据，形成协同创新矩阵。

（二）协同创新网络的构建

将获得的协同创新矩阵转变为社会网络分析法专用软件 Ucinet 可识别的格式后，通过 Ucinet 软件构建农业生物技术协同创新网络。构建网络及后续解析网络主要使用社会网络分析法（Social Network Analysis，SNA）。方法简介请见本书绪论部分，详细方法可参见刘军（2004）[①]，

① 刘军：《社会网络模型研究论析》，《社会学研究》2004 年第 1 期。

此处不做赘述。

三　协同创新网络的解析方法

本章将按照点、线和整体网络的顺序对不同时期的协同创新网络进行指标测算，以此为依据进行网络的动态解析。在测算和解析协同创新网络时，将主要借助社会网络分析法及其专用分析工具 Ucinet 软件。网络指标测算和解析将涉及如下指标。

1. 网络节点分析

度数中心度（Degree Centrality）是社会网络分析中衡量节点在网络中的中心程度的核心指标。在加权合作网络中，度数中心度越大，表明网络中其他节点与其建立的联系总数越多；将网络进行二值化处理后，度数中心度越大，则表明同其建立联系的节点总数越多。度数中心度的测算公式如下：

$$C_{(i)} = \sum_{j \in N} x_{ij} \tag{4-6}$$

在式（4－6）中，$C_{(i)}$ 为网络节点 i 的度数中心度，在加权合作网络中，x_{ij} 为节点 i 和 j 的联系数量；在二值化协同创新网络中，则为与节点 i 有联系的节点数量。

在本书中，还将通过对节点度数中心度在不同时期的纵向比较，分析节点的演化特征。为了便于纵向比较，将不同时期的度数中心度进行绝对化处理，因此引入绝对度数中心度指标。

$$C'_{(i)} = \frac{C_{(i)}}{n-1} \tag{4-7}$$

在式（4－7）中，$C'_{(i)}$ 和 $C_{(i)}$ 分别为网络节点 i 的绝对度数中心度和度数中心度，n 为网络中的节点总数或关系总数。

2. 节点连线分析

协同创新网络中的连线即各节点之间建立的协同创新关系。本书将从连线类型、强度、尺度和空间距离等方面对网络中的各类连线进行分析。

3. 整体网络分析

在进行网络点、线分析后，将从整体网络的视角进行分析。研究分为以下三步。

第一步，本书将通过测算网络的凝聚性和密度等指标分析协同创新网络的凝聚性。其中，平均度是指协同创新网络中所有节点拥有的连线数量的平均值。在未经二值化处理的加权合作网络中，平均度越大，意味着创新网络的合作强度越大；在二值化处理的协同创新网络中，平均度越大，则表明每个节点建立合作关系的平均节点数量越多，网络更为密集。平均度的计算公式如下：

$$\bar{D} = \frac{1}{2n}\sum_{i=1}^{n}\sum_{j=1}^{n}x_{ij} \tag{4-8}$$

式（4－8）中，$\bar{D}$ 为网络平均度，x_{ij} 为网络中节点 i 和 j 之间的合作关系数量，n 为网络中的节点数量。在二值化协同创新网络中，x_{ij} 的值为 0 或 1；在加权网络中，x_{ij} 的值为 i 和 j 之间合作关系的实际数量。

对于协同创新网络的密度，本书通过测算网络中实际存在的关系数量同理论上最大关系数量的比值进行测算。协同创新网络的密度越大，说明网络中各网络节点间实际存在的关系数量越接近最大理论数值，表明网络的凝聚性越强。网络密度的计算公式如下：

$$d = \frac{\sum_{i=1}^{n}\sum_{j=1}^{n}x_{ij}}{n(n-1)} \tag{4-9}$$

在式（4－9）中，d 为创新网络的网络密度，x_{ij} 为网络中 i 和 j 之间合作关系的数量，n 为网络中的节点数量。由于网络密度仅限于计算二值化协同创新网络，因此 x_{ij} 的值为 0 或 1。

第二步，本书将通过测算网络中心势分析协同创新网络向某一个或几个核心节点聚集的程度，进而分析是否存在少数节点掌控协同创新网络中大部分甚至全部资源的趋势。一般来说，网络中心势越小，说明整个网络越分散，即网络的集权现象越不明显；相反，网络中心势越高，说明网络中的权力和资源越向少数节点集中。本书中，网络中心势的计算公式为：

$$C_N=\frac{\sum_{i=1}^{n}(C_{\max}-C_i)}{\max\left[\sum_{i=1}^{n}(C_{\max}-C_i)\right]} \tag{4-10}$$

在式（4－10）中，C_N 为网络中心势，$C_{\max}$是创新网络所有节点中度数中心度的实际最大值，C_i 为节点 i 的度数中心度。

第三步，本书将探究中国农业生物技术协同创新网络的复杂网络特征相关指标。首先，将测算协同创新网络的平均路径长度和聚集系数。平均路径长度的计算公式如下：

$$L=\frac{2}{n(n-1)}\sum_{i\leq N}\sum_{j>i}dist(i,j) \tag{4-11}$$

在式（4－11）中，L 为创新网络的平均路径长度，$dist(i,j)$ 为网络中 i 和 j 之间最短路径长度，n 为网络中的节点数量。

协同创新网络中单一节点聚集系数的计算公式如下：

$$C_{(i)}=\frac{2\left|\left\{e_{jk}:v_j,v_k\in L(i),e_{jk}\in E\right\}\right|}{k_i(k_i-1)}=\frac{2E_i}{k_i(k_i-1)} \tag{4-12}$$

在式（4－12）中，$C_{(i)}$ 为节点 i 的聚集系数，E_i 为与节点 i 相连的节点之间实际相连的边数，$\frac{k_i(k_i-1)}{2}$ 为包含节点 i 在内的局部网络连边的最大数值。

在一个由 n 个节点组成的创新网络中，该网络的整体聚集系数为所有节点聚集系数的平均值，即网络的平均集聚系数 $C_{(N)}$ 为：

$$C_{(N)}=\frac{1}{N}\sum_{i=1}^{N}C_{(i)} \tag{4-13}$$

第三节　创新阶段的识别

本书基于1985—2017年的305733条中国农业生物技术专利，借助Logistic增长模型及相应的LogletLab4软件，拟合出中国农业生物技术创新的“S”形曲线。曲线拟合的判定系数 R^2 为0.9866，拟合程度较高（见图4－6）。

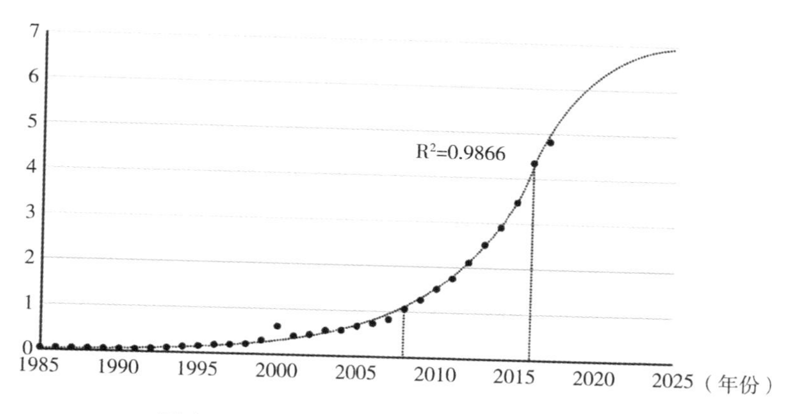

图4-6　中国农业生物技术创新阶段的识别

根据LogletLab 4软件的测算结果，本书将中国农业生物技术创新在1985—2017年的发展历程划分为1985—2007年、2008—2015年、2016—2017年三个阶段。依据是，在1985—2007年，中国农业生物技术申请的专利总数约占饱和值的10%，属于Logistic增长模型拟合曲线的第一阶段；整个"S"形曲线斜率最大值，即曲线的反曲点出现在2016年，这是Logistic增长模型的第三阶段的起点，也就是说2008—2015年为中国农业生物技术发育的第二阶段；而2016—2017年则为中国农业生物技术创新进入成熟期的前两年（见表4-5）。

表4-5　中国农业生物技术创新阶段的识别与判定依据

阶段	年份	判定依据
第一阶段	1985—2007	专利总数约为饱和值的10%，为萌芽期
第二阶段	2008—2015	成长期
第三阶段	2016—2017	2016年斜率最大，为反曲点，进入成熟期

创新阶段的划分和中国农业生物技术发展历程中的几个标志性事件基本吻合。1984年4月1日中国颁布并实施《中华人民共和国专利法》，以此切实加强对知识产权的保护。当日，中国科学院武汉病毒所提交了油桐尺蠖病毒杀虫剂的专利申请，成为中国农业生物技术领域的第一个

发明专利申请。此后的22年间，中国政府持续加大对农业生物技术研发的支持力度，研发投资基本每五年翻一番①。在此期间，农业生物技术的专利申请数年均增长率约为15%。2008年，为了增强通过生物技术创新保障国家粮食安全的作用，中国政府启动了转基因重大专项，当年，中国政府对农业生物技术创新的投资比2005年翻了一番，2010年则较2008年又增长了66%②。研发投资力度的空前加强，带动了农业生物技术创新的快速发展，并推动中国农业生物技术创新由成长期进入成熟期。

第四节　协同创新网络的构建

在将1985—2017年的中国农业生物技术创新历程识别并划分为1985—2007年、2008—2015年、2016—2017年三个阶段后，本书分别构建了各阶段的协同创新网络（见图4－7）。

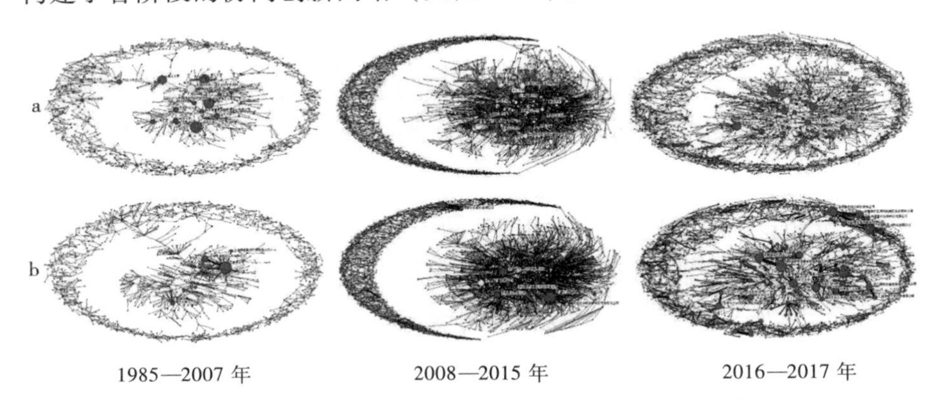

图4－7　不同时段的中国农业生物技术协同创新网络

注：分别以○表示高等学校类创新主体、□表示科研院所类创新主体、△表示企业类创新主体；以线条粗细程度表示创新主体间合作强度的大小（线条中的数字表示二者具体合作次数）。图4－7a为对协同创新关系数据进行二值化处理后形成的二值化协同创新网络；图4－7b为未对协同创新关系数据进行二值化处理形成的加权协同创新网络。

---

① 胡瑞法、王玉光、蔡金阳、黄季焜、王晓兵：《中国农业生物技术的研发能力、存在问题及改革建议》，《中国软科学》2016年第7期。

② 胡瑞法、王玉光、蔡金阳、黄季焜、王晓兵：《中国农业生物技术的研发能力、存在问题及改革建议》，《中国软科学》2016年第7期。

其中，图 4－7a 为对协同创新关系数据进行二值化处理后形成的协同创新网络。在该网络中，节点的大小表示同其具有合作关系的协同创新伙伴数量的多少，即合作伙伴越多，节点越大；反之，则越小。该图中，节点间的连线仅表示创新主体间存在协同创新关系，不表征合作关系的数量及其代表的合作关系的强弱。与此相对应，图 4－7b 则为未对协同创新关系数据进行二值化处理形成的加权协同创新网络。在该图中，节点的大小表示其所有合作伙伴同其建立合作关系数量的多少，也就是说，节点越大，则表明该节点建立的对外协同创新关系越多；反之，则越少。而节点间连线则表明两个协同创新伙伴间合作关系的多少，也即二者间合作强度的大小。

第五节　协同创新网络的演化

在分别构建不同时期中国农业生物技术协同创新网络的基础上，本节将按照点、线和整体网络的顺序，分别对不同时期的协同创新网络进行指标测算，通过相关指标的纵向比较和动态解析，实现对中国农业生物技术协同创新网络演化情况的探究。

一　网络节点的演化

（一）网络节点的整体动态解析

整体来看，在中国农业生物技术协同创新网络中，创新主体的数量呈现逐年递增的趋势。其中，1985 年，从专利角度来看，是中国农业生物技术合作创新的元年，该年仅有山东省枣庄市薛城真菌实验站和山东省枣庄市微生物研究所两个创新主体基于协同创新联合申请了关于灵芝工厂化栽培的专利。之后，到 2017 年，在中国农业生物技术协同创新网络中，已经有 2011 个不同的创新主体，是 1985 年的 1000 倍（见图 4－8）。

从创新主体的数量结构来看，中国农业生物技术协同创新网络中，高等学校、科研院所和企业类创新主体的数量呈现较大差异。随着时间的演进，在图 4－8 中可以发现，企业类创新主体的数量增幅明显大于其他两类创新主体，而企业类创新主体又略高于高等学校。事实上，从具体数量比例来看，中国农业生物技术协同创新网络中创新主体的数量结构确实如此。1985—2017 年，企业类创新主体在数量上一直占据明显优势。随着技术创新从萌芽期进入成长期和成熟期，企业类创新主体占比从 50% 上升至 60% 。相较于企业类创新主体，高等学校和科研院所类创新主体的数量明显较低。在合作创新的整个历程中，这两类创新主体数量之和也没有超过 50% ，而高等学校类创新主体的数量占比又明显小于科研院所。

当然，这仅是从数量角度考察协同创新网络中节点的比例，然而仅从数量角度并不能有效表示创新主体在网络中的地位。从更能表征节点重要性的中心度指标来看，高等学校、科研院所和企业等各类创新主体在协同创新网络中却呈现更为复杂的演化特征，这将于下一节进行探究。

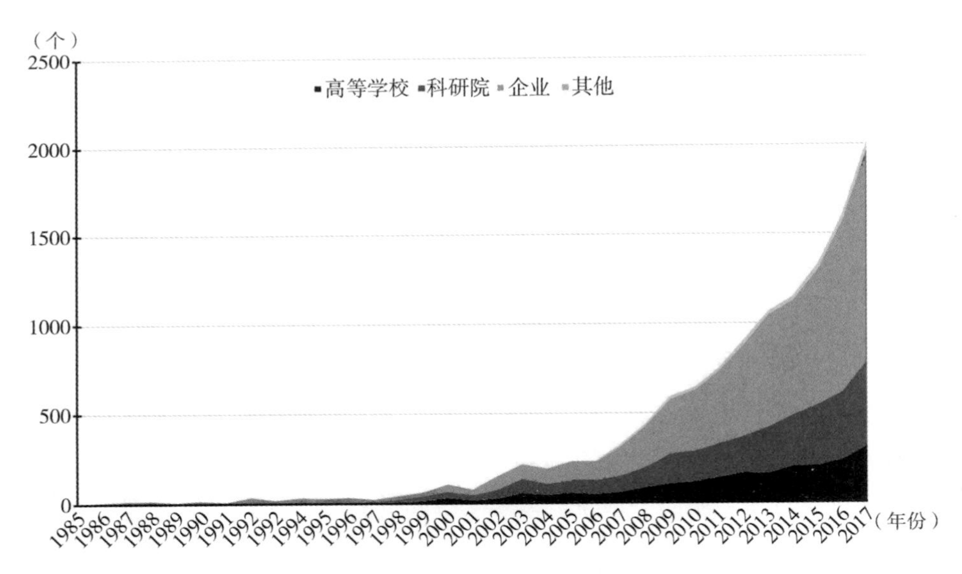

图 4-8　历年中国农业生物技术协同创新网络创新主体数量演化

（二）重要节点的动态解析

从二值化协同创新网络来看，1985—2017 年，高等学校一直是开展合作创新的重要节点。在技术创新的每一个阶段，度数中心度排名前20位的网络节点中，高等学校均占14个，且排名靠前。由于度数中心度是将协同创新关系进行二值化处理后获得，即分别以1和0代表两个创新主体之间是否存协同创新关系，高等学校类创新主体具有较高的度数中心度意味着同其建立协同创新关系的不同创新主体的数量更多，也意味着围绕其建立的协同创新局域网络的范围更广。

对度数中心度进行横向比较，发现创新主体的相对度数中心度呈现整体下降趋势。以各阶段相对度数中心度的最大值为例，1985—2007年，清华大学的相对度数中心度为0.025，即各类创新主体同清华大学建立的协同创新关系占整个创新网络所有关系数的2.5%；2008—2015年，相对度数中心度最大的是浙江大学，为2%；2016—2017年，相对度数中心度最大的是江南大学，为1.4%。重要节点的相对度数中心度的整体下降，表明在协同创新网络中，大部分核心节点的相对重要性呈现下降趋势。对此，很可能的原因是随着技术创新的发展和各类创新主体创新水平的普遍提高，创新主体间已不再局限于同某些明星节点建立合作关系，而是以更为宽广的视野在更大范围寻找协同创新伙伴。

对加权协同创新网络来说，不同于二值化协同创新网络中高等学校类创新主体占据绝对核心地位，企业类创新主体正逐步替代高等学校和科研院所类创新主体，以更高的合作创新强度成为合作创新的主力。1985—2007年，加权度数中心度排名前20位的创新主体中，企业类创新主体只有1个，且排名靠后；2008—2015年，已有7个企业类创新主体进入前20位，其中大北农集团、深圳华大基因科技有限公司及其下属研究院和中粮集团有限公司及其子公司中粮营养健康研究院有限公司更是占据了前5位；到2016—2017年，企业类创新主体的整体优势更加明显，排名前20位的网络节点中，企业类创新主体已有11个，且除了中粮集团、大北农集团等传统优势涉农公司，漳州傲农牧业科技有限公司、广州傲农牧业科技有限公司等众多涉农公司也成为重要的网络节点。

将二值化协同创新网络和加权协同创新网络中的各类度数中心度进行比较，可以清晰地发现：在二值化协同创新网络中，高等学校类创新主体占据核心地位；而加权协同创新网络中，企业类创新主体的核心地位更加明显。二值化协同创新网络中，节点的度数中心度代表同其建立合作关系的主体数量，而在加权协同创新网络中，节点的加权度数中心度则代表同其建立的合作关系数量。因此，高等学校和企业上述指标的差异可解读为：高等学校能够吸引更多数量的创新主体进行合作创新，而企业则吸引其他创新主体同其建立更大强度的协同创新。造成这种差别的可能原因是，高等学校是知识生产的来源，其在基础研究方面优势明显，而基础研究则是技术发展乃至实现产业化的基础；企业则在资金、人力和体制方面更具优势，更容易在更大数量、更高强度上进行以产业化为导向的协同创新。

表 4－6 创新主体度数中心度的动态解析

	1985—2007 年		2008—2015 年		2016—2017 年	
	创新主体/C/C′	创新主体/C/C′（加权）	创新主体/C/C′	创新主体/C/C′（加权）	创新主体/C/C′	创新主体/C/C′（加权）
1	清华大学/33/0.025	复旦大学/357/0.001	浙江大学/85/0.02	大北农集团/367/0	江南大学/43/0.014	江南大学/89/0.001
2	华东理工大学/29/0.022	清华大学/100/0	江南大学/70/0.017	深圳华大基因科技有限公司/229/0	南京农业大学/31/0.01	中粮营养健康研究院有限公司/81/0.001
3	复旦大学/28/0.021	华东理工大学/52/0	华东理工大学/54/0.013	深圳华大基因研究院/181/0	华南农业大学/29/0.01	漳州傲农牧业科技有限公司/77/0.001

续表

	1985—2007年		2008—2015年		2016—2017年	
	创新主体/C/C′	创新主体/C/C′（加权）	创新主体/C/C′	创新主体/C/C′（加权）	创新主体/C/C′	创新主体/C/C′（加权）
4	浙江大学/25/0.019	中国科学院上海生命科学研究院/41/0	上海交通大学/49/0.012	中粮集团有限公司/164/0	浙江大学/25/0.008	广州傲农生物科技有限公司/66/.001
5	中国科学院上海生命科学研究院/24/0.018	浙江大学/32/0	华南农业大学/47/0.011	中粮营养健康研究院有限公司/149/0	中山大学/22/0.007	华南农业大学/64/0.001
6	南开大学/14/0.011	南开大学/27/0	清华大学/41/0.01	浙江大学/139/0	华东理工大学/20/0.007	中粮集团有限公司/61/0.001
7	山东大学/14/0.011	中山大学/26/0	南京农业大学/40/0.01	江南大学/131/0	华中农业大学/20/0.007	浙江大学/59/0.001
8	中山大学/14/0.011	华南农业大学/24/0	湖南农业大学/39/0.009	清华大学/125/0	清华大学/20/0.007	福建傲农生物科技集团股份有限公司/58/0.001
9	中国科学院动物研究所/13/0.01	上海交通大学/24/0	中山大学/39/0.009	华东理工大学/114/0	云南农业大学/18/0.006	大北农集团/50/0
10	中国农业大学/13/0.01	中国科学院上海有机化学研究所/21/0	中国科学院微生物研究所/38/0.009	上海交通大学/105/0	上海市农业科学院/16/0.005	清华大学/48/0

续表

	1985—2007年		2008—2015年		2016—2017年	
	创新主体/C/C′	创新主体/C/C′（加权）	创新主体/C/C′	创新主体/C/C′（加权）	创新主体/C/C′	创新主体/C/C′（加权）
11	北京大学/12/0.009	重庆大学/20/0	复旦大学/35/0.008	上海市农业科学院/88/0	大北农集团/15/0.005	浙江辉肽生命健康科技有限公司/47/0
12	江南大学/12/0.009	国家出入境检验检疫局动植物检疫实验所/19/0	深圳华大基因科技有限公司/35/0.008	大北农集团生物技术中心/85/0	湖南农业大学/15/0.005	华东理工大学/44/0
13	上海交通大学/12/0.009	重庆重大生物技术发展有限公司/19/0	中国农业大学/35/0.008	中山大学/82/0	华南理工大学/15/0.005	南京农业大学/44/0
14	四川大学/11/0.008	四川大学/18/0	大北农集团/34/0.008	厦门大学/81/0	上海交通大学/15/0.005	中山大学/38/0
15	南京农业大学/10/0.008	中国科学院微生物科研院所/17/0	华中农业大学/32/0.008	浙江工业大学/78/0	北京大学/14/0.005	上海交通大学/37/0
16	华南农业大学/9/0.007	中国海洋大学/17/0	中国科学院上海生命科学研究院/31/0.007	南开大学/75/0	中国检验检疫科学研究院/14/0.005	安诺优达基因科技（北京）有限公司/36/0
17	中国科学院微生物研究所/9/0.007	中国科学院植物研究所/16/0	上海市农业科学院/30/0.007	复旦大学/72/0	中粮营养健康研究院有限公司/14/0.005	武汉新华扬生物股份有限公司/36/0

续表

	1985—2007年		2008—2015年		2016—2017年	
	创新主体/C/C′	创新主体/C/C′（加权）	创新主体/C/C′	创新主体/C/C′（加权）	创新主体/C/C′	创新主体/C/C′（加权）
18	中国科学院植物研究所/9/0.007	中国科学院水生生物研究所/15/0	北京大学/27/0.007	江苏优士化学有限公司/72/0	福建傲农生物科技集团股份有限公司/13/0.004	浙江安诺优达生物科技有限公司/36/0
19	中国科学院水生生物研究所/9/0.007	大连理工大学/15/0	南开大学/27/0.007	华南农业大学/68/0	河南科技学院/13/0.004	暨南大学/35/0
20	中国海洋大学/7/0.005	东北大学/12/0	中国科学院遗传与发育生物学研究所/25/0.006	华中农业大学/67/0	中国科学院亚热带农业生态研究所/13/0.004	金华傲农生物科技有限公司/34/0

注：深圳华大基因科技有限公司及其下属的华大基因研究院的科技服务业务共分为疾病研究、动植物研究、微生物研究和通用服务四大部分。其中，动植物研究和微生物研究的大部分业务属于农业生物技术范畴，详见华大基因官方网站（https：//www. genomics. cn/platform. html）。

二　节点连线的演化

随着农业生物技术从萌芽进入成熟期，协同创新网络中不同类型的合作关系呈现不同演化趋势（见图4－9）。其中，以高等学校和科研院所为合作伙伴建立的合作创新关系占比逐步从萌芽期的50%降低至成熟期的35%；而以企业为合作伙伴建立的合作创新关系占比则上升了10%。这一发现和前文企业类创新主体的加权度数中心度上升相佐证，表明如果仅从数量角度来看，高等学校和科研院所类创新主体在协同创新网络中的重要性在下降，而企业类创新主体则在同步上升。进一步对以企业为伙伴建立的合作关系进行分析，发现高等学校—企业、科研院所—企业和企业—企业三类合作关系中，企业和企业之间建立的协同创新的强度正日渐提升。1985—2007年，企业之间建立的协同创新关系占比仅为12%，而随着企业自身创新能力的提高和创新主体地位的加强，在2008—2015年和2016—2017年这两个阶段，企业之间建立的协同创新关系占比均已经突破36%，是早期的3倍，这进一步说明企业正在成为中国农业生物技术创新的重要力量。

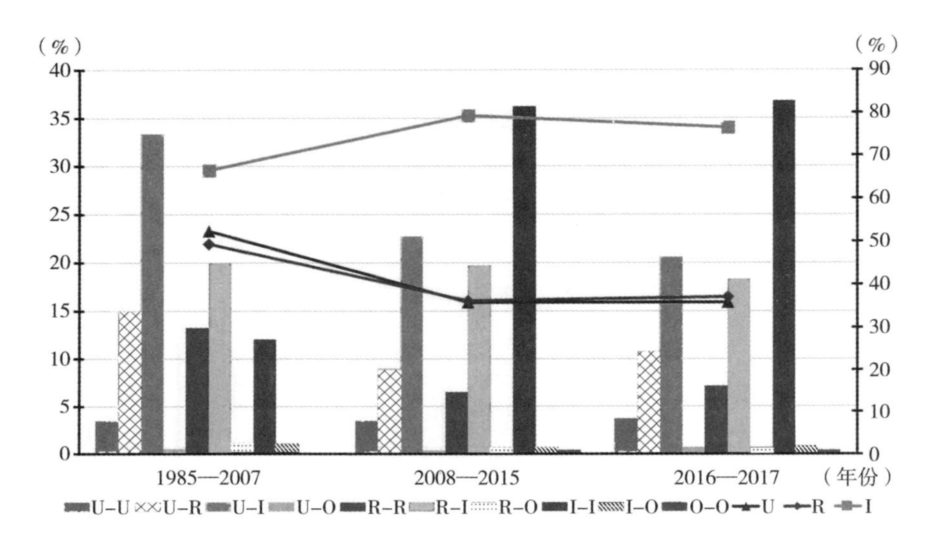

图4-9　创新联系的属性特征及其动态变化

在协同创新网络中，创新主体间的强联系能更有效促进主体间的信息传递，增强相互了解和信任①。协同创新强联系表征的协同创新次数更多，具有更为典型的协同创新特征，也蕴含了更多的协同创新信息，因此具有较高的分析价值。基于此，本书选取各阶段协同创新网络中排名前五位的合作强联系进行动态解析（见表4-7）。

（一）协同创新强联系的数值整体呈现大幅上升态势

整体来看，不同阶段的中国农业生物技术协同创新网络中，协同创新强联系的平均数值大幅跃升。在1985—2007年，即便是协同创新的强

① Larson S., Alexander K. S., Djalante R., et al., "The Added Value of Understanding Informal Social Networks in an Adaptive Capacity Assessment: Explorations of an Urban Water Management System in Indonesia", *Water Resources Management*, Vol. 27, No. 13, 2013.

联系，也不过开展7—12次合作；而在2008—2015年，华大基因母子公司间开展的协同创新已多达189次，即便是最少的肇庆大华农生物药品有限公司和其母公司广东大华农动物保健品股份有限公司开展的协同创新也达到了39次。而仅2015—2016年，协同创新强联系的数值最低也超过了20次。协同创新强联系数量的大幅跃升只是一个缩影，从这可以看出，1985—2017年中国农业生物技术协同创新网络中创新联系数量的绝对值呈现不断攀升的演化态势。

（二）在企业类创新主体之间建立的协同创新是强联系的主要类型

随着时间的推移，对于建立协同创新强联系的创新主体，其属性也呈现比较清晰的演化特征。1985—2007年，协同创新的主要形式为企业和高等学校间的合作以及企业和科研院所间的合作。具体来看，五个强联系中，前两个是在企业与科研院所之间建立的；后三个则是企业同华南农业大学、华南师范大学和清华大学建立的。而到了2008—2015年以及2016—2017年这两个阶段，在协同创新强联系相关的创新主体中，已经很难发现高等学校和科研院所的影子：协同创新强联系基本是在企业之间建立的。直观地来看，上述数据至少意味着，随着时间的推移，从协同创新强度的角度来看，高等学校和科研院所的地位逐渐下降，而企业类创新主体的优势则在逐步加强。

（三）协同创新伙伴间具有关联关系[①]是企业类协同创新强联系的重要特征

观察2008—2015年和2016—2017年这两个阶段的协同创新强联系，可以发现大部分强联系都是在集团内部或其他具有关联关系的企业之间建立的。深入观察这些创新主体之间的关系，可以分为两类。第一类为母子公司之间开展协同创新，诸如中粮集团有限公司和中粮营养健康研究院有限公司，后者是前者100%控股的子公司；再如漳州傲农牧业科技有限公司也是福建傲农生物科技集团股份有限公司的全资控股子公司。

① 关联关系是一个会计学名词，一般指企业相互间具有股权投资关系，或者被相同的第三方（或自然人）投资。

第二类为关联公司，例如浙江辉肽生命健康科技有限公司和上海铂辉生物科技有限公司，上述两公司虽并非母子公司或兄弟公司，但却共同被同一自然人股东张某控制。

表4－7 各阶段协同创新网络排名前五位的强联系 单位：次

阶段	创新主体1	创新主体2	次数
1985—2007年	广东省微生物研究所	广东环凯微生物科技有限公司	12
	中国科学院成都生物研究所	四川龙蟒福生科技有限责任公司	10
	华南农业大学	佛山市南海区绿宝生化技术研究所	7
	华南师范大学	广州天宝颂原生物科技开发有限公司	7
	清华大学	中国生物工程开发中心	7
2008—2015年	深圳华大基因有限公司	深圳华大基因研究院	189
	中粮营养健康研究院有限公司	中粮集团有限公司	133
	大北农集团生物技术中心	大北农集团	83
	广东大华农动物保健品股份有限公司	肇庆大华农生物药品有限公司	39
	大北农集团	北京大北农动物保健科技有限责任公司	32
2015—2016年	中粮营养健康研究院有限公司	中粮集团有限公司	37
	浙江辉肽生命健康科技有限公司	上海铂辉生物科技有限公司	33
	上海旺旺食品集团有限公司	上海产业技术研究院	30
	大北农集团	北京大北农生物技术有限公司	28
	福建傲农生物科技集团股份有限公司	漳州傲农牧业科技有限公司	23

注：本书中界定的强联系是以开展协同创新的两个创新主体间合作次数的多少为标准筛选的。1985—2007年创新主体间合作次数普遍较少，考虑到数值过低的强联系因具有一定的偶然性而缺少说服力，因此只统计了各阶段排名前五位的强联系。

三 整体网络的演化

借助 Ucinet 软件对中国农业生物技术协同创新网络的整体网络指标进行定量测算（见表4－8）。结合图4－7显示的不同时期的中国农业生物技术协同创新网络图及表4－7中测算的具体指标，整体网络呈现如下演化态势。

表4－8 协同创新网络的整体演化特征

年份	创新主体（个）	占比（%）	合作关系（个）	加权合作关系（个）	平均度	加权平均度	网络密度	中心势	平均路径长度	聚集系数
1987—2007	1308	8.2	2258	4154	1.726	1.59	0.001	0.024	6.716	0.085
2008—2015	4154	7.5	8786	18736	2.115	2.26	0.001	0.020	6.208	0.067
2016—2017	3005	7.3	5502	10651	1.831	1.77	0.001	0.0137	8.360	0.054

注：该表是对图4－7的量化，因此在下文的解析中，将对图4－7和表4－7进行综合分析。

（一）网络规模的动态解析

从节点总数和节点间联系总数的角度来看，中国农业生物技术协同创新网络的规模呈现整体增大的趋势。其中，1987—2007年，创新主体总数为1308个；而2008—2015年，创新主体的数量为4154个；虽然在第三阶段的协同创新网络中，创新主体的数量较前一阶段较低，为3005个，但是这仅包括2016年和2017年两年的时间。与创新主体数量的增长态势相同，协同创新网络中，无论是未加权的协同创新关系总数还是加权后的协同创新关系总数，均呈现大幅提升的演化态势。

然而，上述绝对数值的扩大并无太多实际意义，因为随着中国农业生物技术创新水平的提升，创新群体中创新主体的绝对数值必然呈现扩大趋势，带动协同创新网络中的创新主体及其合作联系的数量“水涨船高”。而从更具实际意义的协同创新网络相对规模来看，中国农业生物技术协同创新网络的规模呈现下降的演化趋势。主要体现如下。

首先，中国农业生物技术协同创新网络中的创新主体数量占创新群体中主体总数的比例不断下降。1987—2007 年，进入协同创新网络的创新主体数量占比为 8.2%，2008—2015 年则下降为 7.5%，而 2016—2017 年则进一步下降为 7.3%。这意味着，越来越高比例的创新主体不愿融入协同创新网络，协同创新网络的相对规模下降了。

其次，即便是从单个创新主体角度来看，由其建立的局部微观合作网络的规模也呈现下降趋势。一方面，这主要体现在平均度和加权平均度呈现下降趋势；另一方面，中心势、平均路径长度等指标普遍呈现下降态势，表明网络趋于稀疏，意味着单个主体拥有的合作伙伴数量和合作关系数量的下降。

（二）网络结构的动态解析

首先，中国农业生物技术协同创新网络的“核心—边缘”结构越发清晰和凸显。这突出表现为网络整体日趋明显地分为核心区和边缘区。其中，位于协同创新网络核心区的创新主体，与其相连的节点数量和建立的合作关系数量明显多于边缘区域的创新主体，表明核心区创新主体间的协同创新关系错综复杂；而边缘区创新主体之间的协同创新关系具有较大局限性，往往仅与同一个或少数几个创新主体建立协同创新联系。“核心—边缘”结构反映出协同创新网络的联系强度存在明显的不均衡。

其次，企业逐步替代高等学校成为协同创新网络中的重要主体。无论是在二值化协同创新网络还是在加权协同创新网络，1985—2007 年，高等学校均占据核心位置。尤其是对二值化协同创新网络来说，清华大学和复旦大学等著名高等学校成为协同创新网络中的耀眼明星。2008—2015 年，在二值化协同创新网络中，高等学校的地位依然无可替代，但在加权协同创新网络中，大北农系两家公司、中粮集团系等企业开始在协同创新网络的核心区出现并占据重要位置。而这一趋势在成熟期更加明显：虽然在 2016—2017 年的二值化协同创新网络中，高等学校依然牢牢占据核心位置，但是在加权协同创新网络中，大北农、中粮集团、傲农系多家企业已经成为农业生物技术创新的主要力量。

最后，从网络的整体结构来看，中国农业生物技术协同创新网络单核向多核演化的趋势明显，进而推动网络演化呈现“松散”的态势。这一特征的直接体现是协同创新网络中心势的下降。作为表征协同创新网络向单一核心集聚的指标，中心势的逐年下降表明，在中国农业生物技术协同创新网络中，正出现越来越多的局部核心，导致网络向单一核心聚拢的趋势下降，网络呈现一定程度“分散”的态势。与这一指标相印证的是，协同创新网络的聚集系数也呈现整体下降的趋势。正是由于网络由聚集走向分散，导致中国农业生物技术协同创新网络的平均路径长度从1985—2007年的6.716增长至2016—2017年的8.360。导致中国农业生物技术协同创新网络呈现上述演化态势的可能原因是，随着中国农业生物技术整体创新水平的提高，网络中的创新主体可选择的协同创新伙伴更多，已不再局限于某一部分创新主体。

第六节　协同创新网络演化的特征分析

本章基于1985—2017年中国农业生物技术联合申请专利数据，构建了中国农业生物技术协同创新网络。之后，按照点、线和整体网络的分析顺序，对不同时期的中国农业生物技术协同创新网络进行了动态解析，并基于各阶段指标的纵向比较，分析了中国农业生物技术协同创新网络的演化态势。通过总结发现，中国农业生物技术协同创新网络的演化在网络规模和网络结构两个维度呈现清晰的演化特征。

一　网络规模演化的特征

（一）宏观层面

协同创新网络的绝对规模扩大，但是更具说服力的相对规模在缩小。1985—2017年，更多创新主体基于协同创新融入中国农业生物技术协同创新网络，也形成了更多协同创新联系。其中，1987—2007年，创新主体总数为1308个；而2008—2015年，创新主体的数量为4154个；虽然在第三阶段的协同创新网络中，创新主体的数量较前一阶段较低，为3005个，但是这仅包括2016年和2017年两年的时间。

相比于绝对规模的扩大，协同创新网络的相对规模在缩小。直接体现为各阶段协同创新网络中创新主体的个数占创新群体数量的比例不断下降。随着中国科技创新水平的不断提升，主体数量以及与之相关的合作关系数量不可避免会呈现上升趋势，因此协同创新网络绝对规模的扩大并无太大实际意义；而进行合作创新的主体数量占创新群体总量的比例，也就是协同创新网络的相对规模，则是真正体现协同创新发展趋势的关键指标。

（二）中观层面

不同属性的创新主体在协同创新网络中的比例呈现不同的演化趋势，即不同属性的创新主体在协同创新网络中的规模比例呈现不同演化趋势。随着时间的推进，企业类创新主体规模的增长幅度明显更高，科研院所和高等学校类创新主体次之。具体来看，企业类创新主体占比从50%上升至60%，而科研院所和企业类创新主体的数量占比则相应下降。仅从数量占比的角度来看，企业类创新主体在中国农业生物技术协同创新网络中表现出日渐占据主导地位的演化特征。

（三）微观层面

当将协同创新网络中的协同创新关系平均到每一个创新主体上时，单个创新主体的伙伴数量和合作关系数量都呈现下降的演化趋势。这意味着在微观创新主体层面，其形成的协同创新局域网络的“小规模”呈现整体下降的趋势。这一点同宏观视角下，网络相对规模的下降能够相互印证。

总而言之，伴随着日趋明显的网络化态势，中国农业生物技术协同创新网络的相对规模呈现整体不断缩小的演化特征。

二　网络结构演化的特征

（一）宏观层面

协同创新网络的复杂网络趋势日趋明显，同时伴有明显的“核心—边缘”演化以及“从单核向多核”演化的特征。协同创新网络的拓扑网络图和网络结构测算结果清晰呈现了中国农业生物技术协同创新网络的复杂网络特征。同时，协同创新网络呈现清晰的“核心—边缘”分化特征，其中，边缘区域的协同创新相对稀疏，平均路径长度相对较长；而核心区域的协同创新更为密切，平均路径长度相对较短。与此同时，协同创新网络中关键节点的平均度数值和网络节点的整体平均度数值均呈现明显下降态势，表明协同创新网络还呈现“从单核向多核”演化的特征。

（二）中观层面

中国农业生物技术协同创新网络中的协同创新联系正趋于分散。具体来说，在同一时期的协同创新网络中，虽然节点总量、合作关系总量等指标都呈现上升趋势，但是中心势、节点平均度和加权度数中心度以及核心节点的相对度数中心度等指标都在不同程度上呈现下降趋势，表明随着协同创新网络的演化，网络的密度没有实现同步扩大，相反在一定程度上表现出下降的趋势。

（三）微观层面

高等学校、科研院所和企业等不同属性的创新主体在协同创新网络中的地位呈现相反的演化趋势。在中国农业生物技术创新的早期阶段，高等学校作为知识生产的主力和技术创新的源头，更能吸引其他创新主体开展协同创新。直接体现是高等学校类创新主体在二值化协同创新网络中的度数中心度相对较高，加权协同创新网络中的创新强联系也更多表现为高等学校和企业之间的协同创新。这表明，在中国农业生物技术创新的早期，创新主体更加倾向于同高等学校类创新主体建立协同创新，换言之，高等学校类创新主体在很大程度上主导着创新主体间的协同创新。随着企业类创新主体的农业生物技术创新水平的不断提高，企业类创新主体在网络中的地位明显提升。一方面，加权协同创新网络中，企业类创新主体的加权度数中心度大幅提升；另一方面，企业之间的协同创新也取代高等学校和企业间的协同创新，成为最重要的创新强联系。这表明，随着时间的推移，创新主体开始明显倾向于同企业类创新主体建立协同创新。

总体来看，在网络结构维度，中国农业生物技术协同创新网络呈现日渐清晰的“核心—边缘”分化和从单核网络向多核网络演化的宏观演化特征，拓扑层面趋于分散的中观演化特征和企业类创新主体的地位逐步提升的微观演化特征。

第七节 进一步讨论

协同创新关系是一种典型的社会关系，基于协同创新关系形成的协同创新网络是一种典型的社会网络。基于问题导向和目标导向，本章采用近年来在经管领域获得大量应用的社会网络分析法对协同创新网络进行定量研究。鉴于该方法对本章研究结论的科学性和可信度至关重要，本节将结合研究实际，对该方法应用于本书的科学性、合理性和存在的不足进行进一步讨论。

一 社会网络分析法对本书的适用性

（一）社会网络分析法应用于经管领域研究的科学性

如本书在绪论中所言，社会网络分析法最初应用于社会学领域[①]。在社会网络分析法诞生之前，社会学领域的研究主要以定性研究和描述性研究为主；为了克服无法对社会关系进行定量，导致相关研究结果难以重复从而缺少说服力的问题，定量社会学家逐渐探究并创立了社会网络分析法，从此，社会学研究从以定性研究为主跨入了定量研究的新阶段。对此，Emirbayer 等（1994）指出，如果说 20 世纪 40 年代是美国社会学研究的分水岭，那么社会网络分析法的问世就是另外一个分水岭[②]。

由于人类众多的活动是建立在社会交往的基础之上的，众多的经济活动背后均隐藏着各类社会关系。在社会网络分析法的理论和对各类关系数据进行定量研究的方法日臻成熟后，近年来越来越多的经济学和管理学研究者将社会网络分析法应用于经管领域的研究（见表 4 - 9）。例如，基于贸易往来数据，借助社会网络分析法构建贸易网络，进而对该

---

① 刘军：《社会网络模型研究论析》，《社会学研究》2004 年第 1 期。

② Emirbayer M.，Goodwin J.，"Network Analysis，Culture，and the Problem of Agency"，*American Journal of Sociology*，Vol. 99，No. 6，1994.

网络进行定量解析，并分析相关贸易主体在网络中地位的变化及其影响因素①；通过车辆往来数据探究城市间交通网络，并借助交通网络的演化实现对区域经贸动态关系的刻画②等。在创新研究领域，由于创新者具有的社会人属性，其创新活动或多或少会受到社会关系的影响，最为典型的即是创新主体之间的协同创新。正是因为这一点，近年来，越来越多的国内外研究人员运用社会网络分析法，实现对创新主体间基于协同创新形成的合作网络的刻画和研究③。

表4-9　**近年来经管领域知名期刊论文对社会网络分析法的应用**

文献	对社会网络分析法的运用	期刊名称
马述忠等，2016	基于历年农产品贸易数据，借助社会网络分析方法研究全球农产品贸易的整体格局，从网络中心性、网络联系强度和网络异质性三个维度对一国农产品贸易网络特征进行了刻画	《管理世界》
林春艳等，2016	采用社会网络分析法研究产业间的空间网络关联效应	《经济学家》
马恩涛等，2017	运用社会网络分析法对PPP项目所涉及的众多参与方及其之间的复杂网络关系进行分析	《财贸经济》
路雅文等，2018	以某行政村38年的人口迁移数据，构建代表弱联系的社会关系网络和强联系的亲属关系网络，之后进行网络解析	《农业经济问题》
李明等，2020	基于社会网络分析法中的结构洞理论，剖析农民专业合作社社员的社会信任与关系网络对资金互助行为的影响	《农业经济问题》
魏素豪，2020	基于社会网络分析法重新解构了中国与“一带一路”沿线国家农产品贸易网络中的关联关系，基于社会网络专用分析法相关的QAP模型检验了农业资源禀赋、消费人口等因素与农产品贸易网络结构特征的关系	《农业经济问题》

① 马述忠、任婉婉、吴国杰：《一国农产品贸易网络特征及其对全球价值链分工的影响——基于社会网络分析视角》，《管理世界》2016年第3期。

② 李建明、罗能生：《高铁开通改善了城市空气污染水平吗?》，《经济学》（季刊）2020年第4期。

③ 杨春白雪、曹兴、高远：《新兴技术协同创新网络演化及特征分析》，《科研管理》2020年第7期。

续表

文献	对社会网络分析法的运用	期刊名称
安勇等，2020	以社会网络分析法和相关的 QAP 模型，剖析地方政府土地财政竞争的网络演化特征，揭示其空间网络形成机理	《中国土地科学》
李建明等，2020	将社会网络分析法与连续双重差分和空间计量回归模型相结合，检验高铁开通及城市在高铁网络中的角色和地位如何影响雾霾污染水平	《经济学》（季刊）
杨春白雪等，2020	借助社会网络分析法，构建新兴技术合作网络，进而分析其演化特征	《科研管理》
陈欣，2020	以社会网络分析法，基于 2002—2016 年“一带一路”沿线国家 PCT 专利合作申请数据，构建网络并分析其演化特征	《科学学研究》
吕丹等，2020	基于成渝城市群 2006—2018 年的联合申请专利数据，构建协同创新网络，对网络的整体特征、网络中心度及网络结构进行探究	《中国软科学》
秦腾等，2020	运用社会网络分析法探究了中国省际水资源效率的空间关联网络的结构特征，实证检验了其影响因素	《中国人口·资源与环境》
孙玉涛等，2021	从跨层次视角分析组织内外部合作网络之间的作用机制，测算组织内部发明人合作网络中心势和结构洞数量	《管理学报》
孙永磊等，2021	社会网络分析法与扎根理论结合，实证检验影响企业网络权力的因素	《管理评论》

资料来源：笔者自行总结。

（二）社会网络分析法应用于本书的合理性

本书的研究主题为中国农业生物技术协同创新网络的演化，侧重点为“网络”和“演化”。从问题导向来看，应用社会网络分析法对于本书关注问题的解决具有相当的合理性。一方面，对协同创新网络在特定时段内的演化特征进行研究的前提，即对各个历史时期的网络进行构建，进而用定量研究的手段进行网络结构和规模的测算与刻画；另一方面，即便是探究网络演化的驱动因素，也离不开对因变量，即各时期网络的定量解析。除了社会网络分析法，目前学术界尚无其他更好的研究手段，能够实现上述构建、测算、刻画和解析网络的目的。

二　社会网络分析法在本书中的局限性

社会网络分析法虽然能在很大程度上实现对关系型数据的定量分析，但是这种分析具有一定的局限性。以本书为例，虽然基于1985—2017年的联合申请专利数据，可以量化地构建和呈现不同时期的中国农业生物技术协同创新网络，进而以社会网络分析法专用分析软件Ucinet对各个时期的网络特征进行定量解析，但是这种方法仅局限于解析某一个阶段或时期的某一个网络，当需要对多个网络的演化特征进行分析时，社会网络分析法是无力的。也就是说，社会网络分析法可直接用于分析网络的静态结构特征，当试图分析动态特征时，必须借助其他手段。截至目前，研究者们多结合社会网络分析法计算获得的各网络的定量特征数据，以定性的方法进行总结，而这，将使研究结果带有一定的主观色彩。

另外，从实证主义经济学研究的角度，由于对静态数据的依赖，仅仅依靠狭义上的社会网络分析法无法实现对网络形成和变动影响因素的实证分析。当然，近年来，研究人员相继基于社会网络分析法的理念，开发了二次指派程序（Quadratic Assignment Procedure，QAP）和随机面向对象模型（Stochastic Actor-Oriented Models，SAOM）等新的用于实证网络动态影响因素的新模型，在很大程度上充实和完善了原有的社会网络分析法。在此之后，众多研究者首先通过狭义社会网络分析法构建和刻画社会网络，在分析和总结其动态特征之后，基于QAP或SAOM实证分析网络动态演化的驱动机制。正是基于此，本书在后续章节也运用SAOM等模型，以弥补社会网络分析法用于本书时存在的不足。

第八节　本章小结

以第五章检索的中国农业生物技术专利数据为基础，本章首先对1985—2017年中国农业生物技术创新经历的阶段进行了识别和划分；其次，基于筛选出的联合申请专利数据，构建了各阶段的中国农业生物技术协同创新网络；再次，按照点、线和整体网络的分析顺序，对不同阶段的中国农业生物技术协同创新网络进行了动态解析，并基于各阶段指标的纵向比较，分析了中国农业生物技术协同创新网络的演化态势；最后，经过总结归纳，发现中国农业生物技术协同创新网络在规模和结构两个维度呈现如下清晰的演化特征。

一是规模维度，中国农业生物技术协同创新网络的相对规模呈现逐步缩小的演化特征。虽然从宏观绝对值角度来看，协同创新网络的宏观绝对规模整体扩大，但是进行协同创新的主体占创新群体的比例、单个创新主体的平均合作伙伴以及合作关系数量都呈现降低态势。

二是结构维度，从宏观层面来看，中国农业生物技术协同创新网络的复杂网络特征日趋明显，且伴有明显的“核心—边缘”演化以及“从单核向多核”演化的特征。从中观层面来看，由于创新主体创新水平的整体提高，创新主体选择潜在合作伙伴的余地增大，导致协同创新网络的结构趋于分散，网络正在变得“稀疏”。

三是伴随网络在规模和结构两个维度的演化，高等学校、科研院所和企业等不同属性的创新主体在协同创新网络中的地位呈现相反的演化趋势。在生物技术创新的早期阶段，高等学校作为知识生产的主力和技术创新的源头，更能吸引其他创新主体开展协同创新。随着企业类创新主体农业生物技术创新水平的提高，企业类创新主体在网络中的地位明显提升，在主体数量和合作强度等方面开始主导协同创新网络。

在总结中国农业生物技术协同创新网络演化的特征之后，本章对社会网络分析法自身的严谨性、应用于本书的合理性以及存在的问题进行了进一步的讨论。

第五章　中国农业生物技术协同创新网络的规模演化机制

第四章从规模和结构两个维度探究了中国农业生物技术协同创新网络的演化特征。本章和第六章将分别通过构建模型，探究协同创新网络呈现相应规模和结构演化特征的内在机制。第四章研究发现，从相对规模角度来看，中国农业生物技术协同创新网络的规模呈现逐渐缩小的演化特征。随着时间的推移，在创新群体中，选择“合作”策略的创新主体占比逐步减少，选择“不合作”策略的创新主体相应逐步增多。那么，是哪些因素导致了上述策略选择的变化，进而推动了网络规模的演化？鉴于创新主体间选择“合作”还是“不合作”是一个博弈过程，而随着时间推移，创新主体策略的动态调整则是一个演化博弈过程，本章将通过构建演化博弈模型，以之探究中国农业生物技术协同创新网络的规模演化机制。

在本书中，首先基于第三章的理论分析，选取指标构建演化博弈模型；其次为了检验经过多轮博弈，拟探究指标的大小对“合作”或“不合作”策略在中国农业生物技术创新群体中的扩散情况，即网络规模演化的影响，研究以 Matlab 对演化博弈进行仿真；最后鉴于 Matlab 仿真过程中，相关参数并非现实经验数据，而是借鉴现有文献的做法、基于中国农业生物技术的创新实际进行主观设置，为了强化研究结论的现实意义，同时也为了对现有演化博弈 Matlab 仿真研究进行突破，本章将 Matlab 仿真获得的中国农业生物技术协同创新规模演化曲线同现实中的演化曲线进行比较，基于此，进一步探究政策启示。

第一节　研究设计

一　研究方法与指标选取

合作博弈过程中的“强互惠”是驱动合作发生的关键原因[①]；合作发生后，需要一定的制度规范维持合作的延续[②]；群体自身特征、群体的制度安排和外部因素则会影响合作行为发生和演化[③]。

创新主体间是否进行合作确实是一个典型的博弈问题。而在1985—2017年，上述过程又呈现典型的演化博弈特征。在这一过程中，就“要不要进行协同创新”，现实中有限理性的创新主体会在“合作”“不合作”两种策略中进行动态调整。正是由于创新主体微观层面“合作”“不合作”的策略调整，在宏观层面推动了中国农业生物技术协同创新网络的规模演化（选择“合作”的主体比例升高，则网络规模扩大；反之，则变小）。基于此，本章借鉴黄少安等（2003、2008、2011）[④] 对合作发生、延续等问题的分析思路，选取演化博弈模型进行中国农业生物技术协同创新网络规模演化机制的探究。

为了探究哪些因素影响创新主体对“合作”“不合作”的策略选择，进而经过多轮演化最终驱动中国农业生物技术协同创新网络的规模呈现缩小的演化特征，基于文献综述和理论分析，本章选取协同创新收益、独立创新收益、市场约束力度和政府补贴力度作为拟探究指标。相关研

---

① 黄少安、韦倩：《合作行为与合作经济学：一个理论分析框架》，《经济理论与经济管理》2011年第2期。

② 黄少安、韦倩：《利他行为经济学研究的方法论》，《学术月刊》2008年第7期。

③ 黄少安、宫明波：《论两主体情形下合作剩余的分配——以悬赏广告为例》，《经济研究》2003年第12期；黄少安、韦倩：《合作行为与合作经济学：一个理论分析框架》，《经济理论与经济管理》2011年第2期。

④ 黄少安、宫明波：《论两主体情形下合作剩余的分配——以悬赏广告为例》，《经济研究》2003年第12期；黄少安、韦倩：《利他行为经济学研究的方法论》，《学术月刊》2008年第7期；黄少安、韦倩：《合作行为与合作经济学：一个理论分析框架》，《经济理论与经济管理》2011年第2期。

究假说见本书的理论分析部分。

二　模型构建

基于本书进行的理论分析和提出的研究假说（见第三章），本部分将构建演化博弈模型的博弈支付矩阵。

（一）博弈支付矩阵构建的基本假定

在增强模型合理性的前提下，为了适当简化模型并降低分析难度，对模型构建进行如下基本假定。

1. 潜在合作主体间的博弈策略集为（合作，不合作）

对于潜在开展协同创新的创新主体间，其合作博弈过程会有“合作”与“不合作”的策略之分。然而，由于现实中对中国农业生物技术协同创新网络中协同创新情况的统计是基于结果导向的，也就是说，无论“合作”还是“不合作”，都包含两个环节。具体来说，从结果导向看，“合作”包括创新主体决定建立合作关系和忠实完成合作全流程两个环节；同样，“不合作”则有创新主体在初始阶段未选择建立合作关系和虽然选择建立合作关系但是在后续过程中背叛了协同创新两种可能。尤其对于后者来说，在两种可能性下，其合作博弈的对手需要支付的成本差别较大。显然，本着严谨的科研态度，应该将不同的情况进行清晰区分。然而，如果将上述策略进行严格区分，通过策略间的排列组合，毫无疑问将使本书产生多个环节上的多个博弈支付矩阵。这一工作量无疑是非常巨大的，也超出了本书通过构建演化博弈模型对中国农业生物技术协同创新网络的规模演化机理进行探究的实际需要，更背离了进行清晰而又简明探究的初衷。

为了简化研究模型，本书借鉴杨剑等（2020）①、曹霞等（2020）②和徐建中等（2019）③发表于领域内知名期刊上的处理方法，不对“合

① 杨剑、方易新、杜少甫：《考虑参照依赖的企业合作创新演化博弈分析》，《中国管理科学》2020 年第 1 期。

② 曹霞、李传云、于娟、于兵：《市场机制和政府调控下的产学研协同创新网络演化博弈仿真——以新能源汽车产业为例》，《系统管理学报》2020 年第 3 期。

③ 徐建中、孙颖：《市场机制和政府监管下新能源汽车产业合作创新演化博弈研究》，《运筹与管理》2020 年第 5 期。

作”与“不合作”进行过细探究，而是将其视为一个环节。在此情况下，如果双方都选择“合作”策略，则双方采取积极合作的态度，共享必要的创新资源，各自因协同创新产生额外收益，最终完成协同创新。如果双方都选择“不合作”策略，则协同创新没有顺利完成，创新主体独立开展农业生物技术创新；由于协同创新中的投机行为往往并非临时起意，而是存在预谋情形，其不会向协同创新进行积极投入；与此同时，由于存在互相违约情形，双方均不需要为此支付违约金。如果一方选择“合作”，另一方选择“不合作”，由于持“合作”策略的一方对其伙伴的违约并不知情，已经为协同创新的开展提供了必要的资源，产生了合作成本，而“不合作”策略一方利用对方的知识外溢，独立开展研发并获得收益，但由于中途违约，需要为自己的违约行为在市场机制下付出代价。

2. 创新主体均是有限理性的

经典博弈论中，博弈主体是完全理性的；演化博弈论与此有本质的不同，其假定博弈主体是有限理性的。事实上，“有限理性”更加契合现实中的博弈主体。在本书中，由于创新主体需要面对复杂而又不确定性较强的协同创新内外部环境，其认知能力的有限性使博弈双方在博弈中缺少理性能力。由于具有有限理性，在博弈过程中，博弈双方选择的行为策略类型不能完全确定，只能以概率来表示。

本书假定，博弈双方在博弈过程中行为策略的选择概率分别为 x 和 y 。也就是说，创新主体1选择“合作”策略的概率为 x ，相应地，选择“不合作”的概率为 $1-x$ ；创新主体2选择“合作”的概率为 y ，选择“不合作”的概率为 $1-y$ 。本书中，x 和 y 并非固定数值，而是时间 t 的函数，$x,y\in[0,1]$ 。

3. 创新主体属性差异不作为影响博弈的重要因素

为了简化博弈模型，本书借鉴曹霞等（2020）[①] 的处理方法，不对协同创新网络中的创新主体进行属性区分。也就是说，高等学校、科研院所和企业等创新主体在博弈过程中，将产生相同的创新收益；当其发

① 曹霞、李传云、于娟、于兵：《市场机制和政府调控下的产学研协同创新网络演化博弈仿真——以新能源汽车产业为例》，《系统管理学报》2020年第3期。

生违约时，需要支付相同额度的违约金；同时，当其积极开展协同创新时，将获得相同力度的政府补贴。在中国农业生物技术协同创新网络中，这些创新主体均只参与以自己为中心的一定范围内的博弈；博弈结束后，则以一定的概率学习其邻居的博弈策略。

（二）博弈支付矩阵的构建

基于对模型设置进行的基本假定，本部分将构建协同创新博弈时的博弈支付矩阵。由于不同情境下，博弈支付矩阵的动态复制方程可能不同，进而影响后续 Matlab 仿真的结果，本书借鉴前人的研究方法①，分别构建市场机制和政府规制两种不同情境下的博弈支付矩阵。

1. 市场机制下的博弈支付矩阵

在市场机制下，创新主体间的合作建立在完全的市场规则之上。也就是说，创新主体间的一切行为主要通过判断合作创新产生的成本与收益情况，进而做出是否进行协同创新的策略选择。基于上述假定，构建博弈支付矩阵（见表 5－1）。

表 5－1 市场机制下创新主体间协同创新博弈支付矩阵

		主体 2	
		合作（y）	不合作（$1-y$）
主体 1	合作（x）	$P_{1-1}+P_{1-2}-C_{1-1}-C_{1-2}$；$P_{2-1}+P_{2-2}-C_{2-1}-C_{2-2}$	$P_{1-1}+M-C_{1-1}-C_{1-2}$；$P_{2-1}+P_{2-3}-M-C_{2-1}$
	不合作（$1-x$）	$P_{1-1}+P_{1-3}-M-C_{1-1}$；$P_{2-1}+M-C_{2-1}-C_{2-2}$	$P_{1-1}+P_{1-3}-C_{1-1}$；$P_{2-1}+P_{2-3}-C_{2-1}$

注：x、$1-x$、y 和 $1-y$ 均为相应博弈策略发生的概率，x 和 y 并非固定数值，而是时间 t 的函数，$x,y\in[0,1]$。上述支付矩阵中，P_{1-1}/P_{2-1} 为创新主体 1/创新主体 2 独立创新产生的收益；P_{1-2}/P_{2-2} 为创新主体 1/创新主体 2 由于开展协同创新各自产生的额外收益；C_{1-1}/C_{2-1} 为创新主体 1/创新主体 2 独立开展农业生物技术创新时各自的创新成本；C_{1-2}/C_{2-2} 为创新主体 1/创新主体 2 分别因开展协同创新而产生的额外成本；M 为双方合作契约中拟定的违约方需要对方支付的赔偿数额；P_{1-3}/P_{2-3} 为创新主体 1/创新主体 2 因其在协同创新过程中的投机行为或其他违约行为获得的额外收益。"/" 表示"或"，下同。

① 徐建中、赵亚楠、朱晓亚：《基于复杂网络演化博弈的企业低碳协同创新行为网络演化机理研究》，《运筹与管理》2019 年第 6 期；曹霞、李传云、于娟、于兵：《市场机制和政府调控下的产学研协同创新网络演化博弈仿真——以新能源汽车产业为例》，《系统管理学报》2020 年第 3 期。

具体来说，博弈中的创新主体有如下博弈策略组合：

①策略组合一：创新主体分别选择（合作、合作）策略

在策略组合一中，创新主体1和创新主体2分别采取（合作、合作）博弈策略，意味着二者获得的总收益都包括两个部分，一部分为创新主体不进行协同创新时的收益，另一部分为因开展协同创新而获得额外收益；同样，二者也将产生独立创新成本以及合作后为了维护协同创新而产生的成本。基于此，在这一轮协同创新中，创新主体1和创新主体2获得的净收益分别为 $P_{1-1}+P_{1-2}-C_{1-1}-C_{1-2}$ 和 $P_{2-1}+P_{2-2}-C_{2-1}-C_{2-2}$。

②策略组合二：创新主体分别选择（合作、不合作）策略

在策略组合二中，创新主体1和创新主体2分别选择（合作、不合作）博弈策略。为此，创新主体1仅获得独立创新产生的收益，但却支付了独立创新所需的成本和为维护协同创新关系而产生的成本。在此种局面下，背叛了合作的协同创新伙伴在市场机制约束下，需要为自己的投机行为付出代价，即创新主体2将向创新主体1支付一定数额的补偿。基于上述分析，在本轮博弈中，创新主体1获得的净收益为 $P_{1-1}+M-C_{1-1}-C_{1-2}$。与此同时，对创新主体2来说，其之所以选择背叛协同创新，必定存在某种机制使其能够因背叛合作而获得其他收益，因此其在本轮博弈后的净收益为 $P_{2-1}+P_{2-3}-M-C_{2-1}$。

③策略组合三：创新主体分别选择（不合作、合作）博弈策略

在策略组合三中，创新主体1和创新主体2分别采取（不合作、合作）博弈策略，同策略组合二中的分析相似，创新主体1和创新主体2的净收益分别为 $P_{1-1}+P_{1-3}-M-C_{1-1}$ 和 $P_{2-1}+M-C_{2-1}-C_{2-2}$。

④策略组合四：创新主体分别选择（不合作、不合作）博弈策略

在策略组合四中，创新主体1和创新主体2采取（不合作、不合作）的博弈策略，协同创新完全破裂，此时市场处于完全失灵状态。通过实地调研发现，博弈双方同时选择“不合作”策略，更多是因为创新项目由于客观原因不能继续进行造成的。这种情况下，双方均自行将原定用于合作项目的资源和精力转移至各自其他研究项目并获得各自其他收益，且不需要对方为合作破裂承担责任。基于此，创新主体1和创新主体2

可获得的净收益分别为 $P_{1-1}+P_{1-3}-C_{1-1}$ 和 $P_{2-1}+P_{2-3}-C_{2-1}$。

2. 政府规制下的博弈支付矩阵

当市场失灵的情况发生时，为了保障协同创新的顺利开展，政府有必要进行干预。一般来说，政府对协同创新行为进行干预的做法主要包括两种：一是基于结果导向，对协同创新以各种形式给予补贴；二是对协同创新中出现的机会主义行为给予直接或间接处罚。就前一种干预措施来说，对于开展协同创新和其他形式的科技成果转化活动，于2015年修订后重新颁布的《中华人民共和国促进科技成果转化法》规定了一系列保障措施，其中明确规定："科技成果转化财政经费，主要用于科技成果转化的引导资金、贷款贴息、补助资金和风险投资以及其他促进科技成果转化的资金用途，"且"国家依照有关税收法律、行政法规规定对科技成果转化活动实行税收优惠"，这即是中国通过政府行为对协同创新进行正面调控的典型案例。

然而，对于后一种政府干预措施，部分文献在探讨政府规制问题时，将政府对协同创新过程中的处罚纳入博弈模型中①。这种做法在理论上看似合理，实则偏离了创新的实际。在对大北农集团、江苏省农科院、中国农大等为代表的农业生物技术产学研创新主体进行调研和访谈时，无论一线科研人员，还是负责协同创新的管理人员都普遍认为，农业生物技术领域的协同创新是一种高度市场化的行为，如果出现违约情形，一般会依据合同通过友好协商进行妥善解决。对于此类较为纯粹的民事纠纷，政府很少给予行政处罚措施。基于此，本书忽略并不是大范围存在的政府处罚手段，不将其纳入支付矩阵，只基于中国农业生物技术的创新实际，将补贴因素纳入博弈支付矩阵。

结合市场机制下的假定及其支付矩阵，本部分将构建政府规制下的支付矩阵。需要特别指出的是，基于笔者对创新主体的实地调研发现，

① 戚湧、张明、丁刚：《基于博弈理论的协同创新主体资源共享策略研究》，《中国软科学》2013年第1期；李瑞光、段万春：《产业技术创新战略联盟投机行为研究》，《技术经济与管理研究》2015年第2期；吴卫红、丁章明、张爱美、陈高翔：《基于内外部影响因素的"产学研"协同创新动态演化路径研究》，《情报杂志》2018年第9期；徐建中、孙颖：《市场机制和政府监管下新能源汽车产业合作创新演化博弈研究》，《运筹与管理》2020年第5期。

政府给予包括协同创新在内的创新活动的补贴，基本是基于结果导向的。也就是说，如果协同创新顺利开展，则合作双方均能获得政府补贴；而即便只有一方发生合作投机，导致合作无法顺利完成，也无法获得政府补贴。此外，本书已假定政府对合作博弈双方的补贴力度是相等的（以 α 表示补贴力度，考虑到补贴能够降低创新成本，因此以 $1-\alpha$ 与原成本的乘积表示获得补贴后的成本）。综合上述分析，构建政府规制下的博弈支付矩阵（见表 5－2）。

表 5－2　**政府规制下创新主体间协同创新博弈支付矩阵**

		主体 2	
		合作（y）	不合作（$1-y$）
主体 1	合作（x）	$P_{1-1}+P_{1-2}-C_{1-1}-(1-\alpha)C_{1-2}$；$P_{2-1}+P_{1-2}-C_{2-1}-(1-\alpha)C_{2-2}$	$P_{1-1}+M-C_{1-1}-C_{1-2}$；$P_{2-1}+P_{2-3}-M-C_{2-1}$
	不合作（$1-x$）	$P_{1-1}+P_{1-3}-M-C_{1-1}$；$P_{2-1}+M-C_{2-1}-C_{2-2}$	$P_{1-1}+P_{1-3}-C_{1-1}$；$P_{2-1}+P_{2-3}-C_{2-1}$

注：α 为政府基于结果导向，向成功进行协同创新的创新主体提供的补贴力度。

具体来说，博弈中的创新主体有如下博弈策略组合。

①策略组合一：创新主体均选择（合作、合作）策略

在策略组合一中，创新主体均选择（合作、合作）策略，且政府将对积极进行协同创新的主体进行税费等方面的补贴。政府的补贴在客观上起到了降低协同创新主体创新成本的效果。但是政府的补贴并不能降低创新主体独立开展农业生物技术创新时产生的成本，因此补贴系数将只针对合作创新产生的额外成本设置。在此策略下，创新主体的净收益分别为 $P_{1-1}+P_{1-2}-C_{1-1}-(1-\alpha)C_{1-2}$ 和 $P_{2-1}+P_{1-2}-C_{2-1}-(1-\alpha)C_{2-2}$。

②策略组合二：创新主体采取（合作、不合作）策略

由于政府对协同创新的补贴是基于结果导向的，也就是说，协同创新成功建立和实施后，创新主体将获得补贴；而当博弈中的一方选择“不合作”策略，导致协同创新未能圆满结束时，任何一方都不能获得

政府补贴。基于此，在本策略组合中，将不引入补贴参数，创新主体 1 的净收益为 $P_{1-1}+M-C_{1-1}-C_{1-2}$，创新主体 2 的净收益为 $P_{2-1}+P_{2-3}-M-C_{2-1}$。

③策略组合三：创新主体采取（不合作、合作）策略

同策略二类似，创新主体的净收益分别为 $P_{1-1}+P_{1-3}-M-C_{1-1}$ 和 $P_{2-1}+M-C_{2-1}-C_{2-2}$。

④策略组合四：创新主体采取（不合作、不合作）策略

在此策略下，博弈双方的博弈净收益分别为 $P_{1-1}+P_{1-3}-C_{1-1}$ 和 $P_{2-1}+P_{2-3}-C_{2-1}$。

三 Matlab 仿真

上文构建的博弈支付矩阵为中国农业生物技术创新群体中，持有“合作”或“不合作”策略的博弈双方，在某一轮博弈结束后各自获得的收益。为了检验经过 n 轮博弈后，拟探究指标的大小对“合作”或“不合作”策略在中国农业生物技术创新群体中扩散情况的影响，特进行 Matlab 数值仿真。

（一）博弈支付矩阵的动态复制方程求解

演化博弈模型的核心即是有限理性的博弈各方，将在多轮博弈中基于学习动态调整其博弈策略，也就是说，其博弈策略是时间 t 的函数。本书推导了两种情境下，博弈双方博弈支付矩阵的动态复制方程。

1. 市场机制下博弈支付矩阵的动态复制方程

创新主体 1 选择“合作”策略的收益期望函数 P_{C1} 为：

$$P_{C1}=y\cdot(P_{1-1}+P_{1-2}-C_{1-1}-C_{1-2})+(1-y)\cdot(P_{1-1}+M-C_{1-1}-C_{1-2})$$

创新主体 1 选择“不合作”策略的收益期望函数 P_{NC1} 为：

$$P_{NC1}=y\cdot(P_{1-1}+P_{1-3}-M-C_{1-1})+(1-y)\cdot(P_{1-1}+P_{1-3}-C_{1-1})$$

创新主体 1 的平均收益期望函数为：

$$P_1=x\cdot P_{C1}+(1-x)P_{NC1}$$

因此，创新主体 1 在协同创新博弈中的动态复制方程为：

$$
\begin{aligned}
f_1(x,y) &= \mathrm{d}x/\mathrm{d}t \\
&= x(1-x)(P_{C1}-P_{NC1}) \\
&= x(1-x)(y P_{1-2}-C_{1-2}-P_{1-3}+M)
\end{aligned}
$$

同理，创新主体 2 选择“合作”策略的收益期望函数为：

$$
P_{C2} = x \cdot (P_{2-1}+P_{2-2}-C_{2-1}-C_{2-2}) + (1-x) \cdot (P_{2-1}+M-C_{2-1}-C_{2-2})
$$

创新主体 2 选择“不合作”策略的收益期望函数为：

$$
P_{NC2} = x \cdot (P_{2-1}+P_{2-3}-M-C_{2-1}) + (1-x) \cdot (P_{2-1}+P_{2-3}-C_{2-1})
$$

创新主体 2 的平均收益期望函数为：

$$
P_2 = y \cdot P_{C2} + (1-y) P_{NC2}
$$

因此，创新主体 1 在协同创新博弈中的动态复制方程为：

$$
\begin{aligned}
g_1(x,y) &= \mathrm{d}y/\mathrm{d}t \\
&= y(1-y)(P_{C2}-P_{NC2}) \\
&= y(1-y)(x P_{2-2}-C_{2-2}-P_{2-3}+M)
\end{aligned}
$$

基于此，市场机制下，中国农业生物技术创新主体间进行协同创新博弈的动态复制方程组为：

$$
\begin{cases}
\mathrm{d}x/\mathrm{d}t = x(1-x)(y P_{1-2}-C_{1-2}-P_{1-3}+M) \\
\mathrm{d}y/\mathrm{d}t = y(1-y)(x P_{2-2}-C_{2-2}-P_{2-3}+M)
\end{cases}
$$

2. 政府规制下博弈支付矩阵的动态复制方程

创新主体 1 选择“合作”策略的收益期望函数 P_{C1} 为：

$$
P_{C1} = y \cdot [P_{1-1}+P_{1-2}-C_{1-1}-(1-\alpha) C_{1-2}] + (1-y) \cdot (P_{1-1}+M-C_{1-1}-C_{1-2})
$$

创新主体 1 选择“不合作”策略的收益期望函数 P_{NC1} 为：

$$
P_{NC1} = y \cdot (P_{1-1}+P_{1-3}-M-C_{1-1}) + (1-y) \cdot (P_{1-1}+P_{1-3}-C_{1-1})
$$

创新主体 1 的平均收益期望函数为：

$$
P_1 = x \cdot P_{C1} + (1-x) P_{NC1}
$$

因此，创新主体 1 在协同创新博弈中的动态复制方程为：

$$
\begin{aligned}
f_1(x,y) &= \mathrm{d}x/\mathrm{d}t \\
&= x(1-x)(P_{C1}-P_{NC1}) \\
&= x(1-x)[yP_{1-2}-(1-y\alpha)C_{1-2}-P_{1-3}+(1-y)M]
\end{aligned}
$$

同理，创新主体 2 选择“合作”策略的收益期望函数为：

$$
\begin{aligned}
P_{C2} = x\cdot[P_{2-1}+P_{1-2}-C_{2-1}-(1-\alpha)C_{2-2}]+(1-x)\cdot \\
(P_{2-1}+M-C_{2-1}-C_{2-2})
\end{aligned}
$$

创新主体 2 选择“不合作”策略的收益期望函数为：

$$
P_{NC2} = x\cdot(P_{2-1}+P_{2-3}-M-C_{2-1})+(1-x)\cdot(P_{2-1}+P_{2-3}-C_{2-1})
$$

创新主体 2 的平均收益期望函数为：

$$
P_2 = y\cdot P_{C2}+(1-y)P_{NC2}
$$

因此，创新主体 2 在协同创新博弈中的动态复制方程为：

$$
\begin{aligned}
g_1(x,y) &= \mathrm{d}y/\mathrm{d}t \\
&= y(1-y)(P_{C2}-P_{NC2}) \\
&= y(1-y)[yP_{2-2}-(1-y\alpha)C_{2-2}-P_{2-3}+(1-y)M]
\end{aligned}
$$

基于此，当加入补贴因素，中国农业生物技术创新主体间进行协同创新博弈的动态复制方程组发生了较大变化，具体如下：

$$
\begin{cases}
\mathrm{d}x/\mathrm{d}t = x(1-x)[yP_{1-2}-(1-y\alpha)C_{1-2}-P_{1-3}+(1-y)M] \\
\mathrm{d}y/\mathrm{d}t = y(1-y)[yP_{2-2}-(1-y\alpha)C_{2-2}-P_{2-3}+(1-y)M]
\end{cases}
$$

（二）仿真网络载体选择

在本书的前序章节，已经就中国农业生物技术协同创新网络的复杂网络属性做出了清晰界定。对于复杂网络来说，一般具有小世界网络属性或无标度网络属性。对于 Matlab 仿真，不同的网络属性对演化结果将产生较大影响。因此，本章需要先界定中国农业生物技术的具体网络属性，以之为仿真载体设定提供依据。

本书首先对中国农业生物技术的小世界网络属性进行了探究。基于第四章对网络结构数据的测算结果，不同时期下，中国农业生物技术协同创新网络平均路径长度均为 6.0—8.5，聚集系数则为 0.05—0.08。鉴于平均路径长度和聚集系数是判断网络是否具有小世界属性的关键指标，而平均路径长度小于10、聚集系数大于0.01为小世界网络的门槛指标，显然在此门槛值下，中国农业生物技术协同创新网络的整体小世界网络属性较为弱化。

基于第四章对中国农业生物技术协同创新网络中节点度数的测定值，本书对网络中不同度数节点的分布特征进行了拟合。拟合结果显示，中国农业生物技术协同创新网络中节点的幂率分布特征明显①，拟合曲线的判定系数 R^2 均在0.9以上。上述幂率分布特征表明中国农业生物技术协同创新网络中，节点的度数越高，数量越少，绝大多数节点的度数较低，无标度网络属性明显（见图5-1）。基于上述测定结果，本章最终以无标度网络作为Matlab仿真的网络载体。

（三）Matlab仿真程序设置

本书设计了如下Matlab仿真步骤。

（1）在 $t=0$ 时刻，模拟建立一定节点数目的无标度网络，将博弈过程中的“合作”“不合作”两种策略随机分配给网络中的节点并设定初始参数值。

（2）创新主体间开始第一轮博弈。在每一轮博弈时，所有创新主体都与其博弈半径 r 内的所有邻域创新主体进行博弈，设置博弈半径的数值；之后，按照收益矩阵中设定的公式计算各自的净收益。

（3）第一次博弈结束后，协同创新网络中的创新主体随机选择邻居节点进行收益比较，若收益大于或等于比较的节点收益，则在下一轮博弈中该主体不改变策略；若收益小于比较的节点收益，则以概率 $Fermi_{S_i \to S_j}$ 对比较的节点策略进行模仿，此时若策略相同则不改变策略。

（4）基于协同创新网络中创新主体的选择偏好，节点间的连边需要断边重连。

---

① 协同创新网络具有的无标度网络结构对网络的资源整合能力、创新能力以及技术扩散能力有显著的正向影响，在很大程度上提高了协同创新网络促进技术创新的功能。同时，无标度网络中既有高度数的节点发挥整合创新资源、提高创新高度的功能，又有大量度数较低的节点同高度数节点交织分布，更有利于提高网络的稳健性。

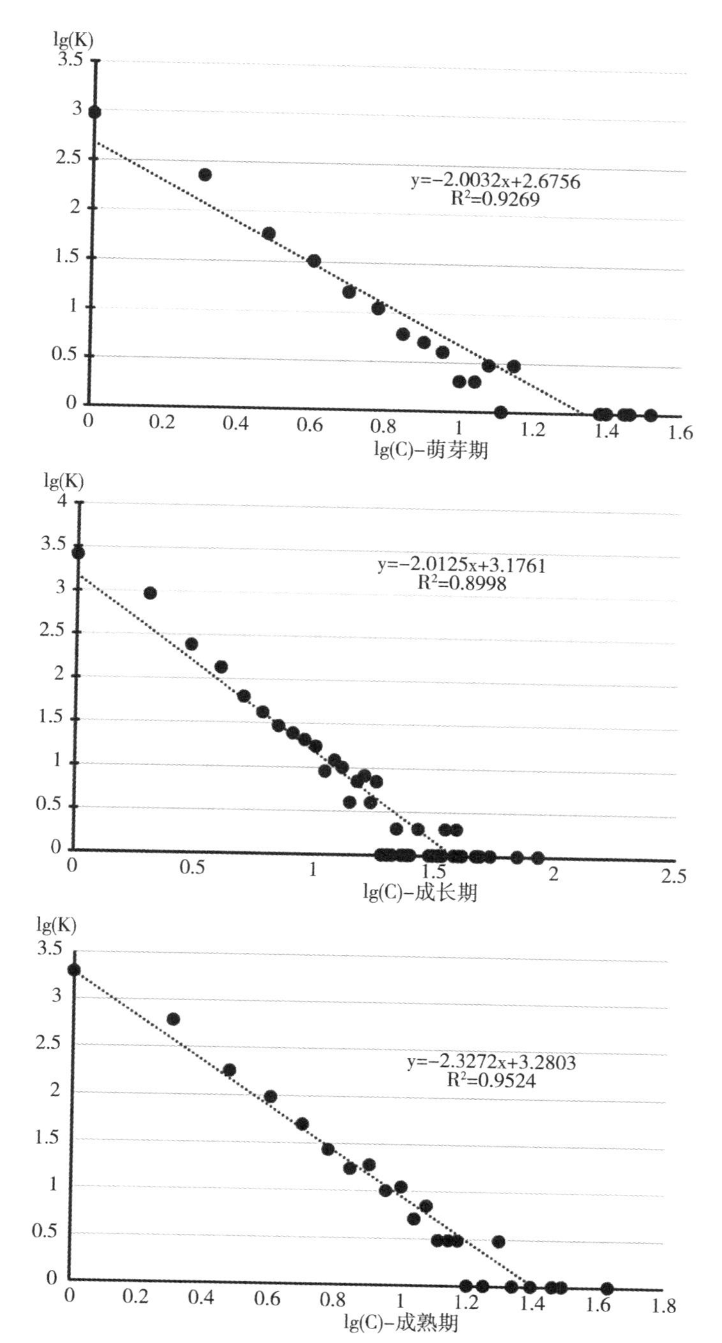

图5-1　中国农业生物技术协同创新网络具有明显的无标度属性

（5）通过重复前序过程，根据前文建立的市场机制下和政府规制下的不同博弈模型进行仿真。通过改变各参数的数值，来探究各参数的变化对“合作”策略在创新群体中扩散的影响，每组参数测试100次，取扩散深度的平均值，研究扩散深度的变化情况。

第二节　协同创新网络规模演化机制的数值仿真分析

基于研究设计，本节将通过设定参数，对第三章提出的研究假说进行检验，具体如下。

一　合作创新收益对协同创新网络规模演化的影响

从创新的成本和收益角度来看，在市场机制下，创新主体开展协同创新时额外产生的成本与收益的相对大小是决定其是否愿意开展协同创新的关键。为了对内在机制进行探究，研究首先假定 $P_{1-3}=P_{2-3}=M=0$，并分别设置其他参数（见表5－3）。总体来看，Matlab仿真结果如图5－2所示。

表5－3　Matlab仿真辅助性参数设置

	主体1				主体2			
	P_{1-1}	P_{1-2}	C_{1-1}	C_{1-2}	P_{2-1}	P_{2-2}	C_{2-1}	C_{2-2}
N1	4	3	3	3	3	2	2	2
N2	4	4	3	3	3	3	2	2
N3	4	4	3	3	3	1	2	2
N4	4	2	3	3	3	1	2	2
N5	4	2	3	3	3	3	2	2
N6	4	2	3	3	3	1	2	2
N7	8	2	3	3	7	1	2	2

情景1：博弈双方因协同创新产生的额外收益高于额外成本。当创新主体开展协同创新产生的额外收益均明显高于其维护协同创新关系而

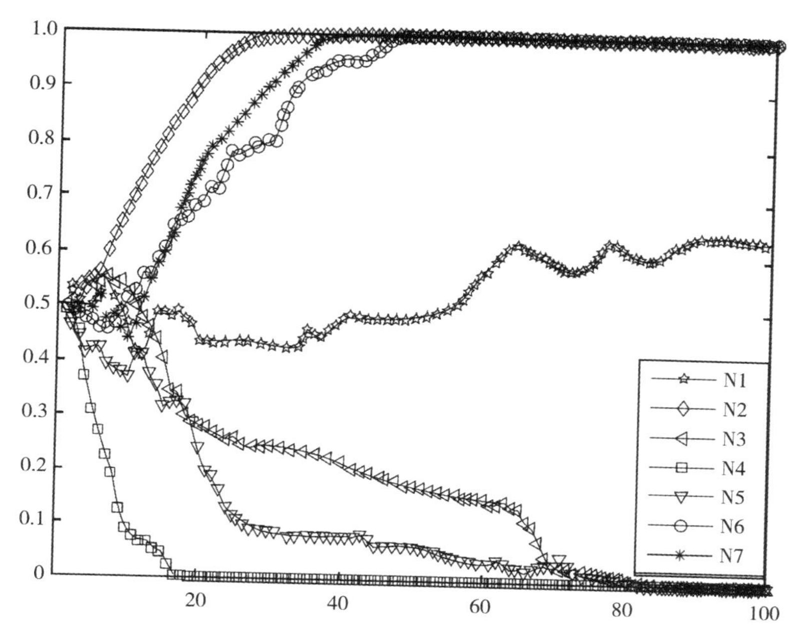

图 5－2　协同创新收益对协同创新行为在创新群体中扩散的影响

产生的成本时，博弈双方因开展协同创新实现较大额外净收益，因此其自身的合作意愿较强。与此同时，“合作”策略很容易被其他创新主体学习，从而推动合作创新行为在整个创新群体中的扩散。表现在 Matlab 仿真中，即是“合作”策略很快在创新群体中得到了 100% 的深度扩散（N2）。

情景 2：博弈双方因协同创新产生的额外收益均等于额外成本。当开展协同创新的创新主体在合作过程中产生的额外收益等于其额外成本，也就是说，开展协同创新本身是无害但也是无利的。在此情况下，创新群体中其他创新主体是否学习和采纳开展协同创新的策略具有一定偶然性。反映在 Matlab 仿真中，即是到仿真全过程结束，“合作”策略的扩散曲线也没有达到稳定状态（N1）。

情景 3：博弈双方因协同创新产生的额外净收益分别为正和负。意味着在中国农业生物技术协同创新网络中，部分创新主体因开展协同创新获得了实在收益，而另一部分主体则因开展协同创新出现了损失，需要承担额外的成本。仿真结果证明，这种情况下协同创新策略的扩散将最终稳定为 0（N3、N5）。也就是说，经过足够轮次的演化博弈，将没有创新主体采纳“合作”策略，协同创新网络已走向崩溃。出现如此演化结果的原因在于，当协同创新网络中创新主体选择合作策略可能获得额外收益，也可能出现额外损失时，说明选择采纳“合作”策略本身具有一定的风险。将博弈次数无限拉长后，放大到宏观扩散网络中，必然导致在整个网络中“合作”策略的扩散走向 0。

情景 4：博弈双方因协同创新产生的额外收益均小于额外成本。当开展博弈的双方均采纳了协同创新策略而产生损失时，必然说明在不加外界干预的市场机制下，协同创新自身出现了问题。也就是说，协同创新的市场机制已经呈现失灵状态。在这一局面下，潜在的协同创新采纳主体发现，其邻居在上一轮博弈中采纳了协同创新策略而承受了一定损失，必然放弃对该策略的采纳。随着演化的深入，该种情况下的创新策略最早扩散至 0（N4）。

总体来说，上述四种情景的仿真结果证实了研究假说 H1a，即协同创新产生的净收益为正，有利于创新主体采纳“合作”策略；在创新主体基于独立创新获得净收益的能力一般时，只有合作双方通过协同创新获得的净收益均为正，“合作”策略才能在创新群体中得到普遍采纳，进而从宏观上推动协同创新网络的规模扩大；反之，网络规模则呈现缩小趋势。

二　独立创新收益对协同创新网络规模演化的影响

情景 5：博弈双方因协同创新产生的额外收益均小于额外成本，但其自身拥有雄厚的资本实力支撑。N4 已经显示，当协同创新中博弈双方均采纳合作策略导致利益受损时，协同创新策略将很快扩散至 0，然而 N6 和 N7 的仿真却呈现截然相反的扩散结果。分析这两种情况下最大的差异，可以发现，前者虽然通过独立创新实现了收益，但是这种净收益和协同创新产生的负收益大致相等。此时，博弈双方各自的总体净收益虽不至于低于 0，但在其协同创新净收益低于 0 的情况下，潜在采纳主体在经济利益驱使下不会采纳“合作”策略。而 N6 和 N7 显示，较高的原收益使潜在采纳主体有实力、有信心承担合作创新带来的经济损失。在当前国家鼓励合作创新和科技成果转化的大背景下，潜在采纳主体很可能选择采纳“合作”策略，从而使“合作”策略具备了扩散至100%的能力。

总体来说，上述情景的仿真结果证实了研究假说H1b：即便合作创新为合作双方带来的净收益为负，但当创新主体基于独立创新即能获得明显高于合作带来的亏损时，“合作”策略也能在创新群体中得到普遍采纳，进而从宏观上推动协同创新网络的规模扩大；反之，网络规模则呈现缩小趋势。

三　市场约束力度对协同创新网络规模演化的影响

在市场机制下，拟进行协同创新的博弈双方通常会签订协同创新协议，就二者的权利、义务以及出现违约时的违约责任等做出规定，从而为协同创新施加市场约束力度。为了检验市场约束力度对协同创新策略扩散的影响，设置仿真参数（见表5－4）。

表5－4　Matlab仿真辅助性参数设置—市场约束力度

—	市场约束力度								
—	主体1				主体2				——
指标	P_{1-1}	P_{1-3}	C_{1-1}	C_{1-2}	P_{2-1}	P_{2-3}	C_{2-1}	C_{2-2}	市场约束力度M
数值	4	4	3	3	3	2	2	2	1/2/3/4/5

在市场机制下，进行协同创新的主体以投机手段破坏协同创新，将很有可能使其有机会从合作伙伴处获得非正常技术溢出，进而获取更多的不合理收益。此时，如果不加以制约或者制约力度不足，将难以起到震慑投机和违约的作用，从而不利于协同创新的顺利完成，也会出现“劣币驱逐良币”的作用。从Matlab仿真结果来看，当博弈双方设置的市场约束力度过低时，将难以起到促使投机一方放弃投机，转而走向认真执行协同创新协议的作用，协同创新行为很快在创新群体中消失。即便是当市场约束力度提高至高于部分创新主体的违约收益，但是低于另

一部分潜在违约主体的违约收益时，依然不能改变“合作”策略在创新群体中扩散至0的结果。Matlab仿真结果表明，市场约束力度只有达到一定强度，比如高于整个协同创新市场中背叛合作所能带来的最高收益时，才能起到有效震慑违约的作用，进而驱动此类创新主体转向认真执行协同创新协议，最终推动协同创新行为在创新群体中扩散至100%的状态（见图5－3）。

综上所述，研究假说H1c得到验证，即对协同创新施加一定强度的市场约束力度能够促进“合作”策略在创新群体中得到普遍采纳，进而从宏观上推动协同创新网络的规模扩大；反之，网络规模则呈现缩小趋势。

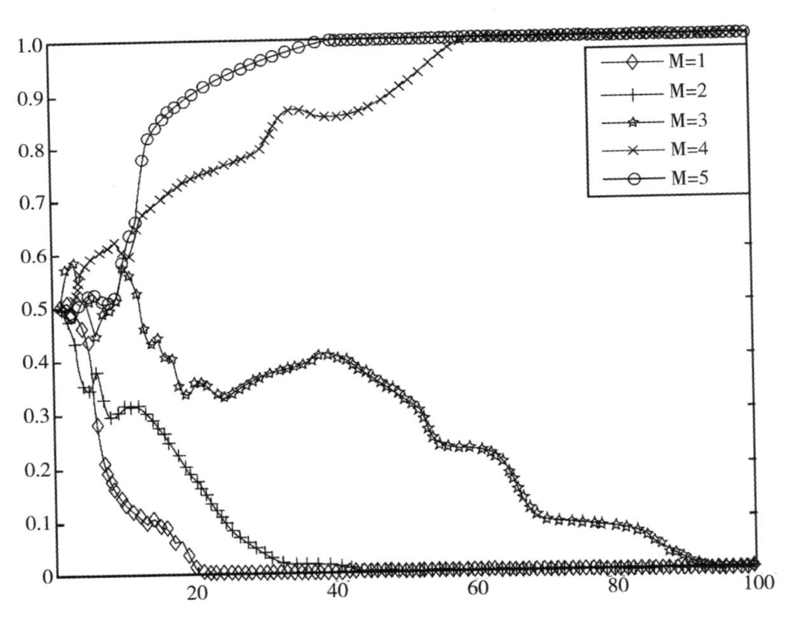

图5－3　市场约束力度对协同创新行为在创新群体中扩散的影响

四　政府补贴力度对协同创新网络规模演化的影响

通过对产、学、研各类农业生物技术创新主体的调研和访谈发现，绝大部分农业生物技术领域的协同创新是基于市场机制开展的。政府部门对协同创新进行的直接干预较少，主要体现在对创新主体进行的补贴①。基于此，本书将聚焦政府补贴因素，探讨政府补贴力度对中国农业生物技术协同创新网络演化的影响。为了更好地探究政府补贴因素的影响，本书选择在协同创新出现市场失灵时，向博弈模型中加入补贴因素，并设置不同强度的补贴力度。市场机制下，N4 表征的各参数取值使“合作”策略在创新群体中最先扩散至0，也即出现了市场失灵的情形，因此选择该曲线相应的各参数值作为政府规制下 Matlab 仿真的基础参数，补贴参数分别取值为0.1、0.2、0.3、0.4 和0.5（见表5-5）。

表5-5　Matlab 仿真辅助性参数设置—政府规制

—	政府规制											
—	主体1					主体2					—	—
指标	P_{1-1}	P_{1-2}	P_{1-3}	C_{1-1}	C_{1-2}	P_{2-1}	P_{2-2}	P_{2-3}	C_{2-1}	C_{2-2}	M	补贴参数 α
数值	4	2	4	3	3	3	1	2	2	2	1	0.1、0.2、0.3、0.4、0.5

Matlab 仿真结果显示，政府对协同创新行为进行的补贴对于协同创新策略的采纳与扩散具有正向影响，但是这种影响存在一定的门槛。在图5-4中，当补贴力度 α 为0.1时，补贴对于“合作”策略在创新群体中扩散的正向影响不大；当 α 分别达到0.2和0.3时，补贴的正向作用得到显现，但是依然未能扭转市场失灵以阻止“合作”策略扩散至0的趋势；当补贴力度 α 为0.4和0.5时，政府补贴彻底改变了协同创新市场中出现的市场失灵问题，“合作”策略在协同创新网络中扩散至100%。也就是说，此时创新群体已全部采纳了“合作”策略并融入了

① 以江苏省农科院同其企业类创新伙伴开展的协同创新为例，通过笔者的调研和访谈得知，在协同创新正式开始之前，双方签订合作协议，就协同创新的人员投入、经费保障和知识产权归属等做出规定。在协同创新各项活动顺利结束后，如果企业获得了专利产权，企业往往能够获得企业所在地给予的各种补贴。

中国农业生物技术协同创新网络，网络的规模向增大的方向实现了演化。

政府补贴能够扭转市场失灵、促进“合作”策略在创新群体中扩散的原因是较为清晰的。一方面，以减税、贴息等为代表的补贴手段能够显著降低创新主体的创新成本，从而提高其协同创新的净收益；另一方面，以直接补贴和奖励等为代表的补贴手段能够提高创新主体的创新收益，同样起到提升其协同创新净收益的作用。不管何种途径，当创新主体因开展协同创新使其获得净收益后，其采取的“合作”策略在较大概率上能被其周围潜在的策略采纳主体学习和借鉴，经过多轮演化博弈，即能实现“合作”策略在创新群体中的广泛扩散，进而推动协同创新网络规模的扩大。

综上所述，研究假说 H1d 得到验证，即基于结果导向的一定强度的政府补贴能够促进“合作”策略在创新群体中得到普遍采纳，进而从宏观上推动协同创新网络的规模扩大；反之，网络规模则呈现缩小趋势。

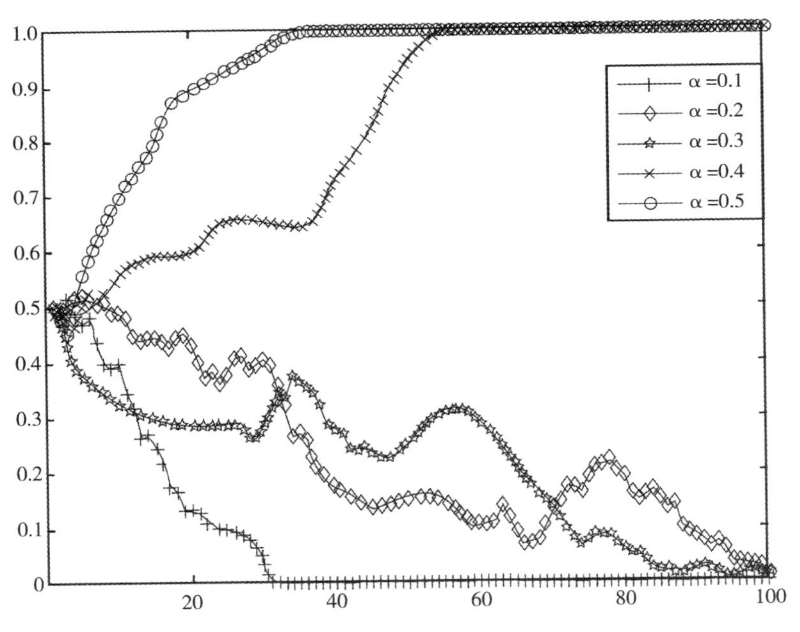

图 5－4　政府补贴对协同创新行为在创新群体中扩散的影响

第三节　协同创新网络规模演化机制的现实分析

上一节通过对协同创新收益、独立创新收益、市场约束力度和政府补贴力度等指标设置不同参数，借助数值仿真探究了上述指标对协同创新网络规模演化的影响。虽然仿真过程中的参数是基于中国农业生物技术创新的现实特征设置的，但毕竟不是经验数据，从而导致说服力的下降。

为了强化研究结论的可信度和说服力，并进一步探究造成中国农业生物技术协同创新网络规模演化呈现下降趋势的内在原因，首先基于经验数据获得中国农业生物技术协同创新网络规模的现实演化曲线，并将该曲线同仿真曲线进行比对。通过比对，获得现实中协同创新收益、独立创新收益、市场约束力度和政府补贴力度等指标的真实大小区间，从而为探究政策含义、提出针对性对策提供更加坚实支撑。

一　中国农业生物技术协同创新的现实演化

中国农业生物技术协同创新的现实演化曲线显示，“合作”策略在中国农业生物技术创新群体中整体呈现逐步萎缩的演化态势。具体来说，在专利数据层面，图 5－5 显示，在 20 世纪 80 年代，通过合作创新，创新主体间联合申请的专利占专利总量的比例大幅攀升，然而从 20 世纪 90 年代初至今，联合申请专利占比呈现明显的下降趋势。到 2016—2017 年，也即中国农业生物技术创新的成熟期，通过合作创新获得的专利占比仅约为 6%。这一数据意味着，有约 94% 的专利是以“单打独斗”的形式获得的。更为值得注意的是，从合作专利角度来看，“合作”策略在中国农业生物技术创新群体中的扩散态势从最高点的 14% 逐步下降至最低点的不足 6%，这意味着在中国农业生物技术创新领域，协同创新体系已经处于岌岌可危的境地。

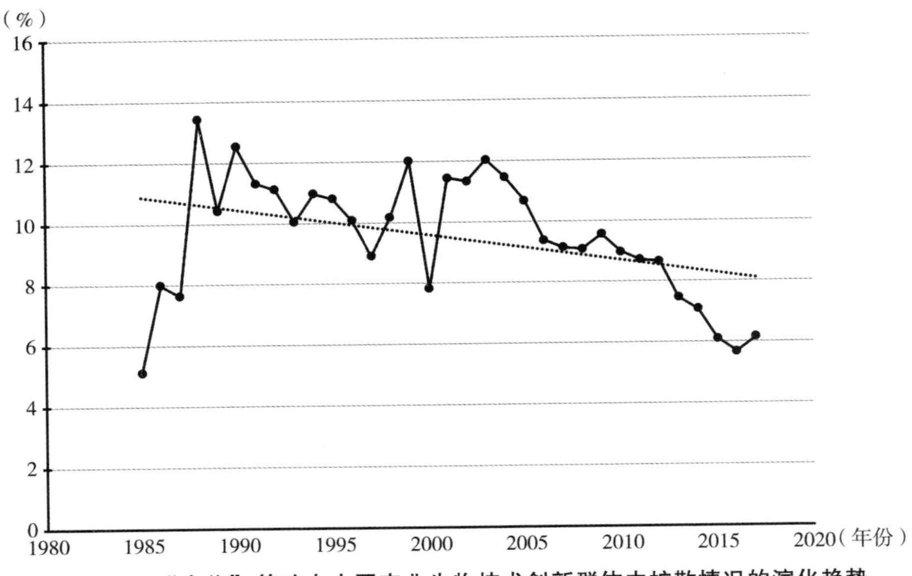

图5－5 “合作”策略在中国农业生物技术创新群体中扩散情况的演化趋势

二 现实演化同仿真演化的比较及其政策含义

基于对中国农业生物技术创新群体中“合作”策略现实扩散曲线的分析，发现随着时间的推移，采纳“合作”策略创新主体的占比整体较低，且呈明显下降态势。为了探究这一演化趋势代表的政策含义，将其分别同基于 Matlab 仿真得到的图 5－2 至图 5－4 进行比较。当同图 5－2 比较时，发现此演化态势明显介于 N1 和 N3 之间；当同图 5－3比较时，其表征的市场约束力度 M 位于［2，3］区间；当同 5－4 进行比较时，则发现其表征的补贴系数 α 处于［0.3，0.4］区间。在基于 Matlab 对“合作”策略的扩散进行仿真分析时，本章采取了“由前向后”层层递进的分析方法，即后续参数的加入是在设置某些前序参数并导致曲线完全演化至 0 的基础上进行的，因此，对中国农业生物技术创新群体中协同创新真实扩散曲线的解读应采取“从后向前”的顺序。

首先，基于此，图 5－5 中的曲线表明，在政府规制下，政府给予协同创新的补贴力度不够。这是因为图 5－4 的仿真曲线表明，即便在协同创新的额外收益为负、市场约束力度已经完全失效的市场失灵状态下，当政府补贴系数超过一定门槛值时，“合作”策略依然将在创新群体中扩散至稳态，而图5-5中的演化曲线显然并非如此。

其次，图5-5表明，在市场机制下，开展协同创新的创新主体设置的市场约束力度不足。在市场机制下，如果博弈中的一方为了追求其他利益而在合作过程中进行投机，依据相互间建立的市场约束条款，其将向合作伙伴支付一定数额的违约金。在这样的市场约束手段下，潜在违约方的违约成本将显著增大，这将在一定程度上起到震慑违约，并保障协同创新健康顺利开展的作用。然而在真实的协同创新演化过程中，协同创新并未能演化至稳态，表明即便在协同创新中存在市场约束，这种市场约束力度也是不强的。事实上，对部分农业生物技术创新主体进行的调研和访谈结果也印证了这一结论。调研发现，部分创新主体尤其是高等学校和科研院所类创新主体，虽然会在协同创新前订立契约，但是为了不影响双方后续合作，或者由于其他社会关系的影响，即使出现违反合同规定的事项时，也并不会严厉追究对方的违约责任。

最后，图5-5表明，农业生物技术创新主体的自身盈利能力有限，通过协同创新产生的额外收益参差不齐。在图5-2中，N1表示博弈双方因开展协同创新获得的额外净收益为0，在此情景下，合作曲线并未在创新群体中演化至100%的均衡状态，但整体呈向上演化态势。N3则表示由于开展协同创新，部分创新主体获得额外收益，部分则出现了损失，在此情况下，协同创新最终扩散至0的稳态。基于现实数据，图5-5中协同创新的扩散呈整体下降但尚未演化至0的态势。这是因为农业生物技术创新具有低收益、高风险、长周期特征，创新主体通过协同创新较难获得额外收益。同时，图5-2的仿真结果表明，即便协同创新产生的额外收益较低甚至出现亏损，如果创新主体自身通过独立创新获利的能力较强，其也能在很大程度上容忍协同创新在短期内的亏损，使协同创新在创新群体中扩散至100%的稳态。而现实世界中，中国农业生物技术协同创新并未呈现这样的扩散特征，表明中国农业生物技术创新主体通过独立创新实现获利的能力较为有限。这一方面是由农业生物技术创新所具有的低收益属性决定的；另一方面作为农业生物技术创新的重要主体，中国的涉农企业整体规模较小，创新能力和其他盈利能力都不强。

第四节　进一步讨论

总体来看，通过演化博弈模型及Matlab仿真分析，本章较好地实现了预定研究目标，即中国农业生物技术协同创新网络的规模演化究竟具有怎样的内在机理，哪些因素在多大程度上影响了这一演化进程。然而，不能否认的是，虽然博弈理论和演化博弈理论是经济学的经典和主流理论①，Matlab仿真分析也在经济管理领域，尤其是管理科学与工程领域得到了大量应用，当将二者结合起来使用时，更有助于呈现演化博弈的走向，但是基于笔者当前认知水平的理解，这两种方法在应用时依然存在较多的不足和短板。首先，演化博弈模型虽然能将拟探究的影响因素和关键指标纳入博弈支付矩阵，但是这种分析在一定程度上介于定性分析和定量分析之间。也就是说，该方法虽然可以探究哪些指标影响了博弈主体的策略选择，却不能定量探究这些指标究竟在多大程度上影响博弈主体的策略选择。另外，对于Matlab仿真分析，其本质属于“仿真”，虽然能辅助进行演化机理的分析，却并非基于现实经验数据，从而使分析结果的说服力大打折扣。相比于其他基于演化博弈模型和Matlab仿真分析撰写的文献，本书的见长之处在于，在对演化博弈进行Matlab仿真分析之后，基于1985—2017年中国农业生物技术协同创新现实数据，绘制了现实中的协同创新演化扩散曲线，通过将该现实曲线同演化仿真进行比对，一方面对合作创新收益、独立创新收益、市场约束力度和政府补贴力度等指标在现实中的区间范围进行了判断；另一方面也强化了研究结果的可信度。

---

① 可阅读黄凯南2009年发表《经济研究》的论文《演化博弈与演化经济学》，该文对演化博弈理论的诞生和发展做了详细阐述，也将其与演化经济学的联系和区别进行了深入分析。

第五节　本章小结

本章通过构建演化博弈模型，探究了中国农业生物技术协同创新网络规模呈现逐步缩小演化特征的内在机制。基于第三章的理论分析和研究假说，本章首先构建包含合作创新收益、独立创新收益、市场约束力度和政府补贴力度等指标的演化博弈模型。借助 Matlab 仿真分析，探究了上述指标在不同赋值时，经过多轮博弈和后续演化，“合作”策略在创新群体中的扩散趋势。研究发现，超过一定数值的合作创新收益、独立创新收益、市场约束力度和政府补贴力度均能促进“合作”策略实现在创新群体中的完全扩散，从而驱动协同创新网络规模的扩大；反之则会使网络规模呈现缩小的演化趋势。基于将仿真曲线同中国农业生物技术协同创新现实演化曲线的比较，发现在协同创新收益不高、创新主体自身盈利能力不强、实质性市场约束力度较弱和政府给予协同创新的补贴力度不足的情况下，创新主体参与协同创新的意愿不强，进而导致现实中中国农业生物技术协同创新网络规模的逐步缩小。

第六章　中国农业生物技术协同创新网络的结构演化机制

本书的第四章从规模和结构两个维度总结了中国农业生物技术协同创新网络的演化特征。之后，第五章借助演化博弈模型，探究了协同创新网络规模演化的内在机理。与第五章并列，本章将针对第四章发现的中国农业生物技术协同创新网络在结构维度呈现的密度逐渐增大、“核心—边缘”结构日渐清晰等演化特征，深入探究该演化特征的内在机制。

那么，究竟哪些因素驱动了中国农业生物技术协同创新网络结构的演化？第三章的理论分析指出，网络结构的宏观演化本质上是由微观层面创新主体合作关系的动态调整驱动的，而创新主体的合作伙伴选择倾向又决定了合作关系的动态调整。即当创新主体倾向于某个潜在合作伙伴，并将原有合作关系调整为同该主体间的合作关系时，中国农业生物技术协同创新网络的结构即已经发生了演化。基于此，究竟哪些因素影响了中国农业生物技术协同创新网络中创新主体合作伙伴的选择倾向？或者说，创新主体会基于哪些因素考量进而选择具有相应特质的潜在伙伴以建立协同创新关系？为了回答上述问题，本章选择 SAOM，基于 2010—2017 年中国农业生物技术协同创新网络及相应主体的经验数据，对第三章提出的研究假说进行实证检验。

第一节　研究设计

一　研究方法

本章采用 SAOM 进行参数估计。SAOM 是由牛津大学 Snijders 教授等于近年专门为应用纵向网络经验数据进行统计推断和参数估计而建立的计量模型①。

（一）SAOM 的基本原理

SAOM 建立的初衷之一即是对网络数据演化的影响因素进行参数估计。在进行参数估计时，对于作为因变量的纵向网络数据，SAOM 通过对网络数据中所有节点进行前后连贯的迭代，在实现对不同时期间网络数据连续演化模拟的同时，也将因变量网络数据的每一个变动同各自变量数据的变动进行对应，从而实现参数估计②。

目前，学术界多运用 R 语言的 RSiena 程序包对 SAOM 进行参数估计。依据速率函数的差异，其 Siena 模块共包含 6 种模型：强迫模型（Forcing Model）、成对分离模型（Pairwise Disjunctive Model）、关系基础模型（Tie-Based Model）、成对补偿模型（Pairwise Compensatory Model）、成对关联模型（Pairwise Conjunctive Model）和单方主动互惠确认模型（Initiative-Confirmation Model）③。本书借鉴现有研究，使用单方主动互惠

---

① Snijders T. A. B. , Steglich C. E. G. , van de Bunt G G, "Introduction to Actor-based Models for Network Dynamics", *Social Networks*, Vol. 33, No. 1, 2008; Snijders T. A. B. , Van de Bunt G. G. , Steglich C. E. G. , "Introduction to Stochastic Actor-based Models for Network Dynamics", *Social Networks*, Vol. 32, No. 1, 2010.

② Van de Bunt G. G. , Groenewegen P. , "An Actor-oriented Dynamic Network Approach: The Case of Interorganizational Network Evolution", *Organizational Research Methods*, Vol. 10, No. 3, 2007.

③ 周灿：《中国电子信息产业集群创新网络演化研究：格局、路径、机理》，博士学位论文，华东师范大学，2018 年。

确认模型进行参数估计①。

（二）SAOM 对本书的适用性

1. 适合本书需要的参数估计

第三章理论分析已经指出，本章旨在从创新主体合作伙伴选择影响因素的视角，实现对协同创新网络结构演化影响因素及其内在机制的探究。从创新主体层面来看，其在中国农业生物技术协同创新网络中实现合作关系调整有两个核心环节：首先，具有足够多的调整关系的机会；其次，寻找理想的合作伙伴。SAOM 恰好能对上述两个环节进行参数估计。

具体来说，首先，SAOM 可以综合 t 和 $t+1$ 时期的协同创新网络的相关参数实现对速率函数，也就是对创新主体在网络中改变当前合作状态机会大小的估计；其次，SAOM 能基于创新主体整体目标函数或效用函数最大化的理念，对网络因素、创新主体的个体因素等诸多因素对创新主体采取的每一个行动（即开始、维持或打破一段关系）影响的大小实现参数估计。

2. 适合本书的关系型数据

从数据属性方面来说，SAOM 是适合分析关系型数据的绝佳模型之一。SAOM 像 QAP 模型一样，对变量之间的相关性不做严格要求，即使变量之间存在较大相关性，例如某些效应与网络密度之间存在一定的关联，也不影响模型的参数估计。另外一个好处是，由于模型在原理上并不要求自变量之间相互独立，可以将理论上重要的变量均纳入计量模型，从而找到最具解释力的分析结果②。

3. 传统计量模型不适用本书的数据类型

本书主要针对协同创新网络的演化进行研究，协同创新网络的自身特点和本书对“演化”的研究初衷决定了本书不能用诸如 OLS 和 Logistic

---

① 周灿：《中国电子信息产业集群创新网络演化研究：格局、路径、机理》，博士学位论文，华东师范大学，2018 年；周灿、曾刚、辛晓睿、宓泽锋：《中国电子信息产业创新网络演化——基于 SAO 模型的实证》，《经济地理》2018 年第 4 期；覃柳婷、滕堂伟、张翌、曾刚：《中国高等学校知识合作网络演化特征与影响因素研究》，《科技进步与对策》2020 年第 22 期。

② 李敬、陈澍、万广华、付陈梅：《中国区域经济增长的空间关联及其解释——基于网络分析方法》，《经济研究》2014 年第 11 期。

回归等传统意义上的标准回归模型，也不能用 QAP、ERGM 等网络数据估计模型。具体原因包括：首先，观察值之间存在条件依赖是网络结构的基本属性，这违反了标准回归模型对变量相互独立的基本假设①。其次，本书在后续回归模型设定时，不可避免地将多维相似性等作为自变量，这些关系型数据之间存在严重的多重共线性。最后，近年来，研究人员为了对网络数据进行估计，相继开发了扩展和改进引力模型、QAP 模型和 ERGM 模型等，但是前者存在无法检验矩阵变量之间的因果关系的缺陷，后两者，尤其是 ERG 从模型虽然已运用马尔科夫链蒙特卡洛极大似然估计等方法对网络数据进行估计，但仅能进行截面数据估计，不能满足本书对于“演化”研究中时间维度的动态考量。

二　研究时段

根据 SAOM 对网络数据的要求，研究时段内每个时间单位内的数据既要能体现网络演化的稳定性，又要体现出一定的变异性。如果数据过于稳定，则难以有效捕捉网络的演化；而如果数据变化过快，则使 SAOM 基于网络动力学对演化建模的近似算法无法收敛，从而产生不可靠的估计结果。SAOM 的开发者 Snijders 表示，对于 SAOM 拟分析的数据，相似性系数过高或过低都会为演化模拟和估计带来困难，理想状态下的相似性系数应高于 0.2，当系数低于 0.1 时，模型并不适用②。

为了有效识别理想的网络演化分析时段，本书借用机器学习（Machine Learning）领域常用的用于判断有限数据集相似性的指标 Jaccard 系数对相邻年份数据的相似性和差异性进行测算。Jaccard 系数的计算公式如下：

---

① Rivera M. T., Soderstrom S. B., Uzzi B., “Dynamics of Dyads in Social Networks: Assortative, Relational, and Proximity Mechanisms”, *Annual Review of Sociology*, 2010.

② Snijders T. A. B., Steglich C. E. G., van de Bunt G G, “Introduction to Actor-based Models for Network Dynamics”, *Social Networks*, Vol. 33, No. 1, 2008; Snijders T. A. B., Van de Bunt G. G., Steglich C. E. G., “Introduction to Stochastic Actor-based Models for Network Dynamics”, *Social Networks*, Vol. 32, No. 1, 2010.

$$J_{x_1-x_2}=\frac{\sum x_1x_2}{x_1+x_2-\sum x_1x_2} \tag{6-1}$$

在式（6－1）中，$J_{x_1-x_2}$ 表示数据集 x_1 和 x_2 之间的 Jaccard 系数，$\sum x_1x_2$ 为数据集 x_1 和 x_2 的重叠部分。由于本研究将基于中国农业生物技术协同创新网络中网络主体相关数据进行，Jaccard 系数同样基于相邻年份间创新主体的相似性和差异性进行计算。

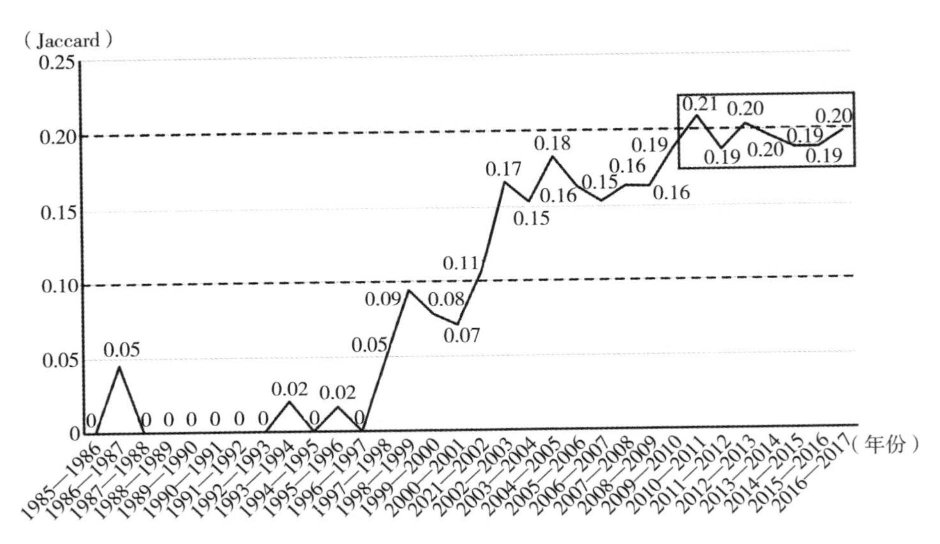

图 6－1　中国农业生物技术协同创新网络 Jaccard 系数变动趋势

注：Jaccard 系数是基于创新主体数据进行测算的，如中国农业生物技术协同创新网络 Jaccard 系数在 2016—2017 年为 0.20，则表示其间有 20% 的创新主体重复出现。

经测算，1985—2017 年，中国农业生物技术协同创新网络的 Jaccard 系数整体呈现上升趋势（见图 6－1）。其中，1985—1997 年，多数年份间的 Jaccard 系数为 0；1998—2001 年，Jaccard 系数均低于 0.10。这些数据表明在这段时期，中国农业生物技术协同创新网络极不稳定，创新主体参与协同创新具有较大偶然性。随着技术发展成熟，创新主体间的协同创新也逐渐摆脱了早期的混乱无序状态，协同创新的稳定性增强。以 2010 年为起点，Jaccard 系数首次高于 0.20，之后虽然网络演化呈现小幅波动，但从未偏离 0.20 的系数值。

整体来看，2010 年后，Jaccard 系数基本上达到了本书所用模型对数据活跃度和稳定性的基本要求。基于此，本书将 2010—2017 年的协同创新网络作为分析时段。

三　研究样本

在选取 2010—2017 年作为研究时段后，考虑到对部分创新主体来说，其开展协同创新具有较大偶然性，具体表现为短时间进入协同创新网络，之后快速退出，这些创新主体的存在可能影响参数估计的稳定性[①]。同时，鉴于本章拟在创新主体层面分析影响创新主体合作伙伴选择行为的影响因素，如果创新主体在不同年份与不同主体建立不同的合作关系，必将使基于纵向网络数据的参数估计更加贴近现实。综合上述考虑，本书需要设置阈值以剔除部分协同创新具有偶然性或出现年份过少的创新主体。

如果阈值过低，增强网络数据稳定性的目标难以实现；如果阈值过高，则会导致样本容量过小。经过多次筛选尝试，本书将筛选阈值设定为 2010—2017 年，至少出现两年、在不同年份至少同两个不同主体建立合作关系。经过筛选，共获得 849 个创新主体作为本章的研究样本；包括高等学校 170 所、科研院所 132 个、企业 545 家和其他类创新主体 2 个。

四　实证模型设定

（一）因变量

实证模型的因变量为纵向合作网络矩阵，用 $Y^t_{n \times n}(t \in 2010—2017; n = 849)$ 表示（见图 6－2）。即 2010—2017 年各形成一个协同创新矩阵，共 8 个矩阵，这是作为因变量的纵向网络合作矩阵。

---

① 周灿：《中国电子信息产业集群创新网络演化研究：格局、路径、机理》，博士学位论文，华东师范大学，2018 年。

$$
2010年 \begin{bmatrix} & a_1 & a_2 & \cdots & a_{849} \\ a_1 & 0 & 1 & \cdots & 0 \\ a_2 & 1 & 0 & \cdots & 1 \\ \vdots & \cdots & \cdots & \cdots & \cdots \\ a_{849} & 0 & 1 & \cdots & 0 \end{bmatrix}
$$

$$
2011年 \begin{bmatrix} & a_1 & a_2 & \cdots & a_{849} \\ a_1 & 0 & 0 & \cdots & 1 \\ a_2 & 0 & 0 & \cdots & 0 \\ \vdots & \cdots & \cdots & \cdots & \cdots \\ a_{849} & 1 & 0 & \cdots & 0 \end{bmatrix}
$$

$$
\vdots
$$

$$
2017年 \begin{bmatrix} & a_1 & a_2 & \cdots & a_{849} \\ a_1 & 0 & 1 & \cdots & 1 \\ a_2 & 1 & 0 & \cdots & 0 \\ \vdots & \cdots & \cdots & \cdots & \cdots \\ a_{849} & 1 & 0 & \cdots & 0 \end{bmatrix}
$$

图 6－2　2010—2017 年因变量

注：矩阵中，a 表示创新主体，$a1$，$a2$，…，$a849$ 分别表示进行协同创新的创新主体。

就历年的协同创新矩阵，说明如下。

首先，$Y^t_{n\times n}$ 是二值矩阵。即创新主体间的协同创新关系为 0—1 变量，当存在合作关系时记为 1，否则记为 0。选用二值矩阵的原因是：首先，本书所用 SAOM 目前仅对二值合作网络进行参数估计；更重要的是，本书的核心目标是对基于创新主体间创新关系的建立、调整与消失推动的协同创新网络演化进行研究，也就是说，本书注重考察创新关系的有无，并不关注创新关系的强弱，因此没有必要对协同创新关系进行加权研究。

其次，合作关系在且只在联合申请专利的当年有效。即如果两个创新主体在某年联合申请了专利，那么这两个创新主体在且只在该年具有稳定的协同创新关系，在下一年，创新主体间的协同创新关系将消失。

最后，协同创新网络中的协同创新关系是无向的。在这种协同创新中，两个创新主体的地位是均等的。

（二）自变量

基于第三章的理论分析和研究假说，从创新主体个体效应、网络内生效应两个方面，选取8个指标作为实证模型的自变量（见表6-1）。

表6-1　**自变量和控制变量**

<table>
<tr><th></th><th colspan="3">指标</th><th>描述</th><th>数据类型</th></tr>
<tr><td rowspan="8">自变量</td><td rowspan="6">创新主体个体效应</td><td rowspan="4">个体同质性</td><td>地理相似性</td><td>创新主体地理位置的靠近程度</td><td>矩阵（$n \times n$）</td></tr>
<tr><td>认知相似性</td><td>创新主体知识背景的相似程度</td><td>矩阵（$n \times n$）</td></tr>
<tr><td>制度相似性</td><td>创新主体制度属性的相似程度</td><td>矩阵（$n \times n$）</td></tr>
<tr><td>组织相似性</td><td>创新主体是否存在关联关系</td><td>矩阵（$n \times n$）</td></tr>
<tr><td rowspan="2">个体异质性</td><td>经验异质性</td><td>创新主体出现的年份次数</td><td>向量（$n \times 1$）</td></tr>
<tr><td>规模异质性</td><td>创新主体专利申请量的对数，并以小数点后四舍五入取整</td><td>向量（$n \times 1$）</td></tr>
<tr><td rowspan="2">网络内生效应</td><td rowspan="2">网络力</td><td>结构嵌入性</td><td>创新主体形成三元闭包结构的数量</td><td>向量（$n \times 1$）</td></tr>
<tr><td>优先连接性</td><td>创新主体合作广度和强度的综合取值</td><td>向量（$n \times 1$）</td></tr>
<tr><td>控制变量</td><td colspan="2">（常数项）</td><td>密度效应</td><td>创新主体的度数中心度</td><td>向量（$n \times 1$）</td></tr>
</table>

（三）控制变量

本书将协同创新网络的密度效应作为控制变量，所谓密度效应是指创新主体在协同创新网络中的现有合作密度对其未来协同创新行为的影响。Snijders 和 Kalish 等（对 SAOM 的开发和发展做出重要贡献的研究人员）指出，密度效应作为一个控制变量，应该始终包含在构建的模型中①，以便控制观察到的网络密度。Balland 等（2012、2013、2016）进一步指出，密度效应可以解释为回归分析中的常数项，表明形成合作关系的一般趋势和机会成本②。

相比于因变量为不同年份间的纵向协同创新矩阵，由于地理相似性、认知相似性、组织相似性等自变量指标并不会随时间的变动而变动，本章的自变量为单一矩阵或向量。在本章中，SAOM 正是基于纵向网络矩阵数据的因变量和表现为单一矩阵/向量的自变量或控制变量进行参数估计。参数估计的实现原理请见脚注③。

五　变量测算

（一）因变量

对于因变量纵向合作矩阵中的 0—1 变量，通过对 2010—2017 年中

---

① Snijders T. A. B. , Van de Bunt G. G. , Steglich C. E. G. , "Introduction to Stochastic Actor-based Models for Network Dynamics", *Social Networks*, Vol. 32, No. 1, 2010; Kalish Y. , "Stochastic Actor-Oriented Models for the Co-evolution of Networks and Behavior: An Introduction and Tutorial", *Organizational Research Methods*, Vol. 23, No. 3, 2020.

② Balland P. A. , "Proximity and the Evolution of Collaboration Networks: Evidence from Research and Development Projects within the Global Navigation Satellite System (GNSS) Industry", *Regional Studies*, Vol. 46, No. 6, 2012; Balland P. A. , Vaan M. D. , Boschma R. , "The Dynamics of Interfirm Networks along the Industry Life Cycle: The Case of the Global Video Game Industry, 1987 - 2007", *Journal of Economic Geography*, Vol. 13, No. 5, 2013; Balland P. A. , Belso-Martínez J. A. , Morrison A. , "The dynamics of Technical and Business Knowledge Networks in Industrial Clusters: Embeddedness, Status or Proximity?", *Economic Geography*, Vol. 92, No. 1, 2016.

③ 需要特别强调和解释的是，本章因变量为 2010—2017 年 8 个独立的创新合作二值矩阵，而自变量则均为单一矩阵或向量。SAOM 正是通过历年的创新合作矩阵数据实现了在创新主体层面对协同创新网络结构演化这一马尔科夫动态过程的模拟。自变量的不同值和因变量的不同合作关系存在对应关系，SAOM 因此实现了基于经验数据的参数估计。以对地理相似性指标的参数估计为例，当创新主体 A 取消同 B 的合作，转而同 C 建立合作关系时（此时，网络在结构层面实现了演化），如果在地理相似性数值方面，AB < AC，那么，仅就 A 而言，在一定程度上可以说其倾向于选择同地理相似性值更大的创新主体建立创新合作关系（当然，更为严谨的说法应该是建立在大量样本统计数据的基础上），当引入具体数值时，便可以估计出参数。上述数据和参数估计的过程也正是 SAOM 同普通模型的差异之处，当然，也是其同本研究的契合之处。由于 SAOM 开发的时间尚短，欢迎感兴趣的读者就此查阅本章引用的文献，也可同笔者进行进一步的讨论和交流。

国农业生物技术两两合作关系进行查找。如在相应年份存在协同创新关系，则记为1；如不存在，则记为0，从而形成2010—2017年的8个纵向合作矩阵（每年形成一个合作矩阵，共8年）。

（二）自变量

1. 个体效应

个体效应包括个体同质性和异质性两个方面。其中同质性主要以创新主体间地理、认知、制度和组织相似性为自变量，最终将基于测算结果形成相似性的 $n \times n$ 关系矩阵；异质性则通过测算创新主体的创新经验和规模，形成 $n \times 1$ 向量。

由于本书运用的分析软件 RSiena 更适宜分析自变量数值不超过10的非负整数，具体测算如下。

（1）地理相似性

在 Balland 方法的基础上略做调整[①]，即首先基于第五章中已经收集的创新主体的经纬信息测算创新主体间的空间距离。经测算，本书创新主体的空间距离的分布为（0，5057）千米，为了减少异方差，也为了满足“不超过10的非负整数”的数据要求，将空间距离加1后取对数，取10和该对数值的差值，并将小数点四舍五入取整后作为创新主体地理相似性的数值。公式如下：

$$PG_{ij} = 10 - \ln(1 + dis_{ij}) \tag{6-2}$$

式（6-2）中，dis_{ij} 表示创新主体 i 和 j 间的空间距离，PG_{ij} 为创新主体间的地理相似性数值，数值越大，二者地理相似性越大。

（2）认知相似性

认知相似性又称为认知相似性、技术相似性，是由 Nooteboom（1999，2000）[②] 提出的概念，通常被定义为主体觉察、说明、理解和评

① Balland P. A., Vaan M. D., Boschma R., “The Dynamics of Interfirm Networks along the Industry Life Cycle: The Case of the Global Video Game Industry, 1987－2007”, *Journal of Economic Geography*, Vol. 13, No. 5, 2013.

② Nooteboom B., “Innovation and Inter-firm Linkages: New Implications for Policy”, *Research Policy*, Vol. 28, No. 8, 1999; Nooteboom B., “Learning by Interaction: Absorptive Capacity, Cognitive Distance and Governance”, *Journal of Management and Governance*, Vol. 4, No. 1, 2000.

估事物的相似性。本书中，创新主体间对事物的认知相似（TP）主要反映在其研究领域的相近性。鉴于本书主要基于专利数据，各阶段中创新主体的认知相似性即是其专利申请领域的相似性。

目前，中国国家知识产权局采用国际通用标准，按照从大类到子类的分级顺序，将 IPC 分为 8 个一级大类，每个一级大类又分为若干二级子类，二级子类则又依次分为若干三级和四级子类。鉴于一级大类对 IPC 的划分过于宽泛，不利于提高创新主体认知相似性大小的计算精准度；通过三级或四级 IPC 对专利的认知相似性进行测算固然最为精准，但无疑将极大增加统计专利种类的工作量。基于此，本书将 IPC 的二级分类作为测算认知相似性的门槛。即当具有合作关系的创新主体都在共同的 IPC 二级分类项下申请了专利时，将二者具有领域相近性的专利数记为 1。测算公式如下：

$$TP_{ij} = \frac{\sum_{K=1}^{K} P_{ik} P_{jk}}{\sqrt{\sum_{K=1}^{K} P_{ik} \sum_{K=1}^{K} P_{jk}}} \tag{6-3}$$

在式（6－3）中，TP_{ij} 表示在创新主体 i 和 j 的认知相似性值，P_{ik} 和 P_{jk} 分别为创新主体 i 和 j 在 IPC 的 K 类专利数量。TP_{ij} 值越接近 1，则表明创新主体从事的技术领域越接近，认知相似性越强。

为了满足非负整数的数据要求，需稍做处理，即以 0.5 为门槛值，将测算结果处理为 0/1 变量，公式如下：

$$TP_{ij} = \begin{cases} 1 & (0.5 \leqslant TP_{ij} \leqslant 1) \\ 0 & (0 \leqslant TP_{ij} < 0.5) \end{cases} \tag{6-4}$$

（3）组织相似性

以创新主体间是否存在关联关系进行表征。为了降低信息挖掘的难度，本书未严格按照《特别纳税调整实施办法（试行）》和《中华人民共和国公司法》[①] 中对“关联关系”的界定识别创新主体间的组织相似

① 篇幅所限，本书不将上述法规中对“关联关系”的具体定义和判定标准列在文章，读者可自行查阅两部法规。

性，而是借鉴刘晓燕等（2020）[①] 以及刘凤朝等（2015）[②] 的做法，将“关联关系”界定为隶属于同一集团、控股或参股关系等有限几类。通过引入虚拟变量，分别用 0 和 1 表示创新主体间存在或不存在组织相似性。

$$OP_{ij} = \begin{cases} 1 & (\text{存在关联关系}) \\ 0 & (\text{不存在关联关系}) \end{cases} \tag{6-5}$$

（4）制度相似性

以创新主体是否属于相同类型进行表征。鉴于本书着眼于产学研协同创新网络，创新主体主要有高等学校、科研院所、企业和其他类别创新主体四种类型。通过引入虚拟变量，分别用 0 和 1 表示创新主体属于同一类型和属于不同类型。

$$IP_{ij} = \begin{cases} 1 & (a_i = a_j) \\ 0 & (a_i \neq a_j) \end{cases} \tag{6-6}$$

（5）规模异质性

借鉴 Balland 等（2016）[③] 和周灿（2018）[④] 的研究，对创新主体的专利申请总数（包含独立和联合）取对数，并以小数点后四舍五入取整，以此衡量其从事创新的规模。

（6）经验异质性

借鉴周灿（2018）的方法，以创新主体在 2010—2017 年出现的年数度量其创新经验，并表征其经验异质性。

---

① 刘晓燕、李金鹏、单晓红、杨娟：《多维邻近性对集成电路产业专利技术交易的影响》，《科学学研究》2020 年第 5 期。

② 刘凤朝、邬德林、马荣康：《专利技术许可对企业创新产出的影响研究——三种邻近性的调节作用》，《科研管理》2015 年第 4 期。

③ Balland P. A., Belso-Martínez J. A., Morrison A., "The dynamics of Technical and Business Knowledge Networks in Industrial Clusters: Embeddedness, Status or Proximity?", *Economic Geography*, Vol. 92, No. 1, 2016.

④ 周灿、曾刚、辛晓睿、宓泽锋：《中国电子信息产业创新网络演化——基于 SAO 模型的实证》，《经济地理》2018 年第 4 期。

2. 网络内生效应

网络内生效应是指网络的整体或局部结构特征对创新主体选择合作伙伴的影响。在本书中，将从网络的结构嵌入性和优先连接性两个维度进行探究。

（1）结构嵌入性

网络的结构嵌入性借鉴 Balland 等（2016）[①] 和叶琴等（2020）[②] 的测算方法，以创新主体 i 相关的三元闭包数量表征其结构嵌入性水平，公式如下：

$$T_i = \sum ij\, x_{ik}\, x_{jk}\, x_{jk} \qquad (6-7)$$

式（6－7）中，T_i 表示创新主体 i 的结构嵌入性数值；j 和 k 是节点 i 之外已建立合作关系的创新主体，x_{jk} 的值固定为 1。统计创新主体 i 是否与创新主体 j 和 k 具有合作关系，分别以 0/1 表示是否存在合作关系，$x_{ik}\, x_{jk}\, x_{jk}$ 为 1 表示形成一个三元闭包结构，0 则表示不存在三元闭包。

（2）优先连接性

网络的优先连接性表示创新主体倾向于同地位较高的其他个体建立协同创新关系，而在协同创新网络中，地位高的直接表现有两个方面，一是合作范围广，二是合作强度大。这两个方面分别通过创新主体所拥有的合作伙伴数量和合作关系数量进行衡量。为了综合考量这两个方面的因素，本书以如下公式计算节点的优先连接性，并对计算结果以四舍五入取整：

$$P_i = \sum j \sqrt{x_{ij}} * \sum j \sqrt{a_j\, x_{ij}} \qquad (6-8)$$

式（6－8）中，P_i 为创新主体 i 的网络优先连接性，其等于同 i 有合作关系的创新主体个数的平方根和同 i 建立合作关系总数平方根的乘积；j 表示同 i 具有直接合作关系 x_{ij} 的其他创新主体，a_j 表示 j 同 i 的合作

---

① Balland P. A.，Belso-Martínez J. A.，Morrison A.，“The dynamics of Technical and Business Knowledge Networks in Industrial Clusters：Embeddedness，Status or Proximity?”，*Economic Geography*，Vol. 92，No. 1，2016.

② 叶琴、曾刚：《不同知识基础产业创新网络与创新绩效比较——以中国生物医药产业与节能环保产业为例》，《地理科学》2020 年第 8 期。

次数。

（三）控制变量

本书中，借鉴 Balland 等（2016）[①] 的计算方法，以创新主体的度数中心度表示其密度效应，公式如下：

$$D_i = \sum j x_{ij} \tag{6-9}$$

式（6-9）中，D_i 为创新主体 i 的密度效应取值，j 为同 i 有合作关系的创新主体。

第二节　实证结果与讨论

基于第三章的理论分析，微观层面的创新主体通过调整协同创新关系，最终在宏观层面驱动了中国农业生物技术协同创新网络的结构演化。创新主体调整协同创新关系具有两个环节：首先是能够获得充分的调整关系的机会，即网络演化是活跃的；其次是选择理想的协同创新伙伴。本章基于 SAOM，对上述环节进行了参数估计。

一　协同创新网络结构演化的描述性统计分析

表 6-2 展示了 2010—2017 年由 849 个活跃创新主体组成的中国农业生物技术协同创新网络结构演化的基本情况。2010—2017 年，该网络的结构呈现以下两个演化特征。第一个特征是中国农业生物技术合作创新的活跃度明显增强。本书将在至少 2 个不同年度同至少两个不同创新主体开展协同创新的创新主体界定为活跃创新主体，2010—2017 年活跃创新主体的数量逐年增加。这表明中国农业生物技术协同创新网络中热衷协同创新的创新主体越来越多，当这些创新主体在网络中实现集聚时，网络整体表现出的合作强度必然逐年增大。网络活跃度增强还有一个体

---

① Balland P. A., Belso-Martínez J. A., Morrison A., "The dynamics of Technical and Business Knowledge Networks in Industrial Clusters: Embeddedness, Status or Proximity?", *Economic Geography*, Vol. 92, No. 1, 2016.

现是，协同创新网络中节点的平均度逐年提高，在以“是否存在协同创新关系”表征的二值化协同创新网络中，到 2017 年，平均度升高至 0.499，意味着每两个创新主体就会有一个对外建立了协同创新，该指标较 2010 年增长了近 3 倍。第二个特征是网络的平均路径长度整体呈上升的趋势，从数据来看，这表明创新主体间建立协同创新时需要经过的路径变长，网络的小世界属性正在变淡。

表 6－2　　描述性统计结果

年份	2010	2011	2012	2013	2014	2015	2016	2017
矩阵容量	849	849	849	849	849	849	849	849
活跃创新主体	201	242	303	354	367	378	434	456
合作关系总数	160	244	310	382	352	346	404	424
平均度	0. 188	0. 287	0. 365	0. 45	0. 415	0. 408	0. 476	0. 499
平均路径长度	1. 536	1. 733	1. 715	2. 352	1. 869	2. 328	3. 011	2. 415

二　创新主体调整合作关系机会大小的参数估计

速率函数用以表征创新主体调整合作关系的机会大小。在中国农业生物技术协同创新网络中，速率函数估计结果只在 2013—2014 年和 2014—2015 年两个时段出现短暂小幅下降，但整体呈现上升态势（见表 6－3）。也就是说，2010—2017 年，创新主体如果寻求建立、退出或动态调整协同创新关系，现有的协同创新网络能够为其提供的机会整体是增多的。这一点无疑对协同创新关系的建立、调整以及协同创新网络的整体可持续发展是大有裨益的。

表 6－3　　速率函数的参数估计结果

区间（年份）	参数估计	标准差
2010—2011	5. 248***	0. 239
2011—2012	7. 545***	0. 349

续表

区间（年份）	参数估计	标准差
2012—2013	9.528***	0.432
2013—2014	9.389***	0.409
2014—2015	9.359***	0.473
2015—2016	9.998***	0.502
2016—2017	11.702***	0.560

注：（1）*、** 和 *** 分别代表 10%、5% 和 1% 的显著水平。（2）鉴于 SAOM 对协同创新网络的演化模拟和参数估计需要结合 $t+1$ 年协同创新网络形态，本书中网络演化模拟的起点为 $Y^t_{n\times n}$（$t \in$ 2010—2016；$n = 849$），对 2017 年的网络演化速率等参数将不做估计。

近年来，包括农业生物技术在内的生物技术的发展正在受到越来越多的重视。“十一五”以来，国家发展改革委、科技部等部委均专门制定生物技术发展规划，从国家层面强调加大生物技术研发投入、优化研发布局。针对某项技术的发展专门制定中长期规划，这凸显了国家层面对生物技术发展的高度重视。2008 年，国家启动实施转基因重大专项，从经费、人才和平台等多方面加大了对农业生物技术研发的支持。多年的持续投入提高了中国农业生物技术的整体创新水平，这是中国农业生物技术协同创新网络获得稳定发展的重要基础。与此同时，近年来兴起的合成生物学和基因编辑等新兴技术正在全球范围内掀起一场生物技术革命，这些技术的研发具有投入规模大、涉及人员广等特点，常常需要跨单位和跨地区开展创新协同。例如，2014 年启动的以中国农业科学院生物技术研究所林敏研究员为首席科学家的 973 项目“生物固氮及相关抗逆模块的人工设计与系统优化”，就是由中国农业科学院生物技术研究所作为牵头单位，中国科学院遗传与发育生物学研究所、中国科学院上海生命科学研究院、中国科学院天津工业生物技术研究所、四川大学、上海交通大学、北京大学和大北农集团作为参与单位组成的大型科研团队承担的。近年来，诸如上述项目的生物技术攻关项目的上马，也客观上推动了中国农业生物技术协同创新网络的发展与完善。

三　创新主体调整合作关系影响因素的参数估计

（一）密度效应导致的机会成本制约创新关系调整行为

本书的一项重要发现是，对于创新主体来说，协同创新关系的建立与调整是需要其承担机会成本的，这一点通过表6－4中密度效应的参数估计显著为负可以得到体现。农业生物技术的研究开发以生命科学这样一个基础学科为基础，相较于电子信息、机械制造和电影电视等实用性更强的产业类别，该门技术更加需要研究人员专注科研并进行潜心研究。而在尝试建立协同创新关系时，创新主体进行伙伴搜寻、前期沟通、商务谈判必将挤占其宝贵的精力和时间，这本身即是协同创新需要付出的成本。与此同时，对于一个新加入协同创新网络的创新主体来说，由于时间和精力的限制，同某一个伙伴建立协同创新往往意味着放弃同另一个创新主体的潜在合作；而对于协同创新网络中的既有成员，调换协同创新伙伴则意味着更为明显的机会成本。

机会成本的存在必将在一定程度上制约协同创新关系的建立和调整。如果潜在的协同创新不能有效补偿机会成本，从理性经济人角度，创新主体必将放弃建立新的协同创新关系。反过来讲，如果创新主体最终决定建立协同创新关系，其必受到了包括网络内生因素、自身因素和相似性因素在内的多种力量的驱动，使其认为这些力量能够有效补偿前述机会成本。究竟哪些因素能够成为中国农业生物技术创新主体建立协同创新关系的补偿因素？或者说，创新主体认为同具有怎样特征的创新主体建立协同创新关系能够有效补偿上述机会成本？本书将基于下文的实证结果进行论述。

表6－4　　调整合作关系影响因素的参数估计结果

变量	参数估计	标准差
密度效应（常数项）	－2.134***	0.503
地理相似性	0.088***	0.052
认知相似性	0.052**	0.023

续表

变量	参数估计	标准差
制度相似性	-0.087***	0.041
组织相似性	0.138	0.89
经验异质性	0.121*	0.063
规模异质性	0.033***	0.009
结构嵌入性	0.249***	0.069
优先连接性	0.014**	0.005

注：*、**和***分别代表10%、5%和1%的显著水平。

（二）多重因素补偿了机会成本进而驱动协同创新关系的建立和调整

本书从个体和网络两个维度提出了研究假说，并通过SAOM对假说进行了检验，以此探究影响创新主体合作伙伴选择行为的因素。总体来说，这些因素对合作伙伴选择行为具有不同程度的影响。

1. 个体效应

个体同质性角度，首先，创新主体倾向于同具有地理相似性的其他主体建立协同创新关系，直接体现是地理相似性的系数显著为正，这也直接证实了本书的研究假说H2a。当今社会，随着信息通信技术的高速发展，虚拟沟通在很大程度上替代了面对面交流；即便是不通过虚拟手段进行交流，由于交通运输网络的日渐完善，地理距离对沟通的阻碍日渐削弱。然而，就科技创新这一智慧密集型活动来说，虚拟沟通毕竟难以替代当面沟通，其他交通网络的发达则依然需要付出时间和资金成本。基于上述原因，创新主体更加倾向选择地理位置相似的创新主体以建立协同创新。

有意思的是，本书对中国农业生物技术协同创新网络中，地理相似性究竟如何影响创新主体选择合作伙伴的研究发现，同周灿等（2018）①、张

① 周灿、曾刚、辛晓睿、宓泽锋：《中国电子信息产业创新网络演化——基于SAO模型的实证》，《经济地理》2018年第4期。

洁瑶（2018）[①]、Balland 等（2012、2013、2016）[②] 基于电子信息、创意产业、游戏产业类协同创新网络进行研究得到的结论一致，却同 Anne 等（2013）[③] 和 Ter Wal（2014）[④] 等基于德国生物技术发明网络演化进行研究得到的结论相左。在 Ter Wal（2014）[⑤] 的研究中，1975—1995 年的四个不同时期中，地理相似对创新伙伴关系建立的影响均显著为负。地理相似对中德生物技术创新领域伙伴选择的影响截然相反的原因，笔者较为认同 Ter Wal（2014）[⑥] 的解释，即在技术创新的早期，知识以隐性知识为主，在这一阶段，人力资本中根深蒂固的隐性知识最容易通过反复的面对面互动进行交流，这样一来，较短的地理距离更能保障创新主体间的频繁交流。当技术发育较为成熟时，知识编码的水平逐步提高，这时为了防止出现代价高昂的知识泄露风险，创新主体会出现"远交近攻"的倾向，即倾向同距离较远的伙伴建立协同创新关系。从这一点上来说，中德地理相似的影响差异有可能是两国生物技术产业发展的阶段差异导致的：中国农业生物技术创新整体尚处于技术和产业发展的早期阶段（中国农业生物技术创新进入成熟期仅有两年时间），这一时期，地理相似对隐性知识的交流更为重要；相比之下，德国作为老牌资本主义国家，其生物技术

---

① 张洁瑶：《创业企业多维邻近性对协同创新关系影响研究》，《科研管理》2018 年第 9 期。

② Balland P. A.，"Proximity and the Evolution of Collaboration Networks：Evidence from Research and Development Projects within the Global Navigation Satellite System（GNSS）Industry"，*Regional Studies*，Vol. 46，No. 6，2012；Balland P. A.，Vaan M. D.，Boschma R.，"The Dynamics of Interfirm Networks along the Industry Life Cycle：The Case of the Global Video Game Industry，1987 – 2007"，*Journal of Economic Geography*，Vol. 13，No. 5，2013；Balland P. A.，Belso-Martínez J. A.，Morrison A.，"The dynamics of Technical and Business Knowledge Networks in Industrial Clusters：Embeddedness，Status or Proximity?"，*Economic Geography*，Vol. 92，No. 1，2016.

③ Anne L. J.，Ter Wal A. L.，"The Dynamics of the Inventor Network in German Biotechnology：Geographic Proximity Versus Triadic Closure"，*Journal of Economic Geography*，Vol. 14，No. 3，2013.

④ Ter Wal A. L. J.，"The Dynamics of the Inventor Network in German Biotechnology：Geographic Proximity Versus Triadic Closure"，*Journal of Economic Geography*，Vol. 14，No. 3，2014.

⑤ Ter Wal A. L. J.，"The Dynamics of the Inventor Network in German Biotechnology：Geographic Proximity Versus Triadic Closure"，*Journal of Economic Geography*，Vol. 14，No. 3，2014.

⑥ Ter Wal A. L. J.，"The Dynamics of the Inventor Network in German Biotechnology：Geographic Proximity Versus Triadic Closure"，*Journal of Economic Geography*，Vol. 14，No. 3，2014.

创新所处的发展阶段更为成熟，随着知识编码水平的日渐提高，“面对面”交流的重要性已经明显下降了。

其次，创新主体倾向于同具有类似知识基础的其他主体建立协同创新关系，研究假说 H2b 得到证实。这一研究发现同周灿（2018）[①] 对电子信息产业的研究结论相一致，却同张洁瑶（2018）[②] 对时尚创意产业和 Balland（2012）[③] 对卫星导航产业的研究结论相反。研究结论出现上述差异是可以理解的。生物技术以生命科学为基础，生命科学是一门典型的基础性学科和朝阳学科，具有知识更新快、技术门槛高等特点，领域外的陌生主体进入的难度较大，因此创新主体间相似的知识背景和技术结构，能够促进其开展高效的技术沟通，这一点和信息技术等任何一个高技术门槛的技术创新类似，但是和创意产业等应用性较强、进入门槛相对较低的创新领域必然有较大差异。与此同时，生物技术同卫星导航等技术的创新也有明显差异。因为生物技术的研究和开发是在一个相对聚焦的领域，由专注于这一领域的技术人员推进的，整体来看，研究开发活动所需的团队和支撑条件有限，项目合作更多集中在学科领域内部；相反，卫星导航等技术往往是一个系统工程（以卫星制造和发射为例，每一个项目均涉及航天技术、项目管理、气象研究、交通运输和综合保障等多个领域），为了保障项目的成功实施，技术人员必须同其他学科门类的工作人员建立合作以寻求知识互补，由此认知相似性的重要性被大幅削弱了。

制度相似性对创新主体选择合作伙伴具有显著负向影响，也就是说，中国农业生物技术协同创新网络中的创新主体在选择潜在合作创新伙伴时，倾向于选择同自身具有不相同制度体系的创新主体，这也否定了研究假说 H2c。通常来说，创新主体更倾向于选择同自身具有相似制度背

---

① 周灿：《中国电子信息产业集群创新网络演化研究：格局、路径、机理》，博士学位论文，华东师范大学，2018 年。

② 张洁瑶：《创业企业多维邻近性对协同创新关系影响研究》，《科研管理》2018 年第 9 期。

③ Balland P. A.，“Proximity and the Evolution of Collaboration Networks：Evidence from Research and Development Projects within the Global Navigation Satellite System（GNSS）Industry”，*Regional Studies*，Vol. 46，No. 6，2012.

景的其他主体进行协同创新，因为这样能使创新的参与者共享相似的工作模式，进而使相互间的协作更加便利。同时，已有研究表明[①]，具有相似的制度背景不仅有助于合作伙伴之间的沟通和知识转移，而且还能有效降低合作伙伴之间的协调成本。Balland（2012）[②] 的研究即证实了创新主体选择潜在合作伙伴时对制度相似的优先考虑。那么，什么原因导致了中国农业生物技术协同创新网络中的创新主体选择合作伙伴时对制度相似的负向考虑呢？笔者认为，回答和解释这一发现还是要回到生物技术的学科特点上来。前文多次提到，生物技术是以生命科学这样一个较为纯粹的基础性学科为基础建立起来的一门技术体系，在生物技术的研究开发过程中，包含两个具有鲜明特征的创新群体：一个是更加专注于基础研究的高等学校和科研院所群体；另一个则是更加侧重技术转移的企业类创新群体。其中，高等学校是中国农业生物技术创新的基础性力量，因其在基础研究方面具有明显优势，很容易在更大范围内吸引其他属性类别的创新主体建立协同创新关系；企业正在成为农业生物技术创新的重要力量，当前，中国企业类农业生物技术创新主体正在开展高强度协同创新。鉴于本书的因变量是一个二值化协同创新网络，其只能体现创新主体之间是否存在合作关系，并不能表征创新主体合作的强度，基于这一数据特征，高等学校吸引其他属性类别的创新主体建立协同创新关系的特征得到了充分体现，而企业间高强度合作的体现程度则被削弱了。总而言之，笔者认为，中国农业生物技术协同创新网络中创新主体对制度相似性主体负向选择的参数估计结果，很可能是由本书的数据类型造成的。笔者推断，随着模拟和实证软件的发展，如果可以将多值合作网络作为因变量，届时创新网络中合作强度因素得到更多体现，制度相似性对中国农业生物技术创新主体选择潜在合作伙伴的影响或将呈现不同估计结果。

---

① Kirat T., Lung Y., "Innovation and Proximity: Territories as Loci of Collective Learning Processes", *European Urban and Regional Studies*, Vol. 6, No. 1, 1999.

② Balland P. A., "Proximity and the Evolution of Collaboration Networks: Evidence from Research and Development Projects within the Global Navigation Satellite System (GNSS) Industry", *Regional Studies*, Vol. 46, No. 6, 2012.

表 6－4 显示，组织相似性的参数估计结果并不显著，拒绝了研究假说 H2d。这固然有在开放式创新日趋盛行的当下，中国农业生物技术创新主体正逐步打开组织边界，尝试同组织之外的其他创新主体建立协同创新关系的原因，笔者认为这只是其中一个原因。真正导致组织相似性参数估计结果为负，或者说，中国农业生物技术协同创新网络中创新主体在选择潜在合作伙伴时，不考虑组织相似性的另一个原因是中国农业生物技术企业类创新主体规模整体偏小。从前序章节对创新关系属性的统计来看，企业间以及企业同高等学校或科研院所之间的协同创新是合作的主要形式。但是只有创新主体自身或从属于的组织规模较大时，才有机会考虑是否选择组织相似的伙伴建立合作的问题。而中国农业生物技术领域的企业整体规模较小，客观上不存在寻找具有较高组织相似的创新主体建立协同创新关系的条件。就大北农、中粮等大型企业集团而言，这些主体的数量占比不大；另外，虽然在其关联公司内部进行了大量协同创新，但是在二值化协同创新网络中，这种合作关系的数量得不到充分体现，导致其对参数估计的影响整体不大。

经验异质性和规模异质性的参数估计均显著为正，研究假说 H3a 和 H3b 得到证实。本书中，通过创新主体在协同创新网络中出现的年数表征创新主体创新经验的多寡，而以创新主体专利申请数量表征其规模大小。参数估计显著为正，意味着创新经验和创新规模对创新网络的形成和演化有正向推动作用。这一估计结果是符合研究预期的，也和其他学者的研究具有一致性。笔者认为，农业生物技术具有的两个特点使“经验”对于创新伙伴的选择以及合作关系的建立尤为重要。首先，农业生物技术是一门涉及众多细分学科的学科门类的统称，即便是最为细小的学科门类之间，也有很高的技术壁垒（例如，植物生物技术多以拟南芥为模式生物，开展植物生理、细胞分化等方面的研究，而微生物学则多以大肠杆菌为模式生物，开展细菌发酵、产物提纯等方面的研究，虽然同属于农业生物技术范畴，但是相互间的进入门槛非常高）。在此背景下，2010—2017 年创新历程中多次出现的创新主体，在具体或细分领域技术创新方面的创新阅历更为丰富，对基于经验而又难以通过文字或语言描述的创新活动必然有更多感悟。创新主体通过与其建立协同创新关系，一方面直接分享其积累的创新优势；另一方面通过基于合作的知识溢出，实现自身创新水平的有效提升。就创新规模来说，一方面，规模意味着经验；另一方面，规模意味着能力。总而言之，规模越大，可以调配的既有或潜在资源越多。这也就解释了为什么创新主体倾向同规模较大的其他主体建立合作关系。

2. 网络内生效应

网络内生效应相关的结构嵌入性和优先连接性的参数估计均显著为正，研究假说 H4a 和 H4b 得到证实。辩证唯物主义认为，事物的发展受到内因和外因的共同作用，内因是事物发展的源泉和动力，也是事物发展的根本原因；外因则是推动事物发展、变化的第二位原因。对于身处协同创新网络的创新主体来说，如何选择协同创新伙伴固然受到前文分析的个体效应的影响，同时也不可避免地受到其所处网络结构的影响。这一现象的直接体现即是表征网络内生效应的结构嵌入性和优先连接性参数估计显著为正。首先，对于协同创新网络中的创新主体 A，当其和创新主体 B 建立了协同创新关系时，如果创新主体 B 同另一个创新主体 C 也建立有合作关系，那么，在结构嵌入性的影响下，创新主体 A 更容易同创新主体 C 建立合作关系，从而形成 A、B、C 的三角合作闭环。这一合作倾向的深层原因，本书已在文献综述和研究假说中进行多次论述。对那些已经在更大范围内和更高强度上吸引其他创新主体建立了协同创新关系的主体来说，当新的创新主体拟寻找潜在伙伴进行创新合作时，这些明星节点的吸引力是巨大的。也就是说，在中国农业生物技术协同创新网络中，一定程度上存在“强者恒强”“赢者通吃”的现象。或许这正是中国农业生物技术协同创新网络的结构在演化过程中，“核心—边缘”分化越发明显的主要原因。

第三节　进一步讨论

对于影响协同创新关系建立与动态调整的因素，除了本书中重点探究的上述因素外，可能还有一类重要的影响因素，即“人的联系”，也就是“社会相似性”。在对部分创新主体的实地调研中，部分一线研究人员反映，其所在的单位（以“创新主体 A”表示）之所以同另一个创新主体 B 建立协同创新联系，是因为其毕业于 B，或者其导师、同门或其他同学在 B 工作，抑或是具有同乡、微信群友等各类社会连接关系。也就是说，创新主体间的“社会相似性”在一定程度上是促进协同创新建立的重要驱动因素。但是本书并未将“社会相似性”因素纳入分析框架，主要原因是：首先，相比于通过 Python 和 ArcGIS 等方法对高等学校、科研院所和企业类创新主体间相似性数据的收集和计算，对个人社会关系数据进行收集和计算的难度过大；其次，如果将“社会相似性”纳入分析框架，为了降低数据收集难度，就要通过对“社会相似性”进行简单定义等方式简化，但这又会不可避免地造成对“社会相似性”效应的整体低估。

现有研究中，涉及“社会相似性”的研究，对上述问题的处理方式主要有两种。第一种是在满足研究要求的原则下，尽量采用小样本和向量数据，而非本书采用的 $n \times n$ 矩阵数据，以此降低数据收集的难度。然而这一处理方式对本书是不适用的。一是本书对相似性相关的自变量使用矩阵数据是研究的需要，这一点无法改变；二是对于研究样本来说，本书在筛选研究样本时，将筛选阈值设定为 2010—2017 年，至少出现两年、在不同年份至少同两个不同主体建立合作关系，以此得到 849 个符合条件的创新主体样本，如果为了降低“社会相似性”数据的收集难度，而将阈值上调，则会导致符合条件的样本数量过低，从而无法完成整个研究。对第二种处理方法，笔者认为是不规范的。这类处理方法虽然在名义上进行“社会相似性”研究，但实是以其他指标替代“社会相似性”，如以协同创新网络中节点间最短路径的倒数表征①，或以学科背

① 周灿：《中国电子信息产业集群创新网络演化研究：格局、路径、机理》，博士学位论文，华东师范大学，2018 年。

景或所在单位的属性表征[①]，或以合作历史表征[②]，这在一定程度上存在“张冠李戴”的嫌疑，即替代变量同真正意义上的“社会相似性”差别较大。而以不合理的替代变量进行研究，本身已丧失了设置该指标的意义。

当然，无可否认的是，在各类社会交往日益频繁的当下，作为社会人的科研工作者基于各类社会联系进行协同创新已经是协同创新建立的重要驱动形式。进行这类研究不但很有意义，也非常有趣。未来，笔者拟分别瞄准创新主体间同学关系、师徒关系、专利引用关系等社会连接方式，通过将其进行量化，实现对“社会相似性”影响协同创新的定量分析。

第四节　本章小结

本章选择 SAOM，以 2010—2017 年由 849 个创新主体样本构成的纵向协同创新网络为因变量，以创新主体同质性（包括若干多维相似性指标）、创新主体异质性（包括经验异质性和规模异质性两项指标）和协同创新网络的网络内生因素（包括结构嵌入性和优先连接性两项指标）为自变量，对关于协同创新网络结构演化机制的研究假说进行了实证检验。

研究发现，随着时间的演进，2010—2017 年中国农业生物技术创新主体在协同创新网络中寻找伙伴建立协同创新关系的机会整体呈现逐年增大的趋势，这有利于协同创新的开展和协同创新网络的结构演化。关于中国农业生物技术协同创新网络结构演化的驱动机制，研究发现，协同创新存在机会成本，为了补偿机会成本，创新主体倾向于与具有地理相似、认知相似、制度相异、规模较大、经验丰富、“朋友的朋友”以

① 司月芳、梁新怡、曾刚：《中国跨境知识溢出的地理格局及影响因素》，《经济地理》2020 年第 8 期。

② 刘晓燕、李金鹏、单晓红、杨娟：《多维邻近性对集成电路产业专利技术交易的影响》，《科学学研究》2020 年第 5 期。

及网络明星等特征的其他创新主体建立合作关系；面对日渐增多的调整合作伙伴的机会，上述选择偏好从微观层面推动了网络结构的宏观演化。此外，还进一步讨论了研究过程中未将“社会相似性”纳入分析框架的原因。

第七章　异质性主体网络化协同创新及其演化的比较案例分析

本书第四章从规模和结构两个维度探究了中国农业生物技术网络化协同创新的演化特征。第五章和第六章分别探究了规模演化特征和结构演化特征的内在机制。鉴于中国农业生物技术协同创新网络主要由高等学校、科研院所和企业三类创新主体组成，不同种类的创新主体在属性、定位、管理和文化等诸多维度存在明显的异质性。那么，在具有明显异质性的背景下，其协同创新、演化及驱动演化的内在机制存在哪些差异？为何会呈现这些差异？显然，在明晰中国农业生物技术协同创新网络的整体演化特征、规模维度的演化机制和结构维度的演化机制之后，从创新主体的异质性角度，进一步探究不同种类创新主体在开展协同创新和后续演化问题上的内在差异，对于在更深层面洞悉中国农业生物技术协同创新网络的建立、运行和演化机制具有重要意义。

本章以比较案例分析的研究范式开展研究。与其他方法相比，案例分析法具有能够更加细致入微地描述和探究经济与社会现象运行规律的优势；而比较案例分析方法又能通过对案例间的相互比较，着眼相互间差异及产生差异的原因，从而加深对经济社会现象的理解。基于此，本书选取中国农大、江苏省农科院和大北农集团作为中国农业生物技术协同创新网络中高等学校、科研院所和企业三类创新主体的典型案例，在对上述具有明显异质性的典型案例的协同创新、演化及驱动因素分别进行探究后，又通过对典型案例进行横向比较，分析案例间在上述协同创新各环节的差异和产生差异的深层原因。

第一节　研究设计

一　研究方法

研究选取案例分析方法作为分析工具进行本章研究。选择案例分析方法的原因是，前序各章已基于创新主体的微观视角，对中国农业生物技术协同创新网络的演化机制进行了量化研究，相比基于模型工具进行的量化研究，案例分析方法能够更加细致和翔实地对典型案例开展协同创新及其后续演化进行深入探究，这有利于弥补模型和实证研究存在的过于抽象的缺陷，从而同量化研究形成互补，实现对中国农业生物技术协同创新网络演化机制更加全面而深入的研究。

在案例分析的基础上，本章将通过比较案例分析范式开展研究。鉴于中国农业生物技术协同创新网络中存在高等学校、科研院所和企业等不同类别的创新主体，每类创新主体从事创新与合作创新的目的、思路和行为特征存在巨大差异。通过典型案例间的横向比较，在更加清晰呈现典型案例协同创新与演化的同时，也能以更加立体的视角深化对中国农业生物技术协同创新网络演化机制的理解。

二　研究案例

选择具有广泛代表性的典型案例是成功进行案例分析的基础和关键。在前文确定的比较案例分析研究范式的基础上，本章分别选取中国农大、江苏省农科院和大北农集团作为高等学校、科研院所和涉农企业的典型案例。选择上述三个创新主体作为典型案例的原因在于：一方面，上述三个主体在各自层级和领域具有较强代表性；另一方面，上述三个主体来自不同区域和不同层级，更具有比较分析的价值（见表7-1）。具体原因如下。

表 7－1　**所选案例的典型性和代表性**

		中国农大	江苏省农科院	大北农集团
可供分析的数据充分	农业生物技术创新水平较高	2019 年其农业科学、植物与动物科学、生物学与生物化学、分子生物学与遗传学等同农业生物技术创新紧密相关的学科进入 ESI 全球前 1%，无论论文发表数量，还是专利申请数量，均位居中国农业类高等学校第一	自 2014 年以来，植物与动物科学、农业科学等农业生物技术相关学科多次进入 ESI 全球前 1%，是农业生物技术创新能力最强、最具有代表性的京外省级农业科研院所之一	拥有 5 个国家级科研平台，在新型微生物饲料添加剂、杂交玉米和杂交水稻新品种、猪疫苗等领域共申请专利 1300 余件，获得授权 800 件
	农业生物技术协同创新活跃	200[illegible] 年至今，同 52 个创新主体开展农业生物技术协同创新。其中，同北京福德安科技有限公司、北京市植物保护站、宁夏回族自治区水产研究所等单位分别开展了 4—8 次专利联合申请，同青岛农业大学、清华大学等高等学校分别进行多次协同创新，并联合申请了多项专利	自 2000 年以来，分别同 15 家产、学、研机构开展了协同创新，其中同淮阴师范学院和扬州大学等省内机构分别联合申请了 2—5 项农业生物技术类专利	2008 年至今，其占比达 50%以上、合计 554 项涉及农业生物技术的专利是以合作形式申请的
代表性较强	属性异质性	高等学校	科研院所	企业
	地域异质性	农业科技创新中心：北京	其他地区：江苏省	农业科技创新中心：北京
	层级异质性	中央部属	地方省属	上市公司（私人控股）

资料来源：笔者根据典型案例官网信息整理。

（一）案例协同创新活跃，能够更好满足研究对数据的需要

鉴于本书的直接目标是分析中国农业生物技术创新主体为什么进行协同创新以及怎样选择协同创新伙伴，在中国农业生物技术领域拥有较强的创新能力、产出足够数量的农业生物技术合作专利是分析的必要条件之一。因为，如果创新能力不强，导致专利申请的总量不足，也就谈

不上在联合申请农业生物技术专利方面的合作，更谈不上合作的演化。此外，所选案例应该具有较高的协同创新活跃度，只有出现一定次数的协同创新伙伴调整，才能为本书分析其为何调整协同创新伙伴、哪些因素影响了其协同创新伙伴的调整等问题提供素材。本章选取的中国农大、江苏省农科院和大北农集团在很大程度上契合了上述对案例选择的要求。

首先，中国农大、江苏省农科院和大北农集团在农业生物技术领域创新优势明显。三个案例中，2019 年中国农大农业科学、植物与动物科学、生物学与生物化学、分子生物学与遗传学等诸多同农业生物技术创新紧密相关的学科进入 ESI 全球前1%，无论论文发表数量，还是专利申请数量均位居中国农业类高等学校第一。江苏省农科院自 2014 年以来，植物与动物科学、农业科学等农业生物技术相关学科多次进入 ESI 全球前 1%，是农业生物技术创新能力最强、最具有代表性的京外省级农业科研院所之一。作为企业类代表的大北农集团拥有 5 个国家级科研平台，在新型微生物饲料添加剂、杂交玉米和杂交水稻新品种、猪疫苗等领域共申请专利 1300 余件，获得授权 800 余件。

其次，所选案例与同类机构相比，在农业生物技术领域协同创新强度较大、协同创新伙伴调整的活跃度相对较高，能够基本满足本章针对协同创新驱动因素和合作伙伴选择影响因素进行案例分析的数据要求。2001 年至今，中国农大同 56 个创新主体开展农业生物技术协同创新，其中同北京福德安科技有限公司、北京市植物保护站、宁夏回族自治区水产研究所等单位分别开展了 4—8 次专利联合申请，同青岛农业大学、清华大学等高等学校分别进行多次协同创新，并联合申请了多项专利；江苏省农科院则从 2000 年以来，分别同 15 家产、学、研机构开展了协同创新，其中同淮阴师范学院和扬州大学等省内机构分别联合申请了 2—5 项农业生物技术专利；对于大北农集团来说，协同创新强度和活跃度明显高于中国农大和江苏省农科院：2008 年至今，其占比 50% 以上、合计 554 项农业生物技术专利是以合作形式申请的。

（二）案例具有不同地域、层级和属性，具有广泛代表性

鉴于比较分析是本章研究的落脚点，所选案例必须具有多元性，如

此才能具有比较的价值和意义。中国农大、江苏省农科院和大北农集团基本符合上述要求。

首先，本书所选案例分别来自北京和京外地区。众所周知，北京是中国科技创新的中心，在包括农业科技在内的诸多领域具有无可比拟的领先优势。那么，对于身处农业科技创新中心和其他地区的创新主体来说，在开展合作创新以及合作伙伴选择问题上是否会呈现较大差异？研究选取位于京内和京外的不同创新主体，将有利于对该问题的探究。其次，本书所选案例中，大北农集团为市场化机构，中国农大为隶属于教育部的中央部属高校，江苏省农科院为隶属于江苏省的地方科研单位。所选案例分别来自中央和地方，这有利于分析创新主体所处层级、主管单位行政级别等不同因素，是否会以及在多大程度上会影响创新主体的合作创新活动。最后，本书所选案例中，大北农集团更为热衷以合作的形式开展农业生物技术研究，相比之下，中国农大和江苏省农科院的协同创新积极性稍低。这一点在联合申请农业生物技术专利占比方面体现得尤为明显。其中，大北农集团以合作形式申请的农业生物技术专利占比在2008年达到25%，此后整体呈现上升趋势，2012年更是达到89.41%。这意味着，2012年，在大北农集团申请的10项专利中，有接近9项是基于合作创新申请的。而中国农大和江苏省农科院各自基于合作申请的农业生物技术专利占比很少超过5%。本书选择上述热衷和看似不热衷协同创新的两类创新主体进行比较案例分析，有利于探究哪些因素会增强协同创新，哪些因素又会制约协同创新，热衷和不热衷协同创新的创新主体在协同创新伙伴选择上呈现怎样的差异。

第二节　研究案例的网络化协同创新及其演化

一　研究案例的网络化协同创新概况

（一）中国农大农业生物技术协同创新概况

2001年以来，中国农大同52个创新主体在农业生物技术领域开展协同创新（见图7-1）。从合作次数的角度来看，多数合作仅进行1次，这种情况占比超过65%。也就是说，中国农大和大部分其他农业生物技术创新主体的合作具有相当偶然性，直接体现是因各种契机建立合作关系后，双方再无后续任何合作。在52个协同创新伙伴中，仅同18个创新主体进行了2次以上协同创新。在这18个创新主体中，13个同中国农大位于同一座城市，占比超过72%；而在7个进行3次以上协同创新的创新主体中，仅有宁夏回族自治区水产研究所处于京外地区，同中国农大共同位于北京的创新主体占比超过85.7%。从以上数据可以看出，地理相似性在很大程度上影响着中国农大同其合作伙伴协同创新关系的建立。从创新主体的属性特征来看，中国农大开展协同创新并未表现出明显的属性偏向，在其52个协同创新伙伴中，高等学校、科研院所、企业和其他类别创新主体的占比分别为17%、42%、29%和12%。

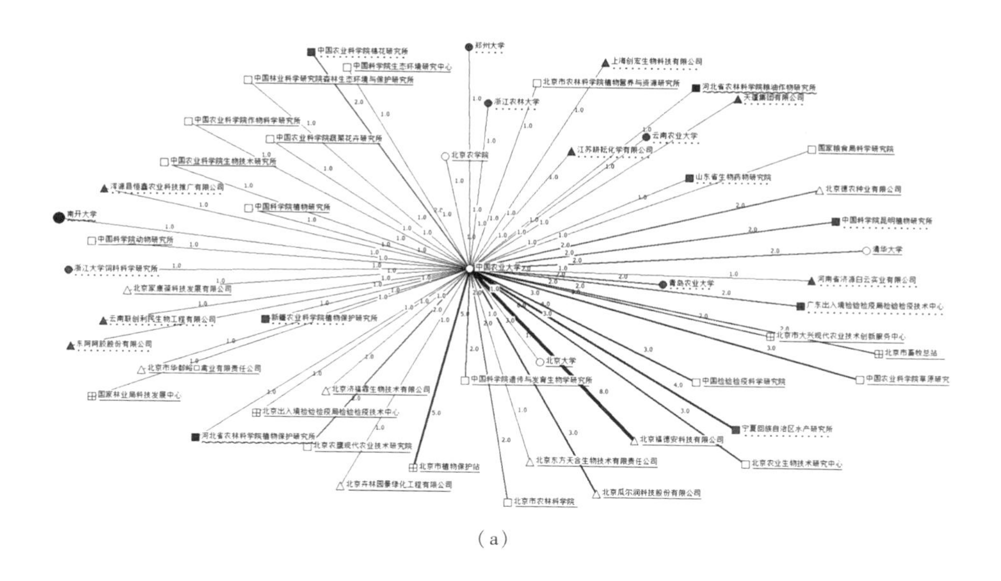

(a)

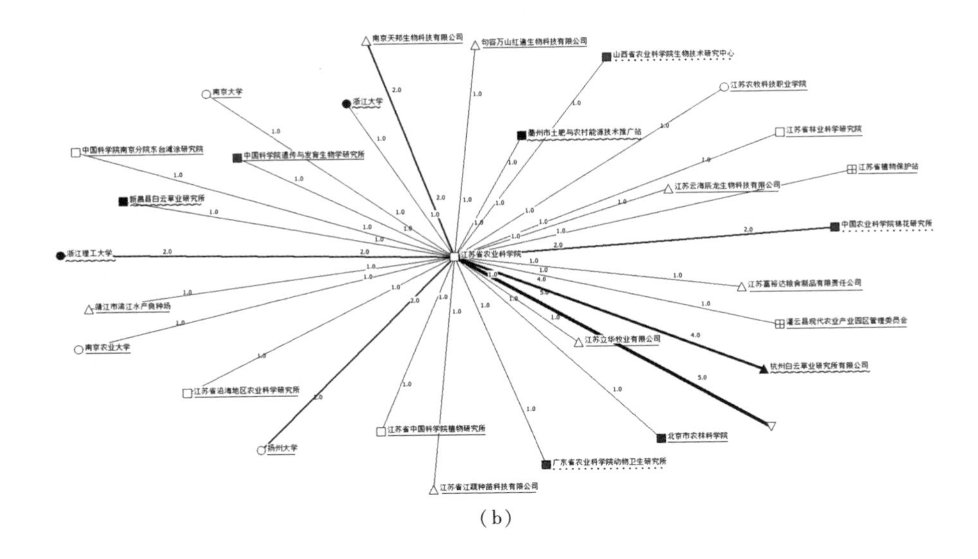

(b)

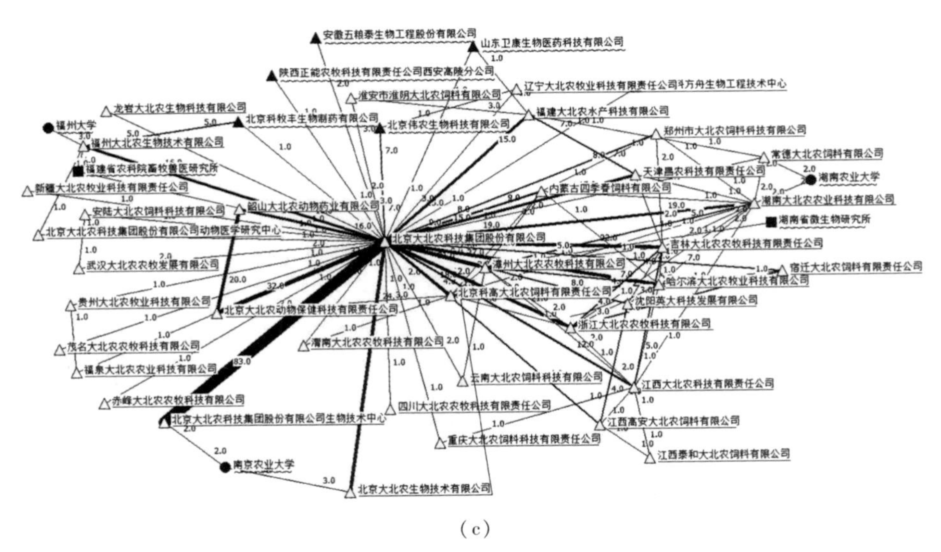

(c)

图7－1　研究案例农业生物技术协同创新概况

注：分别以○表示高等学校类创新主体、□表示科研院所类创新主体、△表示企业类创新主体；以线条粗细程度表示创新主体间合作强度的大小（线条中的数字表示二者具体合作次数）。

7－1（a）中，以___表示同中国农大同样位于北京的创新主体，以～表示位于京津冀区域、非京内的创新主体，以…标识位于京津冀区域之外的创新主体。7－1（b）中，分别以___表示同江苏省农科院同样位于江苏省的创新主体，～表示位于长三角地区、非江苏省的创新主体，…表示位于长三角区域之外的创新主体。7－1（c）中，以___表示同属于大北农集团的创新主体，～表示大北农集团之外的创新主体。

在中国农大进行的农业生物技术协同创新中，同北京福德安科技有限公司的合作较为引人注目。北京福德安科技有限公司成立于 2011 年，前身和主体是中国农大食品安全技术中心，该公司依托中国农大食品科学与营养工程学院成立，在其股东中，有多位曾经或目前是中国农大的工作人员。该公司成立至今，已同中国农大在食品生物技术领域进行了 8 次合作，是所有创新主体中合作次数最多的。

（二）江苏省农科院农业生物技术协同创新概况

从协同创新伙伴的地域分布来看，同中国农大相似，江苏省农科院进行农业生物技术创新的合作伙伴大多同其位于相近地区。在近年来同江苏省农科院开展农业生物技术协同创新的 30 个创新主体中，19 个位于江苏省，24 个位于长三角地区，占比分别达到 63% 和 80%。虽然相当一部分江苏省农科院的协同创新伙伴位于其注册地南京市之外的江苏省其他地市，但实地调研发现，这并不能否定地理相似性对江苏省农科院开展协同创新具有的重要影响。事实上，上述特征是由江苏省农科院的管理体制导致的。具体来说，目前江苏省农科院共有 30 个研究所（中心、试验站），其中 18 个专业研究所（中心）位于江苏省南京市，12 个农区所（试验站）位于江苏省其他地市。在管理体制上，江苏省农科院整体为单一独立法人，其在申请专利时一般以“江苏省农科院”署名，这在很大程度上导致了江苏省农科院的协同创新伙伴位于江苏省范围内。

此外，同中国农大类似，江苏省农科院的合作伙伴同样较为分散。在 30 个协同创新伙伴中，22 个仅同其开展了 1 次协同创新，表明这种协同创新同样具有较大偶然性。进行 2 次以上协同创新的创新主体仅有 8 个，开展 3 次协同创新的则仅有 3 个，占比分别约为 26.7% 和 10%。从协同创新伙伴的属性特征来看，江苏省农科院开展协同创新对于伙伴的属性同样未表现出明显的属性倾向，高等学校、科研院所、企业和其他创新主体的数量分别约占其协同创新伙伴总数的 24%、34%、31% 和 10%。

（三）大北农集团农业生物技术协同创新概况

在农业生物技术协同创新方面，大北农集团表现出两个鲜明特征。

第一，协同创新的积极性相对更高。中国农大和江苏省农科院基于协同创新申请的专利占比基本处于个位数水平，而大北农集团以协同创新申请的农业生物技术专利占比最低时也达到25%；2012年，该比例更是接近90%，意味着每10项与大北农集团相关的农业生物技术专利中，有近9项是通过协同创新申请的。第二，大北农集团在农业生物技术创新过程中，通过集团内部兄弟公司和母子公司间开展协同攻关并联合申请专利的比例很高。在基于协同创新申请的554项农业生物技术专利中，共涉及49个创新主体，其中大北农集团的关联公司有37个，占比超过75.5%，与集团外其他创新主体的比例超过3：1。通过对大北农集团的调研发现，大北农集团的协同创新机制呈现分层特征。一方面，大北农集团的各家子公司在日常经营和业务合作方面具有相当的自主性，在协同创新时，通常子公司间会直接进行联络并进行协同攻关，子公司自身也会基于实际需要自行寻找集团外的创新主体进行协同创新；另一方面，集团层面也设有专门的协调部门，该部门会站在集团全局的高度，综合考虑各子公司的实际业务需要，通过调配创新资源，对集团内部各业务单位间的协同创新进行组织、撮合和管理。正是由于这种内部运行机制，使大北农集团在进行内部和对外协同创新时，整体没有明显的地域和属性倾向。

二　研究案例网络化协同创新的演化

总体来看，中国农大、江苏省农科院和大北农集团在农业生物技术协同创新方面，呈现较为相似的合作主体逐步增多、合作关系动态调整的演化特征。

（一）合作主体逐步增多，推动协同创新网络规模不断演化

仅从合作主体的数量来看，本书所选案例各自开展协同创新的伙伴数量均呈现整体增多的态势。其中，中国农大在21世纪初仅同北京兴绿原三高科技有限公司开展农业生物技术协同创新，2002年则同中国科学院下属的昆明植物研究所和遗传与生物学研究所开展农业生物技术协同创新。随着时间的推移，一方面，中国农大基于协同创新申请的专利数

量整体呈现上升趋势；另一方面，同越来越多新的创新主体建立了合作关系。在2016年，中国农大同7个创新主体建立了农业生物技术协同创新关系；2017年，该数字为6个。江苏省农科院的协同创新伙伴数量呈现同样的整体增长态势。2001—2005年，江苏省农科院仅同南京大学、江苏省沿海地区农业科学研究所、浙江绍兴白云建设有限公司3个创新主体建立合作关系；而2016—2017年，江苏省农科院同10个创新主体开展了农业生物技术协同创新。大北农集团的农业生物技术协同创新可分为两个层面，一是集团内部各关联公司间的协同创新；二是同集团外部创新主体之间的合作。对于大北农农业生物技术协同创新伙伴数量的增长态势，仅以集团内外部的农业生物技术协同创新即可管中窥豹。由于大北农集团开展对外农业生物技术协同创新始于2010年，不妨将2010—2017年分为前后两段。2010—2013年，大北农集团同6个创新主体合作申请了11项农业生物技术专利；2014—2017年，则同10个创新主体合作申请了25项农业生物技术专利。可以说，无论是从合作伙伴数量看，还是从合作强度看，大北农的农业生物技术协同创新均呈现明显的增强态势。中国农业生物技术协同创新网络是由若干微观层面的创新主体组成的，正是以中国农大、江苏省农科院和大北农集团为代表的微观创新主体合作伙伴数量的动态调整，推动了中国农业生物技术协同创新网络规模向增大的态势不断演化。

（二）合作关系动态调整，推动协同创新网络结构持续演化

进一步深入观察研究案例历年协同创新伙伴情况，可以发现其动态变化不仅体现在合作伙伴整体数量的增多上，更体现在其同合作伙伴建立的协同创新联系的动态调整上。

以中国农大为例，2015年，中国农大同中国检验检疫科学研究院、北京福德安科技有限公司、河北省农林科学院粮油作物研究所、国家粮食局科学研究院、北京市植物保护站和新疆农业科学院植物保护研究所开展协同创新，并成功申请了10项农业生物技术专利。到2016年，其农业生物技术协同创新伙伴为北京福德安科技有限公司、北京市畜牧总站、北京瓜儿润科技股份有限公司、云南农业大学、云南联创利民生物

工程有限公司、浑源县恒鑫农业科技推广有限公司和青岛农业大学。对比观察中国农大在2015—2016年的协同创新伙伴可以发现，除同北京福德安科技有限公司的协同创新得到维系之外，2015年其他5个创新主体退出了以中国农大为中心的农业生物技术合作创新局域网络，而北京市畜牧总站等6个全新的创新主体则在2016年同中国农大建立了协同创新关系。这种原有合作伙伴退出协同创新网络，而新的创新主体融入协同创新网络的微观案例在2016—2017年依然不断发生。事实上，在中国农业生物技术协同创新网络中，除了围绕中国农大建立的协同创新关系发生动态调整，江苏省农科院、大北农集团乃至创新网络中众多其他创新主体，与其相关联的协同创新关系均在不同年份间发生动态调整。而正是上述微观视角上协同创新关系的动态调整，推动了中国农业生物技术协同创新网络结构的持续演化。

第三节 研究案例网络化协同创新的演化机制

本书从规模演化和结构演化两个维度探究中国农业生物技术协同创新网络的演化机制。上述两个研究维度的选择是基于网络中创新主体的微观行为做出的，因为创新主体从初始进入协同创新网络到完成具体轮次的协同创新，主要涉及“要不要进行协同创新”以及“同谁进行协同创新”两个核心问题。前者在微观角度推动了中国农业生物技术协同创新网络的规模演化，后者则推动了结构演化。

三个案例作为中国农业生物技术协同创新网络中创新主体的典型代表，在每一轮协同创新中都将面对“要不要进行协同创新”以及“同谁进行协同创新”的选择问题。本案例研究对中国农业生物技术协同创新网络演化机制的探究正是基于这两个核心问题进行的。

一 “要不要进行协同创新”：推动网络规模演化

本书第六章已经基于演化博弈理论和Matlab仿真探究了协同创新收益、独立创新收益、市场约束力度和政府补贴力度等指标对创新主体的协同创新意愿的影响。本部分将基于上述框架进行案例分析。

（一）创新主体协同创新产生的收益

协同创新能够加快创新资源流动，在创新主体间形成优势互补。从理论层面来说，相比于独立开展农业生物技术创新，以合作形式开展创新能够在原有绩效基础上提升创新绩效。然而，如同市场机制下的其他活动将产生成本一样，因协同创新的开展，创新主体也将为此支付额外的人力、财力和时间成本。这一点对于作为公益一类事业单位的江苏省农科院来说，体现得尤为明显。江苏省农科院是江苏省农业科研的“省队”“骨干力量”，承担着提升全省农业科技创新水平和农业技术推广的重任，日常科研任务非常繁重。与此同时，作为公益一类事业单位，其人员数量受到机构编制的限制，加之不具有独立招收研究生的资格，可以说面临典型的“人少事多”困境。在此背景下，在其下属的粮食作物研究所同本省某大学合作开展水稻基因组研究时，依然安排专人同该大学的具体人员进行对接，并经常赴对方实验室进行学术交流和短期访问。也就是说，为了协同创新的开展以及协同创新关系的维护，江苏省农科院为此承担了相当的人力成本，这实际上也是一种机会成本。

面对协同创新额外成本的存在，作为理性经济人，创新主体是否愿意同其他创新主体建立并完成协同创新，主要是基于其对协同创新产生的额外收益与额外成本之间大小的比较。也就是说，当协同创新能够为创新主体带来更多的额外收益，创新主体一般会倾向并维护协同创新；而如果协同创新带来的额外收益低于额外成本，在一般情况下，创新主体倾向于放弃协同创新。例如，在调研中发现，中国农大的 M 教授认为，中国农大是一所研究型大学，人才培养和科学研究是其两大基本任务，而作为一名人民教师，其将“是否有利于博士研究生和硕士研究生科研能力的提高”看得尤其重要。基于此，在考虑是否同某外地高等学校开展利用海产品重组产生蛋白质的研究时，其认为国内开展这项研究的先例较少，具有一定的创新性。即便在合作完成后，相关科研成果不能取得较好的经济效益，但是也有利于锻炼其培养的硕士研究生的科研能力。此外，M 教授判断，通过研究，很有可能能够发表 1—2 篇 SCI 论文，这无论对于研究生毕业还是对于完善自己的学术发表都是大有裨益的。同样，江苏省农科院粮食作物研究所的研究员在考虑是否在有限的人力物力情况下，依然积极同扬州大学进行合作时，也认为协同创新产生的科技成果能够进行专利申请，也有可能通过品种审定，而这正是课题组当前完成 KPI 考核所需要的。相比于中国农大和江苏省农科院这类具有公益属性的创新主体，大北农集团更为看重合作创新能否为其带来实实在在的高于成本投入的净收益。大北农集团副总裁 S 先生说："我们是一家企业，我们的首要任务是实现利润、上缴利税，这是我们的本分，也是我们的'初心'"，"我们考虑是不是同其他单位进行协同创新，主要看是不是有利于我们提高经营效益，当然，我们并不一定追求眼前利益，如果一项协同创新能够在未来为我们带来效益，我们也会去做。"

（二）创新主体独立创新产生的收益

第六章通过 Matlab 对"合作"策略在中国农业生物技术创新群体中的扩散进行仿真发现，即便在博弈过程中，创新主体因协同创新产生的净收益为零甚至更低，但当创新主体通过独立创新即能产生较高创新收益时，创新主体依然能够采纳"合作"策略。事实上，通过独立创新即能获得大额收益，往往表明创新主体的规模和实力超群，而这在很大程度上能增大其对协同创新长周期风险乃至"赔本"风险的承受能力。当协同创新在短期甚至长期出现一定程度的"赔本"情况，但合作中的项目在某些方面具有创新主体认可的价值时，这种承受能力使创新主体也有意愿继续选择开展合作。

这一点在江苏省农科院植物保护研究所 2017 年同省内某地方研究机构 D 研究院的协同创新中体现得尤为明显。D 研究院是国内大型研究机构布局在江苏省某县级市的分支机构，虽然自身科研能力和经费保障能力较弱，但是其上级单位在科研领域声名显赫。当初，D 研究院就某种生物防治类除草剂的研究向江苏省农科院植物保护研究所的科研人员表达了合作意愿。对于该合作意愿，即便通过协同创新能够产出某些创新成果，但鉴于该除草剂的应用范围较为小众，产生较大社会效益和经济效益的可能性较小。对于是否开展该项协同创新，研究人员一开始犹豫不决。此时，研究所领导站在全所的高度，通过综合权衡，拍板支持一线研究人员同 D 研究院的合作。原因在于，虽然项目整体影响力不高，D 研究院的综合实力也较为一般，但是植物保护研究所可以通过和 D 研究院的合作，建立同其上级机构的合作渠道，这对于两家机构未来的项目合作、人员交流等大有裨益。对于项目不能产生较好的收益导致科研人员合作积极性不高的问题，鉴于植物保护研究所尚有较为充裕的研究经费，可以给予该合作项目一定补贴。对于创新主体独立创新产生的收益对合作创新产生的影响，中国农大生物学院张教授认为："我们作为教育部直属的'双一流'高校，科研经费来源较为广泛，科研人员的经费一般较为充裕。因此在考虑是否开展一项研究或者说是否同协同创新伙伴进行协同创新时，即便该项目短期内难以体现出某些看得见摸得着的收益，我们也不会贸然拒绝。因为很多科学研究本来就是难以在短期内看见收益的。这一方面是我们作为一家重点大学应该有的担当；另一方面也是得益于'家大业大'，让我们对项目的投入和产出问题不是非常敏感。"

（三）协同创新市场约束

对于市场机制下开展合作创新的两个创新主体来说，当投机获取的净收益高于协同创新获得的净收益时，创新主体就存在进行投机的冲动。毫无疑问，协同创新中的各种投机行为将破坏创新主体之间的相互信任，进而对协同创新造成无可挽回的破坏。更进一步，当市场投机得不到任何制约时，很有可能造成"劣币驱逐良币"的后果，导致投机行为在农业生物技术创新群体中大面积蔓延，并使合规合法的创新主体不愿意加入协同创新网络。好在协同创新的市场机制本身可以通过无形的力量对创新投机行为进行调控。当创新主体在进行协同创新之初即签订相应契约，就协同创新中的权利、义务以及违约责任做出明确规定时，创新投机的成本便大幅度增加了。如果投机方需要向对方支付的赔偿金额超过投机可能获得的额外收益时，拟进行投机的创新主体很大概率上会终止投机行为。而基于这种约束力度起到的震慑作用，创新群体中的其他创新主体，也能引以为戒，从而大幅度降低协同创新中发生投机或其他破坏协同创新行为发生的概率。如此一来，良性的协同创新秩序在协同创新网络中获得建立，这显然有助于协同创新网络规模的扩大。

访谈中，中国农大、江苏省农科院和大北农集团的研究人员表示，在其进行正式协同创新之前，均会先签署合作合同，并就违约与赔付事项做出明确规定。即便是一家事业单位，江苏省农科院依然建立了非常完善的合同审核制度。在该制度下，合作金额低于 20 万元的合作协议，需要进行研究所审核，超过 20 万元的合作协议则在此基础上还要进行院级审核，而审核的重点事项之一是违约条款的设置。作为一家 A 股上市公司，大北农集团更是设立了专业的法务部门，还额外聘请了法律顾问，由上述职能部门对公司拟签署的合作协议进行专门审核。当协同创新伙伴出现违约情形时，大北农集团则会基于协议进行严格追责，有的甚至会依照法律程序同违约方对簿公堂。这样做的原因在于，大北农集团是一家在 A 股上市的公众公司，需要定期聘请会计师事务所对其账目进行审计，之后要向投资者公开。“如果不向违约方进行严厉追责，那么我们前期因进行协同创新支付的款项难以销账，导致会计师发表负面意见或者不发表意见，这将使我们无法向投资者交代。”对于上述行为对规范协同创新的约束力度，大北农集团副总裁 S 先生认为：“这样严厉的追责制度，让我们的协同创新伙伴有所敬畏；让他们意识到，要么不同我们进行协同创新，如果同我们建立了协同创新关系，双方就有义务按照合同约定，认真履行合作条款。”S 先生还提道：“我们曾经因为合作方恶意违约而将其推上了被告席，并取得了该民事诉讼官司的胜利，虽然我们没有再和这家单位合作，但是听说从那以后，这家单位再未有恶意违约的情况，外界对其评价也越来越高。”

（四）政府对协同创新的补贴

协同创新能够促进创新资源在创新主体间流动，形成优势互补，有利于创新水平的提高。近年来，为了鼓励协同创新，中国政府正通过各种方式强化对协同创新的支持，而补贴是其中常用的支持方式之一。对于开展协同创新和其他形式的科技成果转化活动，2015 年修订后重新颁布的《中华人民共和国促进科技成果转化法》规定了一系列以补贴、贴息和税收优惠为代表的保障措施，其中明确规定："科技成果转化财政经费，主要用于科技成果转化的引导资金、贷款贴息、补助资金和风险投资以及其他促进科技成果转化的资金用途"，"国家依照有关税收法律、行政法规规定对科技成果转化活动实行税收优惠。"[①] 从地方政府层面看，为了增强自身农业科技创新水平，以科技创新赋能农业实现高质量发展，多地均出台政策，对涉农企业取得的重大科技成果给予补贴与奖励。为了支持合作创新，这种补贴在具体实施过程中通常以项目打包的形式发放。以广州市增城区为例，2020 年 10 月，该区出台《增城区培育与扶持农业龙头企业实施办法》，其中规定："支持农业龙头企业开展农业新品种、新技术研发，对获得国家、省新品种审定并取得审定证书的农业龙头企业分别给予 50 万元、20 万元奖励。"在具体操作环节，如果成果是合作完成的，增城区则按照合作者的署名顺序分别给予数额不等的奖励。上述规定意味着，如果进行协同创新，无论在合作中扮演主导地位还是辅助地位，只要合作各方精诚合作，以实现技术和成果的突破为最大目标，即有机会获得各级政府不同数额的奖励或补贴。虽然这些支持并非创新主体进行创新的原始动力，但也在很大程度上起到了引导和鼓励合作创新的作用。

以江苏省农科院粮食作物研究所同某种子公司开展的水稻育种协同创新为例：2013 年，为了进一步提升自身水稻育种水平，尤其是攻克一直困扰公司发展的育种效率低的技术难题，某种子公司向粮食作物研究所科研人员表达了合作意向，并签订了合作协议。之后，双方以某种子公司出资、江苏省农科院出人和技术的形式正式开展了协同创新。经过联合攻关，江苏省农科院帮助该公司成功提高了育种效率，二者合作育成的水稻新品种成功通过了江苏省水稻新品种审定。根据协议，某种子公司和江苏省农科院分别为该水稻新品种的第一完成人和第二完成人。基于该水稻新品种，作为第一完成人的某种子公司获得了其所在地级市

---

① 鉴于贴息、税收优惠、补助和其他形式的资金支持在本质上都是对创新主体进行了补贴，在本书中，以"补贴"代指上述各种形式的资金支持。

的科技进步二等奖，在收获荣誉和奖励的同时，还获得了近10万元政府补贴款。对于大北农集团来说，作为中国生猪养殖和饲料生产的龙头企业之一，其因在农业生物技术领域的协同创新获得了多项各种形式的政府补助，例如2020年共有两项科技成果获得国家科技进步二等奖，其中包括与浙江大学、华南农业大学等7家单位合作完成的"猪健康养殖的饲用抗生素替代关键技术及应用"项目。科技成果获得国家认可，一方面激发了大北农集团的科研创新热情，另一方面为大北农集团"带来了一定数额的奖励"。2020年11月，农业农村部发布第360号公告，审定通过了大北农集团全资子公司同成都市农林科学院作物研究所、广东省农业科学院水稻研究所、安徽荃银高科种业股份有限公司等不同创新主体联合培育的农大628、欣荣优粤农丝苗、C两优丝苗等24个玉米和水稻新品种。这些新品种审定的通过，可为大北农集团带来数十万元的政府奖励。

二 "同谁进行协同创新"：推动网络结构演化

要不要建立并进行协同创新，关系到协同创新网络规模的演化；同哪个主体进行协同创新、怎么调整合作伙伴，则关系到协同创新网络结构的演化。对于后者，第六章基于SAOM实证分析了哪些因素会影响创新主体对协同创新伙伴的选择。本部分将基于本章的框架进行案例分析。

（一）个体相似性对协同创新伙伴选择的影响

1. 地理相似性

从合作成本的角度看，合作伙伴之间的地理相似性能降低建立和维持伙伴关系所需的努力或成本①；从信息流传递的角度来看，地理相似性能够有效避免创新主体间信息流数量和质量随距离的增加而衰减②。就农业生物技术来说，作为一门新兴的、建立于基础性学科的高新技术，其

① Rivera M. T., Soderstrom S. B., Uzzi B., "Dynamics of Dyads in Social Networks: Assortative, Relational, and Proximity Mechanisms", *Annual Review of Sociology*, 2010.

② Breschi S., Lissoni F., "Knowledge Spillovers and Local Innovation Systems: A Critical Survey", *Industrial and Corporate Change*, Vol. 10, No. 4, 2001.

知识属性更加偏向隐性，而诸多研究已经表明，对隐性知识来说，面对面沟通是成本最低、效率最快的知识交流方式[①]。在对案例的深入访中，一线研究人员普遍认为，虽然随着信息技术的发展，视频会议系统、语音电话和各种其他电子交流工具为知识的探讨和交流提供了极大便利，但是"为了建立协同创新关系并取得实质性进展，还是要进行面对面的沟通和交流"，"有句话说得好，'百闻不如一见'，虽然本意不是要表述这个问题，但是却很形象、贴切"，即便高铁和航班越来越方便，但对于具体事务的沟通，"还是近距离好，这样不受时间的限制，有时下班后，突然想到一个合作项目中的问题，如果距离近，就可以约着当晚见一面，做到随时有问题随时解决，不把问题留到第二天"。

从案例基于协同创新联合申请的专利数据来看，其对具有地理相似性创新主体的选择倾向也很明显。之一的江苏省农科院，其就近开展协同创新的伙伴数量占比超过63%。如果说江苏省农科院作为省一级公益类农业科研机构，其基本职能是服务江苏省地方农业发展，因此上述数据不足以说明其对地理相似性创新主体选择倾向的话，那么，中国农大的数据则是一个更为有力的证据。中国农大作为中央部属高校，通常意义上来讲，由于其办学经费的相当一部分来自中央政府，其农业生物技术协同创新伙伴应该较为均衡地分布在全国各地。但实际数据显示，同中国农大进行农业生物技术协同创新两次及以上的18个创新主体中，有13个位于中国农大所在的北京市，占比超过72%；在7个进行3次以上协同创新的创新主体中，仅有宁夏回族自治区水产研究所处于京外，位于同一城市的创新主体占比超过了85.7%。即便是较多进行集团内部合作的大北农集团，当其准备进行对外协同创新时，也表现出明显的地理相似性选择倾向（见图7－1）。

2. 认知相似性

知识在很大程度上具有私有属性，一般来说，其表现形式为某个创

---

① Torre A.，"On the Role Played by Temporary Geographical Proximity in Knowledge Transmission"，*Regional Studies*，Vol. 42，No. 6，2008.

新主体的惯例或某个人的技能①。显然，知识的私有属性增加了知识传递的难度。当一门技术的细分领域较多，而细分领域间又有较高的知识准入门槛时，则会进一步放大知识的私有属性。对于农业生物技术来说，其正是具有上述特征的技术门类。一方面，农业生物技术不同于其他技术，其是一种典型的高精尖技术，没有经过科班培养的人员很难在短时间内掌握技术要领，更谈不上在此基础上进行创新；另一方面，农业生物技术又分为众多细分领域，例如，进行农田昆虫生物防治的专家很可能对基于合成生物学的菌株改造一知半解，而以基因编辑为技术手段进行小麦育种的育种学家则并不精通甘蓝的多倍体体外培育。鉴于农业生物技术具有的以上特征，寻找“小同行”进行协同创新，往往是科研人员寻求技术突破的现实之选。

江苏省农科院植物保护研究所Q副研究员谈到，作为在作物的昆虫防治领域沉浸了十几年的学者，其从攻读硕士学位时起就大量阅读中英文学术论文，还会定期到同城的南京大学和南京农业大学等高等学校旁听学术讲座。基于长期的学术沉浸和前沿追踪，Q副研究员对昆虫防治领域哪些专家科研做得好、这些专家近期发表了哪些学术论文、其最新科研进展如何基本了然于胸。Q副研究员说：“生物技术的学科门槛高，细分领域多，导致我们不熟悉昆虫防治领域以外的研究，同时不做昆虫防治研究的专家，即便是院士也不怎么了解我们的研究领域。”在此情况下，当遇到技术困境、需要进行合作创新以进行技术攻关时，“我们肯定会首先去找我们的‘小同行’，因为其他人也解决不了我们的问题”。随着微信等即时聊天工具的普及，Q副研究员加入了若干由科研人员组成的微信群，“群内基本都是做昆虫生物防治研究的”，“有时遇到问题，就会在微信群问一下，我目前进行的多个合作创新项目是在这样的同行微信群建立的”。对于大北农集团来说，为了提高工作效率并进一步提升其对知识相似伙伴选择的精准程度，集团专门建立了合作专家

---

① Nelson R. R., Winter S. G., “An Evolutionary Theory of Economy Change”, *Belknap Harvard*, Vol. 80, No. 3, 1982.

库，并对专家的研究领域和技术特长进行了详细归类，当其在饲料、生猪养殖和育种等不同领域遇到技术难题时，便会第一时间联系相应领域专家库中的学者，并寻求技术合作。

3. 组织和制度相似性

现有研究表明，当协同创新伙伴间享有共同的规则、惯例和激励机制时，将有助于提升知识在二者中的传递效率①。从理论层面来看，由于产学研协同创新涉及高等学校、科研院所和企业等属性差异较大的三类群体，其在功能定位、管理制度和激励机制等方面存在较大差异。当产学研协同创新发生在跨群体属性的两个创新主体之间时，必然使创新主体需要花费额外精力和时间去处理行业隔阂和管理模式差异带来的合作障碍，而这从理论层面来讲，必然会导致合作创新效率的降低。基于上述分析，如果仅从理论层面来看，创新主体在选择合作伙伴时必然更加倾向于拥有较强组织和制度相似性的主体，即高等学校、科研院所和企业分别更加倾向于同高等学校、科研院所和企业建立合作关系。

然而，对中国农大、江苏省农科院和大北农集团的协同创新伙伴属性的统计数据同上述理论分析截然相反。其中，中国农大的52个协同创新伙伴中，高等学校类仅占17%；江苏省农科院的协同创新伙伴中，科研院所类占比为34%；由于大北农集团的农业生物技术协同创新更多是在集团内部开展，对其合作伙伴间制度相似性的统计不能说明问题，而当对大北农集团外部合作伙伴的属性数据进行统计时，可以发现其企业类协同创新伙伴占比不足一半。在农业生物技术领域，企业类创新主体的规模普遍较小，大多数创新主体不具备大北农集团这样开展内部协同创新的条件，其协同创新更多是对外开展的，也就是说，大北农集团外部合作伙伴的属性数据具有相当的代表性。

那么，为什么中国农业生物技术创新主体在选择协同创新伙伴时，表现出明显的“物不以类聚，人不以群分”特征呢？在实地调研中，中

---

① Knoben J., Oerlemans L., “Proximity and Inter-Organizational Collaboration: A Literature Review”, *International Journal of Management Reviews*, Vol. 8, No. 2, 2006.

国农大和江苏省农科院的一线科研人员表示，其在选择协同创新伙伴时，并无明显的属性倾向，究竟同谁建立协同创新关系，是以创新中出现的实际问题需要为导向的。具体到联合申请专利问题上，“如果非要在水平相似的三类主体中挑选一类进行合作，我更倾向于企业”，因为“专利的本质属性，一层是为了保护知识产权，另一层也是根本目的，还是为了有朝一日能够实现成果转化”，而“企业在科技成果转化和应用方面的嗅觉更加灵敏，同企业建立合作关系将使专利中的科技成果实现转化的可能性更高”。事实上，“我们同多类创新主体进行了协同创新，但是同高等学校和科研院所合作时，更多是发表学术论文；只有同企业进行合作时，才较多涉及专利申请”。也就是说，在农业生物技术协同创新伙伴的选择方面，高等学校和科研院所并无明显的制度相似性倾向，但是具体到以专利数据体现协同创新时，则表现出同制度相似性截然相反的选择倾向。对于大北农集团协同创新伙伴的选择来说，由于其协同创新的本质目的是获取利润，“同谁进行协同创新”更多是建立在“同谁进行协同创新有利于盈利”之上的。“就我个人而言，我比较倾向于同高等学校的朋友建立合作，一个原因是高等学校直接生产知识，给我的感觉是知识储备更丰富，能够弥补我们企业在基础研究方面的不足；另一个原因是高等学校学生多、人手多、效率高、活跃度高；此外，给我的感觉是同高等学校合作产生的创新成果的社会影响力往往更大。”大北农集团副总裁 S 先生对其协同创新伙伴的选择表达了这一看法。

（二）个体差异性对协同创新伙伴选择的影响

1. 经验异质性

前文已经阐明，包括农业生物技术相关知识在内的所有知识均具有私有属性。一般情况下，创新主体进行某一领域创新的资历越深，其创新经验必然越丰富，积累的私有知识就会越多，进而使其声望越高，也更容易被其他主体选择作为合作伙伴①。对于协同创新的一方来说，同

① Cunningham C. E., Woodward C. A., Shannon H. S., “Readiness for Organizational Change: A Longitudinal Study of Workplace, Psychological and Behavioural Correlates”, *Journal of Occupational and Organizational Psychology*, Vol. 75, No. 4, 2002.

创新经验丰富的创新主体进行协同创新有两个方面的好处。一是有利于创新主体借助其潜在伙伴的丰富私有知识储备，实现自身知识水平的提升。二是能借助其声望优势，抬高自身的创新地位。对此，中国农大生物学院Z教授表示认可，其表示："我较为倾向于同有经验的人或者单位进行科研方面的合作。"Z教授具有上述选择倾向的原因在于：一方面，这是由农业生物技术创新本身的知识壁垒决定的，即"生物技术学科对专业知识素养的要求很高"，"这就是为什么在这个领域取得出色研究成果的科学家一定是具有博士学位的，大多数还在国内外知名实验室进行了多年的博士后科研训练"，"如果同一个新入行的人或者单位合作，会发现他们往往表现较为明显的知识漏洞或者短板"。Z教授补充，"当然并不是不能和新成立的主体进行科研合作，但是在合作之前，我会考察同我进行合作的业务人员的知识背景，如果这个业务骨干有多年的科研训练经历，我也非常愿意同其进行合作"，从这个角度来说，"还是对'经验'会有选择偏好"。另一方面，Z教授基于其多年的从业经验认为，"在生命科学研究领域，一家有多年研究经验的单位，其往往在模式菌株、质粒和细胞系等方面具有一定的积累"，甚至"怎么养斑马鱼都会有一套自己比较成熟的体系"，同他们进行协同创新，"会比较省心省力，效率也会更高"。

2. 规模异质性

前文的研究表明，潜在合作伙伴的规模也是创新主体在选择伙伴时重要的考量因素。从创新资源的角度来看，规模较大的创新主体往往具有更多的创新资源，也具有较强的进一步获取创新资源的能力。从创新主体自身管理的角度来看，规模是财务和管理资源禀赋以及规模经济和范围经济的重要指标[①]。鉴于协同创新的直接或间接目的是通过资源（包括知识）交换以获得他们自身没有的资源，一般情况下，规模较小的创新主体更加倾向于寻找规模较大的创新主体进行协同创新；而规模

① Gulati R., "Social Structure and Alliance Formation Patterns: A Longitudinal Analysis", *Administrative Science Quarterly*, Vol. 104, No. 5, 1995.

较大的创新主体也不会明显排斥选择同等或更大规模的创新主体作为其协同创新伙伴。第五章的研究结果表明，企业正成为中国农业生物技术创新的重要力量，但中国的农业生物技术企业平均规模较小。基于此，从理论层面可以假设，中国农业生物技术创新主体整体偏向于同规模更大的创新主体建立协同创新关系。

案例的实际选择倾向基本印证了上述推断。江苏省农科院科研管理处Z副处长介绍，江苏省农科院对较大规模协同创新伙伴的选择倾向有两个层面的体现。第一，当江苏省农科院下属研究所的研究人员遇到科研难题需要寻找外部合作伙伴进行协同公关时，其往往会首选同城的南京大学、南京农业大学等在生物技术领域具有雄厚科研实力的单位。“原因很简单，因为这些单位‘科研摊子’铺得很大，协同创新中遇到一些突发状况，他们都有能力帮助解决；此外他们的经费、人员等都更有保障，”“规模小一些的单位，在应对突发状况、提供经费和人员保障方面会差一些”。第二，对于主动联系江苏省农科院进行协同创新的研究机构，其往往也是看中了江苏农科院创新规模大的优势。目前，江苏省农科院由遍布江苏省多个地市的30个研究所（中心、试验站）组成，拥有省级以上科技创新平台68个、各类高层次人才953人，是江苏省规模最大、技术覆盖面最广的农业研究机构。毫无疑问，这些丰富的创新资源和创新平台对寻求协同创新的省内创新主体具有极大吸引力。中国农大生物学院J教授也表达了类似看法，如果中国农大的科研人员遇到科研难题，较大概率会首先选择同城的清华大学和北京大学等寻求合作；而主动同中国农大建立合作关系的创新主体，往往也是看中了其在农业科技创新方面的整体实力。从企业角度来看，大北农集团副总裁S先生介绍，当大北农集团选择协同创新伙伴时，“集团层面肯定首选中国农大和中国农业科学院这样的大型机构，因为同他们进行科研合作会使项目的顺利推进更有保障”，即便是从宣传角度来说，“更多地同这些国家级科研机构进行协同创新，本身也是大北农集团科研实力的体现，起到的宣传效果会更好”。即便是子公司层面协同创新伙伴的选择，“也会就近选择一些大型机构作为潜在合作伙伴”。

（三）所处网络的结构因素对协同创新伙伴选择的影响

对于创新主体来说，选择同谁建立协同创新关系固然受到自身因素的影响，然而不能忽视的是，由于身处协同创新网络之中，其选择行为自然会在一定程度上受到所处网络环境，也就是所谓的“网络力”的影响。本书主要从结构嵌入性（三元闭包）和优先连接性两个方面探究网络力的影响。

观察大北农集团由内外部创新主体组成的农业生物技术协同创新局域网络，可以发现其存在大量三元闭包结构。举例来说，福建大北农水产科技有限公司是大北农集团在福建设立的合并财务报表子公司，由于关联关系的存在，福建大北农水产科技有限公司一直同母公司在水产品开发、饲养研发等方面进行协同创新。2017 年初，福建大北农水产科技公司同山东卫康生物医药科技有限公司进行了较为密切的协同创新，经过联合研发，二者合作申请了专利“一种壳寡糖水产饲料及其制备方法”。以上述成功合作为基础，福建大北农水产科技公司同山东卫康生物医药科技公司建立了高度信任。一方面，出于对子公司合作伙伴的信任；另一方面，基于对二者合作创新产出和绩效的高度肯定，母公司大北农集团也逐步同山东卫康生物医药科技公司建立了协同创新关系，并最终成功合作申请了专利“一种壳寡糖仔猪饲料”。基于类似的机制，在以大北农集团为核心的农业生物技术合作创新局域网络中，还陆续形成了大北农集团—北京科牧丰生物制药有限公司—福州大北农生物技术有限公司、大北农集团—福建省农科院畜牧兽医研究所—福州大北农生物技术有限公司、常德大北农饲料有限公司—湖南大北农农业科技有限公司—湖南农业大学等 14 组三元闭包结构（见图 7－2）。在实地访谈中，中国农大和江苏省农科院的科研人员也多次表示，“为了提高合作创新的效率，同时又能更好地保障合作质量，最好的办法就是寻找老朋友进行合作；如果因为各种原因，这样的合作最终没能落地，那么另一个好办法就是请老朋友帮忙推荐他信得过的朋友”。

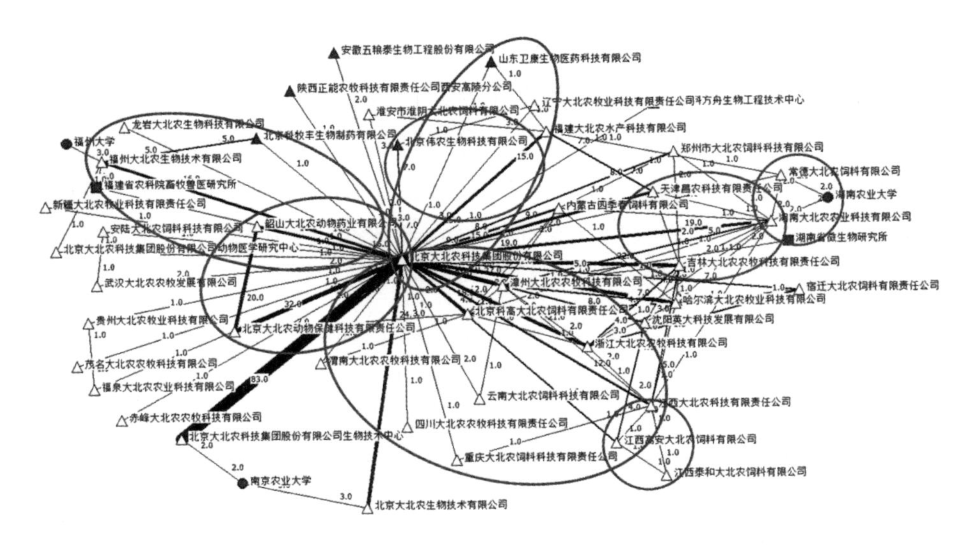

图 7－2　大北农集团协同创新局域网络中部分三元闭包结构

注：以圆圈圈注部分三元闭包结构；其他图形的含义同图 7－1。

优先连接性是指当网络中的创新主体希望寻找新的合作伙伴时，很大概率上会将目光投向所在网络中的"创新明星"，久而久之形成协同创新的"马太效应"。对于拟建立协同创新关系的创新主体来说，这种倾向同样有存在的合理性。一方面，在协同创新网络中地位较高的"创新明星"有能力为其提供更多更有价值的信息和知识；另一方面，同地位较高的"创新明星"建立合作关系，在某种程度上有助于其创新地位获得更多的认可①。此外，在协同创新网络中，社会地位高的直接表现是其建立的协同创新关系数量多、范围广，而同地位高的主体建立合作关系，无疑意味着该创新主体进入了知识交流的密集区，这将有利于提升其获得更多更好的新知识②。事实上，对协同创新网络中协同创新的研究已经表明，拥有最多连接的创新主体确实在吸引新的协同创新伙伴

① Blau P. M.，"Social Exchange Theory"，*Retrieved September*，Vol. 3，No. 2007，1964.

② Zaheer A.，Bell G. G.，"Benefiting from Network Position：Firm Capabilities，Structural Holes，and Performance"，*Strategic Management Journal*，Vol. 26，No. 9，2005.

方面具有优势①。鉴于对优先连接性进行实证的案例事实同本书对规模异质性和经验异质性的实证论述有较大重叠，本书不对优先连接性的案例进行过多阐述。

第四节　研究案例网络化协同创新及其演化的横向比较

作为属性、制度和管理体制均有所差异的不同创新主体，三个案例在各自合作创新活动中既存在一定的相似性，也在多个方面存在较大的差异。对这些相似性与差异进行进一步探究，将有助于加深对中国农业生物技术协同创新网络演化机制的理解。

一　研究案例网络化协同创新的演化及其机制的相似性

（一）呈现合作规模和合作伙伴动态调整的整体演化特征

三个案例在协同创新演化的过程中，其合作伙伴的数量以及建立的合作关系均呈现不同程度的扩大趋势。其中，中国农大在21世纪初仅同北京兴绿原三高科技有限公司开展农业生物技术协同创新，2016年同7个创新主体进行农业生物技术协同创新，2017年协同创新伙伴数量达到6个。即便是作为省一级农业科研机构的江苏省农科院，其2016—2017年同10个创新主体进行了农业生物技术协同创新，而在2001—2005年仅为3个。作为企业的大北农集团，在其协同创新的8年历程中，前4年同6个创新主体合作申请了11项农业生物技术专利，后4年则同10个创新主体合作申请了25项农业生物技术专利，无论是在合作伙伴数量，还是在合作创新的强度方面，均取得了大幅提升。

从合作关系变动的视角来看，三个案例的农业生物技术协同创新关系均呈现动态调整特征。无论是中国农大、江苏省农科院还是大北农集团，均没有任何一个协同创新伙伴能够贯穿上述案例农业生物技术创新

---

① Barabási A. L.，Albert R.，"Emergence of Scaling in Random Networks"，*Science*，Vol. 286，No. 5439，1999.

的整个历程。甚至大部分合作关系具有一定偶然性，在进行过一次协同创新后，再无后续协同创新。正是这种微观层面协同创新关系的动态调整，推动了中国农业生物技术协同创新网络结构的宏观演化。

（二）相似因素影响了案例“要不要进行协同创新”的策略选择

对创新主体来说，“要不要进行协同创新”以及“要不要完成协同创新”是决定中国农业生物技术协同创新网络规模如何演化的微观力量。就三个案例的合作实际来看，上述策略受到了多个因素的影响。首先，在市场机制下，因协同创新产生的额外净收益是决定案例是否合作的基础性因素。如果协同创新是“赔本”的，那么在主观理性作用下，案例均会较少开展协同创新。但是，上述说法也并不完全绝对，当案例通过独立创新以及其他经营活动能产生巨大收益时，案例通常能够容忍或承受协同创新在一定期限内产生损失。

在协同创新过程中，三个案例均不同程度地遭遇其合作伙伴对合作的违约或者潜在违约。在合作实践中，为了规避合作伙伴发生上述潜在的违约行为，案例通常选择同合作伙伴签订合作协议，就合作双方的权利、义务和违约责任等做出清晰的规定。当违约行为发生后，一般会选择按照协议规定进行责任追究。案例的实践证明，上述做法有利于显著减少协同创新中发生的投机和违约等问题。此外，对于包括科技成果转化在内的各种形式的协同创新，政府会基于结果导向给予一定补贴，上述补贴对于增加协同创新收益或降低协同创新成本大有裨益，也明显提高了研究案例及其合作伙伴进行协同创新的积极性。

（三）相似因素影响了案例“同谁进行协同创新”的选择倾向

总体来看，案例在选择“同谁进行协同创新”的问题上，受到相似因素的影响。无论是高等学校、科研院所还是企业，影响其选择协同创新伙伴的因素均主要来自两个方面：个体因素和网络因素。就个体因素而言，又分为相似性因素和异质性因素。在相似性因素框架下，中国农大、江苏省农科院和大北农集团均更加倾向于同地理位置相似、知识认知相似以及制度相反的创新主体开展协同创新。案例具有上述选择倾向的原因均在很大程度上是由农业生物技术具有的私有属性强、技术门槛高等技术和知识特征决定的。对于影响案例合作伙伴选择的个体异质性因素，由于希望通过协同创新获取更多创新资源，同时借力合作伙伴进一步抬升自身知名度，三个案例均倾向于同创新经验更加丰富、主体规模更大的创新主体建立合作关系。除了个体因素，由于案例均身处中国农业生物技术协同创新网络之中，其协同创新伙伴的选择还受到了网络力的影响。具体来说，在协同创新网络中，三个案例均更加倾向于同“朋友的朋友”建立协同创新关系，从而形成更加稳定、更有利于信息传递、也更有利于提升协同创新效率的三元闭包结构。与此同时，对于包括案例在内的所有身处网络中的创新主体来说，当选择协同创新伙伴时，往往受到网络中“马太效应”的影响，倾向于同网络中的“创新明星”建立协同创新关系。

二　研究案例网络化协同创新的演化及其机制的差异

（一）大北农集团具有更加明显的协同创新活跃度

基于横向比较，可以发现同中国农大和江苏省农科院相比，大北农集团在合作频率、规模、强度和主动性等方面表现出更强的协同创新活跃度。从协同创新产出的占比情况来看，大北农集团以协同创新申请的农业生物技术专利占比最低时也达到25%；在2012年时，该比例更是接近90%，是中国农大和江苏省农科院同期数据的近10倍。从协同创新伙伴的数量角度来看，在近20年间，中国农大和江苏省农科院分别同30个和52个创新主体建立了农业生物技术协同创新关系；虽然大北农集团在2008年首次以协同创新的形式申请农业生物技术专利，但是在之后短短10年间，包括集团于公司在内的50个创新主体已在农业生物技术领域开展了协同创新。大北农集团的协同创新优势不仅体现在规模方面，还体现在合作强度上。2008—2017年，大北农集团通过与50个创新主体的协同创新，合计申请了554项农业生物技术专利，中国农大和江苏省农科院则分别联合申请了94项和45项。在实地访谈过程中，能够明显地感受到，“我们主动寻求协同创新”成为大北农集团工作人员的高频词汇，而“找到我们进行合作”则在另外两个案例的访谈中更多涉及。也就是说，相较于另外两个案例，大北农集团表现出较为明显的协同创新主动性。

（二）大北农集团对协同创新表现出更强的经济敏感性

首先，同中国农大和江苏省农科院相比，大北农集团对协同创新的收益问题更为敏感。实地访谈发现，对于是否要开展协同创新的问题，大北农集团的受访人员更多强调“协同创新是否有利于公司当前或未来盈利”；中国农大和江苏省农科院的受访人员则更多强调“协同创新是否有利于技术难题的解决”。其次，对于违约责任的追究，大北农集团较另外两个案例表现的容忍度更低，部分违约事项甚至会进行民事诉讼。大北农集团副总裁S先生从会计处理的角度强调，如果不对协同创新伙伴的违约问题进行追究，公司在协同创新前期投入的资金就不能销账，进而导致审计师在财务审计时不能“平账”。同大北农集团相比，中国农大和江苏省农科院的科研人员表示，虽然也会追究合作方的违约责任，但是“有些时候，也会友好协商，毕竟都在这个圈子，尽量不要伤了和气”。对于政府给予协同创新的补贴，由于直接涉及公司利润和员工的KPI考核，大北农集团也表现出较强的敏感性。

（三）大北农集团有更加明显的内部合作倾向

从联合申请专利数据的角度来看，大北农集团在协同创新过程中表现出较为明显的内部合作倾向，也即组织相似性倾向。具体来说，在其554项基于协同创新申请的农业生物技术专利中，有518项专利是基于集团内部母子公司、兄弟公司或其他形式的关联公司之间的合作申请的，占比达93.%，是对外合作专利数量的13倍。相比之下，中国农大和江苏省农业科学则基本不涉及内部合作。大北农集团作为大型上市公司，子公司、孙公司及其他形式的关联公司众多，其关联公司间基于组织相似性大量开展协同创新，能够显著降低协同创新的机会成本。

三　研究案例网络化协同创新的演化特征与机制呈现差异的原因

（一）功能定位的不同是产生协同创新差异的根本原因

“位置决定思考和行为模式”，这对中国农大、江苏省农科院和大北农集团的协同创新行为同样适用。可以说，三个案例在是否开展协同创新、具体的协同创新模式以及合作伙伴选择问题上表现出一定差异的根本原因是三者功能定位的不同（见表7-2）。对于中国农大来说，其首先是一所高等学校，因此“育人”是其一切行为和功能的根本出发点，可以说，这一定位是其一切工作的总遵循。同时，中国农大又是一所顶尖的以农为主的研究型“双一流”大学，在育人的基础上进行科学研究并生产知识，以此反过来促进其人才培育，是其理所当然的职责所在。在更好地进行人才培育与科学研究的基础上，才能兼顾其他功能的发挥。在此功能定位的指引下，其研究人员考虑协同创新相关问题时，往往更多关注合作是否有利于增强学生的科研能力以及是否有利于发表更多更好的学术论文等社会效益，对协同创新所能产生的直接经济效益关注相对较少。与中国农大稍有不同的是，江苏省农科院虽然也是一家公益一类事业单位，但其直接功能定位是“服务地方农业发展的省级研究机构”，且不具备独立招收本科生乃至研究生的资质。因此，对于江苏省农科院来说，进行面向省内农业需求的更为强调应用导向的科技创新是其首要任务；同时，由于还承担着农业科技推广的使命，将其科技成果通过转化推向市场是其另一项重要职责。在这样的功能指引下，江苏省农科院在决定是否进行协同创新以及同怎样的伙伴建立合作关系时，更多考虑是否有利于解决其在实践中遇到的技术难题。同前两者具有显著差异的大北农集团，是一家A股上市公司，为全体股东创造更多利润是其首要职能。毫无疑问，大北农集团开展协同创新的根本目的是获取超额利润或者增强自身获取超额利润的能力，基于此，其在协同创新时会在经济效益方面做更多考量。

（二）管理体制的差异是产生协同创新差异的直接原因

案例在管理体制上的差异是多方面的（见表7-2）。一方面，由于功能定位的差异，高等学校、科研院所和企业具有明显的考核导向差异。具体来说，管理部门对高等学校以及高等学校对其教职员工的考核更加侧重人才培养质量和学术论文发表情况。因此，对于一线科研人员来说，是否有利于培养人才和高水平学术论文的发表，往往是其决定要不要进行协同创新以及同谁进行协同创新的关键考虑因素。对于江苏省农科院来说，其考核体系的整体应用导向清晰，包括对专利、品种审定、科技成果转化数额以及论文发表等方面的考核。在此情况下，如何解决技术难题进而增强技术的应用价值在很多时候是其选择合作伙伴并开展协同创新的直接目标。与前两者相比，大北农集团的考核导向明显不同。作为以营利为根本目的上市公司，大北农集团在年初即会制定当年明确的业绩目标，基于该目标向下属各部门以及各子公司进行明确的 KPI 切分，之后经过压力传导，使每一名员工都能行动起来，并努力为企业创造更多价值。毫无疑问，在这样的考核体制下，包括协同创新在内的一切经营行为都会较多考虑经济效益。除了考核导向的差异，案例在管理体制方面差异的另一个表现是人员编制的差异。具体来说，中国农大和江苏省农科院虽然在级别、定位和考核方式方面各有差异，但二者的基本属性均是公益一类事业单位。在这一属性下，事业编制使其员工拥有较好的职业稳定性保障。另外，其薪酬待遇在很大程度上呈现“旱涝保收”的特征，缺乏相应激励。大北农集团作为一家市场化的企业，员工管理具有典型的“干则上，不干则下”特征，且激励机制的“多劳多得”特征明显。这一管理体制使大北农集团的员工通过协同创新提升创新效率，进而创造更多价值的主观能动性明显高于另外两个案例。

表 7－2　新主体功能定位和考核导向的差异带来协同创新的目的差异

类别	功能定位	考核导向	合作创新的目的和形式
高等学校	人才培育、知识生产、科技成果转化	更加侧重论文和人才培养方面的考核	“我们主动寻求协同创新少一些，一般是对方找过来；如果是我们主动，也主要是因为学生联合培养，产生的成果会共同署名。” ——中国农大某教授
科研院所	面向应用需求的知识和技术生产、科技成果转化、人才培育	考核较为复杂，包括论文、专利、品种审定以及科技成果转化数额等	“我们开展协同创新其实目的性不强，主要是为了解决实践中遇到的难题，一般会寻找师兄弟合作，有时也会看领域内谁做得好。” ——江苏省农科院植保所某研究员

续表

类别	功能定位	考核导向	合作创新的目的和形式
企业	创造利润	利润大小、效益高低	“根本目的是实现超额利润，甚至垄断利润。这些特点决定了企业开展协同创新一般不介入过于上游、风险过大的项目，也决定了企业在协同创新中更倾向于获得支配地位。”——大北农集团某高级管理人员

第五节　本章小结

本章采用比较案例分析范式，以中国农大、江苏省农科院和大北农集团作为典型案例，分别分析了三者的协同创新、合作演化以及演化的内在驱动机制，之后横向比较了三者在上述环节的异同，并对产生差异的内在原因进行了深入分析。

研究发现，1985—2017 年，上述创新主体的协同创新活动在三个方面表现出相似性。第一，开展协同创新的积极性不断增大，表现为伙伴数量和合作频率的不断增多，各创新主体的协同创新伙伴均呈现动态调整的演化特征；第二，合作意愿的影响因素相似，均会受到协同创新收益、独立创新收益、市场约束力度以及政府补贴力度的影响；第三，伙伴选择的倾向均受到个体因素和网络因素两个维度的影响。上述创新主体的协同创新活动也存在两个方面的差异，主要体现在相较于中国农大和江苏省农科院，大北农集团开展协同创新具有更强的活跃度、更高的经济敏感性和更加明显的内部合作倾向。而创新主体在功能定位和管理体制方面的差异，是导致上述差异的主要原因。

第八章　研究结论、政策建议及展望

开展协同创新，尤其是作为其高级形态的网络化协同创新能够有效推动创新主体间的优势互补，促进创新资源流动并降低交易成本，从而起到提升创新主体整体创新效能的作用。为了推动现有协同创新网络的演化升级，从而进一步强化中国农业生物技术创新主体间的协同创新，本书以1985—2017年为研究时段，基于Patsnap专利数据库中的专利数据，构建中国农业生物技术协同创新网络，系统研究其演化机制。

第一节　主要研究结论

本书按照理论分析—特征分析—机制分析—研究结论的思路开展系统研究。前三章重点对研究的背景、意义、方案设计、研究基础和理论框架等进行了阐述。第四章在构建了不同时期中国农业生物技术协同创新网络后，基于社会网络分析法等定量分析手段，对协同创新网络在不同时段演化历程中所呈现的规模和结构演化特征进行了系统总结；第五、第六两章分别通过构建演化博弈模型和随机面向对象模型，以“创新主体是否合作从微观上决定了协同创新网络规模的演化”和“创新主体同谁合作从微观上决定了协同创新网络结构的演化”为理念，对协同创新网络的规模和结构演化的内在机制进行了探究；为了进一步探究在属性等方面具有明显异质性的产学研创新主体，其在协同创新、合作演化、演化的驱动机制等方面有何差异以及产生差异的内在原因，第七章采用比较案例分析范式，选取中国农大、江苏省农科院和大北农集团作为样本进行了比较案例分析。基于以上系统研究，本书得到如下主要结论。

一　1985—2017年，中国农业生物技术创新呈现创新实力不断提升、创新主题紧贴社会和产业发展需求、协同创新意愿不断下降的发展态势

第四章首先经过两轮映射和筛选，构建了基于IPC的农业生物技术专利检索式；其次经过专利检索和筛选，获得1985—2017年申请的中国农业生物技术专利30万余条。描述性统计分析发现在1985—2017年的研究时段内，中国农业生物技术的创新历程表现出三个特征。一是创新的整体实力不断提升，具体表现为专利申请数量逐年增多，且增长率高于世界平均水平以及从事农业生物技术创新的创新主体数量不断攀升，整体水平逐步提高。二是中国农业生物技术创新的主题紧密贴合社会和产业发展需求。三是创新主体进行协同创新的意愿呈现逐年下降趋势，具体表现为通过联合申请获得的专利数量占比逐年下降，到2016—2017年，联合申请的专利占比仅约为5%。

二　中国农业生物技术协同创新网络呈现规模和结构两个维度的演化特征

从网络规模维度来看，伴随着日趋明显的网络化态势，中国农业生物技术协同创新网络的相对规模整体不断缩小。从网络结构维度看，则呈现日渐清晰的“核心—边缘”分化和从单核网络向多核网络发展的宏观演化特征，拓扑层面趋于分散的中观演化特征和企业类创新主体的地位逐步提升的微观演化特征。

第四章识别发现，1985—2017年的研究时段内，中国农业生物技术创新历经了1985—2007年、2008—2015年和2016—2017年三个发展阶段。历经这三个发展阶段，中国农业生物技术协同创新网络中的创新主体数量增多，分布范围变广，创新主体间协同创新联系日趋增多，表明中国农业生物技术协同创新的网络化态势日趋明显。但是，相比于绝对数值，协同创新网络中创新主体的数量占中国农业生物技术创新主体总

数的比例和每个创新主体拥有的合作伙伴及合作关系平均值等关键指标均不断下降，加之平均路径长度不断上升、聚集系数不断下降，中国农业生物技术协同创新网络的相对规模不断缩小。

在结构维度，从宏观层面来看，中国农业生物技术协同创新网络的复杂网络特征日趋明显，伴有明显的“核心—边缘”分化以及从单核网络向多核网络发展的演化特征。从中观层面来看，由于创新主体创新水平的整体提高，协同创新潜在合作伙伴的选择余地增大，导致由创新主体组成的协同创新拓扑网络趋于分散。从微观层面来看，企业类创新主体在网络中的地位明显提高，尤其在主体数量和合作强度等方面开始主导协同创新网络。

三　创新主体的合作意愿不强导致协同创新网络相对规模不断缩小

第五章发现，当协同创新能带来较高的合作收益，或者即便合作收益不高，但是创新主体自身具有较强的收益能力时，创新主体的协同创新意愿较强；面对可能发生的合作违约行为，当合作双方通过签署契约、给协同创新施加超过门槛值的市场约束力度时，能有效抑制潜在的合作违约，从而提升创新主体的整体合作意愿；当政府基于结果导向，给予进行协同创新的创新主体一定力度的政府补贴时，也能起到提升创新主体合作意愿的作用。

然而，在现实中，“合作”策略在中国农业生物技术创新群体中呈现逐步下降的实际扩散特征，通过将该曲线同 Matlab 仿真中不同数值下“合作”策略扩散曲线的比较，发现中国农业生物技术协同创新领域存在补贴力度不足、市场约束较弱、自身盈利能力不强以及合作创新收益不高的问题。

四　创新主体的选择偏好推动协同创新网络的结构不断演化

第六章通过 SAOM 的计量分析发现，2010—2017 年，中国农业生物技术创新主体在协同创新网络中寻找新的伙伴建立合作关系的机会逐渐增多，这为调整伙伴关系进而推动协同创新网络结构演化提供了更多可能。由于密度效应的存在，创新主体建立协同创新需要付出机会成本。正是由于机会成本的存在，创新主体需要寻找到足够让自己满意的潜在协同创新伙伴，通过和这些合作伙伴建立协同创新关系以抵消机会成本。实证结果发现，创新主体比较倾向于同与自己具有地理相似、知识相似、制度相异、规模较大、经验较为丰富的创新主体建立协同创新关系；同时，由于创新主体身处协同创新网络中，其协同创新伙伴选择行为还受到网络力的影响，在此作用下，其更倾向于同"朋友的朋友"以及网络中的"创新明星"建立协同创新伙伴关系。

五　企业类创新主体在协同创新网络中的重要性日渐增强

第七章通过对中国农大、江苏省农科院和大北农集团的比较案例分析，发现 1985—2017 年，上述创新主体的协同创新活动在三个方面表现出相似性。第一，合作强度不断增大以及协同创新伙伴动态调整的演化特征相似；第二，合作意愿的影响因素相似，均会受到协同创新收益、独立创新收益、市场约束力度以及政府补贴力度等因素的影响；第三，协同创新伙伴选择的倾向均受到个体因素和网络因素两个维度的影响。与此同时，三类创新主体的协同创新活动也存在两个方面的差异，主要体现在相较于中国农大和江苏省农科院，大北农集团开展协同创新具有更强的活跃度、更高的经济敏感性和更明显的内部合作倾向。而创新主体在功能定位和管理体制方面的不同，是产生上述差异的主要原因。

第二节　政策建议

基于研究结论，提出以下四个方面的政策建议。

一　综合施策，强化市场机制下对破坏协同创新的各类行为的约束力度

第六章的研究结果显示，市场机制下，为了追求不正当利益，协同

创新中的创新主体有可能出现各类投机行为，从而破坏“合作”策略在创新群体中的扩散。一定力度的市场约束能够提高潜在违约主体的投机成本，从而抑制合作投机，进而促进“合作”策略在创新群体中的扩散。为了鼓励以合作形式开展农业生物技术创新，要通过综合施策，在市场机制框架下，强化对各类破坏协同创新行为的约束力度。一是加大宣传力度，鼓励创新主体在正式开展协同创新之前签署合作协议，对合作双方的权利、义务和违约赔偿机制做出明确规定；二是对涉及合作违约、恶意投机等破坏协同创新的各类行为的民事纠纷，应简化仲裁和诉讼流程，为创新主体依法依规维护自身权益提供便利；三是在建立长效机制和基础制度供给上下功夫，着手建立协同创新领域的巨额赔偿机制、违法惩罚机制、内部举报人奖励机制等，为进一步完善协同创新领域的市场机制奠定制度性基础。

二　多措并举，加大政府对以合作形式开展的科技创新活动的支持力度

第六章的研究结果显示，当协同创新出现市场失灵，创新主体采纳“合作”策略意愿降低时，强化政府对协同创新的补贴力度能够促进“合作”策略在创新群体中的扩散，从而形成更为浓厚的协同创新氛围。为了强化协同创新，从而加快提升中国农业生物技术创新水平，政府应多措并举，加大对以合作形式开展的农业生物技术创新的支持力度。一是基于结果导向，对协同创新取得切实成效的创新主体，给予定向减税、贴息或其他形式的补贴，降低其开展协同创新的成本；二是加大对协同创新行为的奖励力度，可考虑对主导、参与实施协同创新项目的创新主体，给予不同等级的物质和荣誉奖励，以此进一步提升创新主体开展协同创新的积极性。

三　推动产业集聚，为开展协同创新进一步提供地理和空间便利

第七章的研究结果显示，创新主体间的地理相似性对于促进其开展协同创新具有重要作用。为此，要培育农业生物技术领域的产业集群，

以此在促进创新资源集聚的同时，为创新主体间更好地开展协同创新提供地理和空间便利。一是对于高等学校和科研院所研究人员兴办农业生物技术企业的，应鼓励其在大学科技园和创业园等地就近选址，为双方开展协同创新奠定地理基础；二是鉴于包括农业生物技术在内的生物技术对中国经济实现高质量发展具有重要意义，地方政府可立足自身实际，规划和建设不同形式的生物技术产业园，以此为载体，有效培育生物技术产业集群；三是鼓励涉及农业生物技术创新且地理位置相似的高等学校、科研院所和企业，定期召开各种形式的学术交流活动，并加强人员互访，进一步加快创新资源的流动。

四　深化体制改革，进一步激发高等学校和科研院所科研人员开展协同创新的积极性

第八章的研究结果显示，受功能定位和管理体制等因素的影响，高等学校和科研院所科研人员开展协同创新的积极性尚有较大提升空间。当前，高等学校和科研院所科研人员是开展农业生物技术创新的重要力量，如果不进一步激发其开展协同创新的积极性，不仅不利于创新资源的有效释放，更不利于破除科研和转化“两张皮”的现实制约，进而不利于将科技成果转化为现实生产力。为此，在已有政策措施的基础上，建议进一步深化体制改革，以此激发高等学校和科研院所科研人员以各种形式开展农业生物技术协同创新的积极性。具体来说，对于进行协同创新或进行其他形式的科技成果转化活动并取得一定实绩的高等学校和科研院所的研究人员，可以进一步提高个人的收益分配比例，也可以给予其更高额度的现金直接奖励，或者进一步降低奖励金额的个人所得税征缴比例。

第三节　研究存在的不足及展望

一　研究存在的不足

（一）仅依靠合作专利数据可能造成对协同创新行为的低估

本书以联合申请专利数据来量化创新主体间的协同创新。然而，通

过基层调研发现，中国农业生物技术协同创新的形式较为多样，联合申请专利虽然是一种重要的合作形式，但并不能表征包括联合发表论文、联合申报新品种等合作形式在内的所有协同创新。不能忽视的是，包括高等学校和部分侧重基础研究的科研院所来说，发表论文是其创新产出的重要形式。因此，基于专利数据对协同创新开展的研究很可能使对这些机构协同创新水平的估计偏低。此外，实地调研发现，在当前知识产权保护尚不完善的背景下，部分创新主体对其核心创新成果往往不予申请专利，这使本书基于专利数据研究协同创新问题时可能会忽略部分创新行为。

另外，本书难以对专利的质量进行界定，只能基于专利的数量进行定量研究。然而通常情况下，高质量专利和低质量专利背后凝结的协同创新的工作量以及合作深度是不同的，由此导致专利数据不能完全呈现创新主体间的协同创新情况。当然，这是目前国内外基于专利数据进行协同创新研究面临的共同难题。除此之外，本书未深究联合申请专利中作者署名顺序所表征的深层信息，这也使本书可能忽视部分潜在的协同创新信息。

（二）对网络绩效和影响因素的动态研究方面还存在一定的拓展空间

首先，从研究体系的完整性角度来看，对于协同创新研究，有必要对其创新绩效进行深入的分析。对于中国农业生物技术领域的网络化协同创新来说，其究竟能否或者说能在多大程度上提升创新绩效值得系统评估。然而，由于条件所限，深入研究所需样本数量的不足制约了开展协同创新绩效的实证研究，在未来研究中有必要对此加以完善和拓展。

其次，鉴于定位于“网络化协同创新的演化机制研究”，本书仅从网络规模、结构的演化机制两个维度进行探究，并没有深入探究以下问题：在不同阶段的协同创新网络中，驱动网络实现规模和结构演化的影响因素本身呈现怎样的动态特征？例如，地理相似性因素是逐渐增强还是逐渐淡化？产生上述变化的原因有哪些？这些问题是在未来的研究中需要进一步关注的。

（三）“农业生物技术”的宽泛属性使研究在进一步做精做细方面还有不足

“农业生物技术”是一个技术体系的泛称。不同细分领域的“农业生物技术”其协同创新以及网络化协同创新可能会有显著不同，但是本书未能对“农业生物技术”专利按照产业种类或作物种类进行划分。如果能将所有专利按照诸如“食品加工业”“种植业”“畜牧业”“渔业”等较为细分的范畴进行分类，或者从另一个角度进一步细化为“小麦”“水稻”“大豆”等，将有助于研究的进一步细化，也能通过横向比较获得更多政策启示。

当然，上述问题的实现一方面受制于将专利进行归类需要的工作量极大；另一方面受制于“农业生物技术”专利的样本容量过小：涉农专利虽多，但“农业生物技术”专利不多，法人单位联合申请的专利更少。上述研究的深化，对专利筛选技术的提升存在较大依赖。

三　研究的展望

（一）构建更加完善的表征协同创新的指标体系

在下一步研究中，应基于中国农业生物技术创新实际，通过设计指标权重，将联合发表学术论文、联合申请专利和联合进行品种审定等进行加权和集成，从而对中国农业生物技术创新主体间开展协同创新的整体情况进行更加科学和完善的表征，进而构建更加贴合现实的协同创新网络。

（二）进一步完善和细化研究体系

在下一步的研究中，将以第七章筛选出的协同创新活跃度高的创新主体为基础，通过提高筛选门槛，进一步缩小样本容量。之后，分别收集样本中高等学校、科研院所和企业类创新主体的相关数据，实证分析加入协同创新网络对其创新绩效的影响，并进行横向比较分析，以使“特征—机理—绩效”的研究体系更加完善。此外，尝试进行专利分类，并以小样本构建协同创新网络并进行相关分析；如果样本容量过小导致无法形成网络，则考虑综合前文的综合指标体系，通过扩大样本，尝试网络构建和开展量化研究。

（三）进一步挖掘专利数据

未来，拟重点通过挖掘专利及相应发明人的信息，就包括师徒传承、同学、同窗等关系在内的社会关系对协同创新的影响进行更加深入的研究。

参考文献

国家知识产权局：《生物技术领域文献实用检索策略》，知识产权出版社 2012 年版。

王缉慈：《创新的空间：企业集群与区域发展》，北京大学出版社 2001 年版。

［美］塞缪尔·鲍尔斯、［美］赫伯特·金迪斯：《合作的物种：人类的互惠性及其演化》，张弘译，浙江大学出版社 2015 年版。

安勇、赵丽霞：《土地财政竞争的空间网络结构及其机理》，《中国土地科学》2020 年第 7 期。

曹霞、李传云、于娟、于兵：《市场机制和政府调控下的产学研协同创新网络演化博弈仿真——以新能源汽车产业为例》，《系统管理学报》2020 年第 3 期。

曹兴、杨春白雪、高远：《核心企业主导下创新网络合作行为实验研究》，《科研管理》2018 年第 2 期。

陈劲、陈钰芬：《开放创新体系与企业技术创新资源配置》，《科研管理》2006 年第 3 期。

陈文婕、曾德明、邹思明：《全球低碳汽车技术协同创新网络演化路径研究》，《科研管理》2016 年第 8 期。

陈欣：《“一带一路”沿线国家科技合作网络演化研究》，《科学学研究》2018 年第 10 期。

储成兵、李平：《农户对转基因生物技术的认知及采纳行为实证研究——以种植转基因 Bt 抗虫棉为例》，《财经论丛》2013 年第 1 期。

单英华、李忠富：《基于演化博弈的住宅建筑企业技术合作创新机理》，《系统管理学报》2015 年第 5 期。

党兴华、郑登攀：《对〈创新网络 17 年研究文献述评〉的进一步述评——技术创新网络的定义、形成与分类》，《研究与发展管理》2011 年第 3 期。

丁晟春、刘嘉龙、张洁逸：《产业领域专利技术构成与关联演化分析——以人工智能领域为例》，《情报科学》2020 年第 12 期。

丁颖辉、何一帆：《大气污染治理的网络演化动力与博弈机制研究》，《价值工程》2020 年第 2 期。

傅瑶、孙玉涛、刘凤朝：《美国主要技术领域发展轨迹及生命周期研究——基于 S 曲线的分析》，《科学学研究》2013 年第 2 期。

高孟立：《合作创新中互动一定有助于促进合作吗?》，《科学学研究》2018 年第 8 期。

郭建杰、谢富纪：《企业合作网络位置对创新绩效的影响——以 ICT 产业为例》，《系统管理学报》2020 年第 6 期。

郭京京、眭纪刚、郭斌、陈晓玲：《外商直接投资、产学研合作与地区创新绩效——来自中国省级面板数据的实证研究》，《管理工程学报》2021 年第 2 期。

郭淑静、徐志刚、黄季焜：《转基因技术采用的潜在收益研究——基于中国五省的实地调查》，《农业技术经济》2012 年第 1 期。

韩莹、陈国宏：《政府监管与隐形契约共同作用下集群企业协同创新的演化博弈研究》，《中国管理科学》2019 年第 11 期。

何晓丹、陈琦琦、展进涛：《欧美等国基因组编辑生物安全管理政策及对中国的启示》，《中国科技论坛》2018 年第 8 期。

何晓丹、沈大军：《农业生物技术市场准入的决策本质与逻辑探讨——基于欧美转基因生物安全管理制度的比较》，《贵州社会科学》2018 年第 11期。

赫连志巍、邢建军：《产业集群创新网络的自组织演化机制研究》，《科技管理研究》2017 年第 4 期。

赫连志巍、邢建军：《创新网络成果传递能力与产业集群升级》，《企业经济》2017年第10期。

侯光文、薛惠锋：《集群网络关系、知识获取与协同创新绩效》，《科研管理》2017年第4期。

胡瑞法、王玉光、蔡金阳、黄季焜、王晓兵：《中国农业生物技术的研发能力、存在问题及改革建议》，《中国软科学》2016年第7期。

黄凯南：《论演化经济学与博弈论的关系》，《社会科学辑刊》2011年第3期。

黄凯南：《演化博弈与演化经济学》，《经济研究》2009年第2期。

黄少安、宫明波：《论两主体情形下合作剩余的分配——以悬赏广告为例》，《经济研究》2003年第12期。

黄少安、韦倩：《合作行为与合作经济学：一个理论分析框架》，《经济理论与经济管理》2011年第2期。

黄少安、韦倩：《利他行为经济学研究的方法论》，《学术月刊》2008年第7期。

蒋兴华、范心雨、汪玲芳：《伙伴关系、协同意愿对协同创新绩效的影响研究——基于政府支持的调节作用》，《中国科技论坛》2021年第2期。

焦媛媛、李建华：《主体异质性对产学研合作程度的影响及对策》，《社会科学战线》2017年第3期。

李晨光、赵继新：《产学研协同创新网络随机交互连通性研究——角色和地域多网络视角》，《管理评论》2019年第8期。

李建明、罗能生：《高铁开通改善了城市空气污染水平吗?》，《经济学》（季刊）2020年第4期。

李敬、陈澍、万广华、付陈梅：《中国区域经济增长的空间关联及其解释——基于网络分析方法》，《经济研究》2014年第11期。

李明贤、周蓉：《社会信任、关系网络与合作社社员资金互助行为——基于一个典型案例研究》，《农业经济问题》2018年第5期。

李牧南、梁欣谊、朱桂龙：《专利与理想度提升法则视角的石墨烯技术创新演化阶段识别》，《科研管理》2017 年第 2 期。
李瑞光、段万春：《产业技术创新战略联盟投机行为研究》，《技术经济与管理研究》2015 年第 2 期。
李小妹、谢昀雅、付虁钰：《产学研合作导向的创新生态系统——基于多个体博弈的动态演化分析》，《西南政法大学学报》2019 年第 3 期。
李晓曼、孙巍、徐倩、郝心宁：《基于专利计量的农业生物技术发展态势分析》，《生物技术通报》2018 年第 12 期。
李晓翔、刘春林：《为何要与国有企业合作创新？——基于民营中小企业资源匮乏视角》，《经济管理》2018 年第 2 期。
李昭琰、郭艳琴、乔方彬：《双价转基因抗虫棉经济效益分析》，《农业技术经济》2015 年第 8 期。
廖名岩：《基于复杂网络演化博弈协同创新研究》，《湖南社会科学》2018 年第 6 期。
林春艳、孔凡超：《中国产业结构高度化的空间关联效应分析——基于社会网络分析方法》，《经济学家》2016 年第 11 期。
刘承良、管明明：《基于专利转移网络视角的长三角城市群城际技术流动的时空演化》，《地理研究》2018 年第 5 期。
刘凤朝、邬德林、马荣康：《专利技术许可对企业创新产出的影响研究——三种邻近性的调节作用》，《科研管理》2015 年第 4 期。
刘刚、曾刚：《都市型农业创新网络结构与演进机理研究——以上海市为例》，《资源开发与市场》2017 年第 6 期。
刘军：《社会网络模型研究论析》，《社会学研究》2004 年第 1 期。
刘婷：《转基因食品强制标识的效力：基于美国联邦法案的考察》，《农业经济问题》2019 年第 2 期。
刘晓燕、李金鹏、单晓红、杨娟：《多维邻近性对集成电路产业专利技术交易的影响》，《科学学研究》2020 年第 5 期。
刘云、王小黎、白旭：《3D：打印全球创新网络影响因素研究》，《科学学与科学技术管理》2019 年第 1 期。
鲁若愚、周阳、丁奕文、周冬梅、冯旭：《企业创新网络：溯源、演化与研究展望》，《管理世界》2021 年第 1 期。
路雅文、张正河：《1978—2016 年农村人口迁移的社会网络分析：来自中部人口流出大省 C 村的证据》，《农业经济问题》2018 年第 3 期。
吕丹、王等：《“成渝城市群”创新网络结构特征演化及其协同创新发展》，《中国软科学》2020 年第 11 期。
吕国庆、曾刚、马双、刘刚：《产业集群创新网络的演化分析——以东营市石油装备制造业为例》，《科学研究》2014 年第 9 期。
吕希琛、徐莹莹、徐晓微：《环境规制下制造业企业低碳技术扩散的动力机制——基于小世界网络的仿真研究》，《中国科技论坛》2019 年第 7 期。
罗建强、戴冬烨、李丫丫：《基于技术生命周期的服务创新轨道演化路径》，《科学学研究》2020 年第 4 期。
马恩涛、李鑫：《PPP 模式下项目参与方合作关系研究——基于社会网络理论的分析框架》，《财贸经济》2017 年第 7 期。
马红坤、毛世平：《中国农业支持政策的绿色生态转型研究——基于中日韩三国的比较分析》，《经济体制改革》2020 年第 2 期。
马红坤、孙立新、毛世平：《欧盟农业支持政策的改革方向与中国的未来选择》，《现代经济探讨》2019 年第 4 期。
马述忠、任婉婉、吴国杰：《一国农产品贸易网络特征及其对全球价值链分工的影响——基于社会网络分析视角》，《管理世界》2016 年第 3 期。
孟潇、张庆普：《跨组织科研合作有效性评价研究》，《科学学研究》2013 年第 9 期。
米建伟、黄季焜、胡瑞法、王子军、陈瑞剑：《转基因抗虫棉推广应用与次要害虫危害的关系——基于微观农户调查的实证研究》，《农业技术经济》2011 年第 9 期。
宓泽锋、曾刚：《创新松散型产业的创新网络特征及其对创新绩效的影响研究——以长江经济带物流产业为例》，《地理研究》2017 年第 9 期。

潘月红、逯锐、周爱莲、贾硕、孙国凤：《中国农业生物技术及其产业化发展现状与前景》，《生物技术通报》2011年第6期。

戚湧、张明、丁刚：《基于博弈理论的协同创新主体资源共享策略研究》，《中国软科学》2013年第1期。

乔永忠、邓思铭：《创新主体类型对中国专利奖获奖专利运用能力影响研究——以不同地区为视角》，《情报学报》2019年第5期。

秦腾、佟金萍、章恒全：《环境约束下中国省际水资源效率空间关联网络构建及演化因素》，《中国人口·资源与环境》2020年第12期。

沈必扬、池仁勇：《企业创新网络：企业技术创新研究的一个新范式》，《科研管理》2005年第3期。

石家惠、杜艳艳：《基于专利数据的中国农业生物技术发展现状研究》，《情报杂志》2013年第9期。

司月芳、陈思雨、Ingo Liefner、曾刚：《中资企业研发国际化研究——基于华为WIPO专利分析》，《地理研究》2016年第10期。

司月芳、梁新怡、曾刚：《中国跨境知识溢出的地理格局及影响因素》，《经济地理》2020年第8期。

孙国凤、马鑫：《农业生物技术发展现状与展望》，《农业展望》2010年第11期。

孙永磊、宋晶、陈劲：《创新网络惯例的维度探索与测度研究》，《科研管理》2020年第11期。

孙玉涛、曲雅婷、张晨：《发明人网络结构与组织合作网络位置》，《管理学报》2021年第1期。

覃柳婷、滕堂伟、张翌、曾刚：《中国高等学校知识合作网络演化特征与影响因素研究》，《科技进步与对策》2020年第22期。

田真真、王新华、孙江永：《创新网络结构、知识转移与企业合作创新绩效》，《软科学》2020年第11期。

童昕、王缉慈：《论全球化背景下的本地创新网络》，《中国软科学》2000年第9期。

汪涛、李丹丹：《知识网络空间结构演化及对NIS建设的启示——以中国生物技术知识为例》,《地理研究》2011 年第 10 期。
王成军、秦素、胡登峰:《不同高等学校类型下产学合作对学术创新绩效影响的实证研究》,《中国科技论坛》2020 年第 7 期。
王大洲:《企业创新网络的进化与治理:一个文献综述》,《科研管理》2001 年第 5 期。
王莉、孙国强:《集群创新网络协作机制对创新绩效的作用机理研究》,《软科学》2017 年第 9 期。
王黎萤、吴瑛、朱子钦、宋秀玲:《专利合作网络影响科技型中小企业创新绩效的机理研究》,《科研管理》2021 年第 1 期。
王秋玉、尚勇敏、刘刚、曾刚:《跨国并购对全球—地方创新网络演化的作用研究——以中国工程机械产业为例》,《经济地理》2018 年第 2 期。
王秋玉、曾刚、吕国庆:《中国装备制造业产学研协同创新网络初探》,《地理学报》2016 年第 2 期。
王先甲、顾翠伶、赵金华、全吉:《随机演化动态及其合作机制研究综述》,《系统科学与数学》2019 年第 10 期。
王玉斌、华静:《信息传递对农户转基因作物种植意愿的影响》,《中国农村经济》2016 年第 6 期。
魏素豪:《中国与“一带一路”国家农产品贸易:网络结构、关联特征与策略选择》,《农业经济问题》2018 年第 11 期。
吴卫红、丁章明、张爱美、陈高翔:《基于内外部影响因素的“产学研”协同创新动态演化路径研究》,《情报杂志》2018 年第 9 期。
吴晓云、张欣妍:《企业能力、技术创新和价值网络合作创新与企业绩效》,《管理科学》2015 年第 6 期。
辛鸣:《消费者对转基因食品的认知程度和接受意愿——以河南省为例》,《中国软科学》2017 年第 9 期。
徐建中、孙颖:《市场机制和政府监管下新能源汽车产业合作创新演化博弈研究》,《运筹与管理》2020 年第 5 期。
徐建中、赵亚楠、朱晓亚:《基于复杂网络演化博弈的企业低碳协同创新行为网络演化机理研究》，《运筹与管理》2019 年第 6 期。
徐倩、李晓曼、郝心宁、孙巍：《全球农业生物技术专利检索策略研究》，《生物技术通报》2018 年第 12 期。
徐莹莹、綦良群：《基于复杂网络演化博弈的企业集群低碳技术创新扩散研究》，《中国人口·资源与环境》2016 年第 8 期。
薛爱红：《农业生物技术专利信息管理分析》，《中国科技论坛》2010 年第 4 期。
薛艳、郭淑静、徐志刚：《经济效益、风险态度与农户转基因作物种植意愿——对中国五省 723 户农户的实地调查》，《南京农业大学学报》（社会科学版）2014 年第 4 期。
杨春白雪、曹兴、高远：《新兴技术协同创新网络演化及特征分析》，《科研管理》2020 年第 7 期。
杨辉：《谁在判定农业转基因生物是否安全——国家农业转基因生物安全委员会群体素描》，《自然辩证法研究》2019 年第 10 期。
杨剑、方易新、杜少甫：《考虑参照依赖的企业合作创新演化博弈分析》，《中国管理科学》2020 年第 1 期。
姚东旻、张磊、张鹏远：《一样的科学，不一样的政策——转基因产品标识政策差异的博弈分析》，《财经研究》2020 年第 4 期。
姚东旻、张鹏远、李军林：《转基因食品标识政策的选择和评价》，《改革》2018 年第 6 期。
叶琴、曾刚：《不同知识基础产业创新网络与创新绩效比较——以中国生物医药产业与节能环保产业为例》，《地理科学》2020 年第 8 期。
叶琴、曾刚：《解析型与合成型产业创新网络特征比较——以中国生物医药、节能环保产业为例》，《经济地理》2018 年第 10 期。
叶琴、曾刚、陈弘挺：《组织与认知邻近对东营市石油装备制造业创新网络演化影响》，《人文地理》2017 年第 1 期。
叶琴、曾刚、杨舒婷、陈弘挺：《东营石油装备制造业创新网络演化研究》，《地理科学》2017 年第 7 期。
於流芳、尹继东、许水平：《供给侧改革驱动下创新主体异质性与创新联盟关系风险》，《科技进步与对策》2017年第5期。
岳为众、刘颖琦、童宇、宋泽源：《政府补贴在新能源汽车充电桩产业中的作用：三方博弈视角》，《中国人口·资源与环境》2020年第11期。
臧欣昱、马永红：《协同创新视角下产学研合作行为决策机制研究》，《运筹与管理》2018年第3期。
曾菊新：《论新世纪适宜居住的城市观》，《经济地理》2001年第3期。
曾闻、王曰芬、周玢宇：《产业领域专利申请状态分布与演化研究——以人工智能领域为例》，《情报科学》2020年第12期。
张洁瑶：《创业企业多维邻近性对协同创新关系影响研究》，《科研管理》2018年第9期。
张明杨、范玉兵、陈超：《异质性信息对消费者购买意向的影响：以转基因大米为例》，《中国农村观察》2020年第1期。
张文宏：《宏观社会结构变迁背景下城市居民社会网络构成的变化》，《天津社会科学》2006年第2期。
张云亭：《科斯理论与交易成本思维》，《经济导刊》2013年第12期。
赵莉晓：《基于专利分析的RFID技术预测和专利战略研究——从技术生命周期角度》，《科学学与科学技术管理》2012年第11期。
赵芝俊、孙炜琳、张社梅：《转基因抗虫（Bt）玉米商业化的经济效益预评价》，《农业经济问题》2010年第9期。
钟业喜、傅钰、朱治州、王晓静：《基于母子企业联系的上市公司网络结构研究——以长江中游城市群为例》，《长江流域资源与环境》2018年第8期。
周灿、曹贤忠、曾刚：《中国电子信息产业创新的集群网络模式与演化路径》，《地理研究》2019年第9期。
周灿、曾刚、宓泽锋、鲜果：《区域创新网络模式研究——以长三角城市群为例》，《地理科学进展》2017年第7期。
周灿、曾刚、辛晓睿、宓泽锋：《中国电子信息产业创新网络演化——基于SAO模型的实证》，《经济地理》2018年第4期。
周珊珊、孙玥佳：《政府补贴与高技术产业持续适应性创新演化》，《科研管理》2019 年第 10 期。

林春培:《企业外部创新网络对渐进性创新与根本性创新的影响》，博士学位论文，华南理工大学 2012 年。

周灿:《中国电子信息产业集群创新网络演化研究：格局、路径、机理》，博士学位论文，华东师范大学，2018 年。

周文:《基于复杂网络理论的集群创新网络研究》，博士学位论文，哈尔滨工程大学，2015 年。

苏奇:《复杂网络上的合作演化和博弈动力学研究》，博士学位论文，北京大学，2020 年。

Agrawal A. , Kapur D. , McHale J. , "How do Spatial and Social Proximity Influence Knowledge Flows? Evidence from Patent Data", *Journal of Urban Economics*, Vol. 64, No. 2, 2008.

Agrawal A. , "University-to-Industry Knowledge Transfer: Literature Review and Unanswered Questions", *International Journal of Management Reviews*, Vol. 3, No. 4, 2007.

Agrawal A. K. , "University-To-Industry Knowledge Transfer: Literature Review and Unanswered Questions", *International Journal of Management Reviews*, Vol. 3, No. 4, 2001.

Albert R. , Jeong H. , Barabási A. L. , "Diameter of the World-Wide Web", *Nature*, Vol. 401, No. 6, 1999.

Anne L. J. , Ter Wal A. L. , "The Dynamics of the Inventor Network in German Biotechnology: Geographic Proximity Versus Triadic Closure", *Journal of Economic Geography*, Vol. 14, No. 3, 2013.

Antonelli C. , "Collective Knowledge Communication and Innovation: the Evidence of Technological Districts", *Regional Studies*, Vol. 34, No. 6, 2000.

Asheim B. T. , Isaksen A. , "Regional Innovation Systems: the Integration of Local 'Sticky' and Global 'Ubiquitous' Knowledge", *The Journal of Technology Transfer*, Vol. 27, No. 1, 2002.

Audretsch D. B. , Feldman M. P. , "R&D Spillovers and the Geography of Innovation and Production", *The American Economic Review*, Vol. 86, No. 3, 1996.

Autant-Bernard C. , Billand P. , Frachisse D. , et al. , "Social Distance Versus Spatial Distance in R&D Cooperation: Empirical Evidence from European Collaboration Choices in Micro and Nanotechnologies", *Papers in Regional Science*, Vol. 86, No. 3, 2007.

Balland P. A. , Belso-Martínez J. A. , Morrison A. , "The dynamics of Technical and Business Knowledge Networks in Industrial Clusters: Embeddedness, Status or Proximity?", *Economic Geography*, Vol. 92, No. 1, 2016.

Balland P. A. , Rigby D. , "The Geography of Complex Knowledge", *Economic Geography*, Vol. 93, No. 1, 2017.

Balland P. A. , Vaan M. D. , Boschma R. , "The Dynamics of Interfirm Networks along the Industry Life Cycle: The Case of the Global Video Game Industry, 1987 – 2007", *Journal of Economic Geography*, Vol. 13, No. 5, 2013.

Balland P. A. , "Proximity and the Evolution of Collaboration Networks: Evidence from Research and Development Projects within the Global Navigation Satellite System (GNSS) Industry", *Regional Studies*, Vol. 46, No. 6, 2012.

Barabási A. L. , Albert R. , "Emergence of Scaling in Random Networks", *Science*, Vol. 286, No. 5439, 1999.

Bathelt H. , Li P. F. , "Global Cluster Networks—Foreign Direct Investment Flows from Canada to China", *Journal of Economic Geography*, Vol. 14, No. 1, 2014.

Bathelt H. , Malmberg A. , Maskell P. , "Clusters and Knowledge: Local Buzz, Global Pipelines and the Process of Knowledge Creation. ", *Progress in Human Geography*, Vol. 28, No. 1, 2004.

Berry M. M. J. , Taggart J. H. , "Managing technology and Innovation: A Review", *R&D Management*, Vol. 24, No. 4, 1994.

Blau P. M., "Social Exchange Theory", *Retrieved September*, Vol. 3, No. 2007, 1964.

Boschma R., Frenken K., "Evolutionary Economic Geography", *The New Oxford Handbook of Economic Geography*, Vol. 14, No. 2, 2018.

Boschma R., Ter Wal A. L., "Knowledge Networks and Innovative Performance in an Industrial District: The Case of a Footwear District in the South of Italy", *Industry and Innovation*, Vol. 14, No. 2, 2007.

Boschma R., "Proximity and Innovation: A Critical Assessment", *Regional Studies*, Vol. 39, No. 1, 2005.

Boschma R. A., Fritsch M., "Creative Class and Regional Growth: Empirical Evidence from Seven European Countries", *Economic Geography*, Vol. 85, No. 4, 2009.

Boschma R. A., "Does Geographical Proximity Favour Innovation?", *Économie et Institutions*, No. 6 – 7, 2005.

Bozeman B., Fay D., Slade C. P., "Research Collaboration in Universities and Academic Entrepreneurship: The-State-Of-The-Art", *The Journal of Technology Transfer*, Vol. 38, No. 1, 2013.

Breschi S., Catalini C., "Mobility of Skilled Workers and Co-invention Networks: An Anatomy of Localized Knowledge Flows", *Journal of Economic Geography*, Vol. 9, No. 4, 2009.

Breschi S., Lissoni F., "Knowledge Spillovers and Local Innovation Systems: a Critical Survey", *Industrial and Corporate Change*, Vol. 10, No. 4, 2001.

Broekel T., Boschma R., "Knowledge Networks in the Dutch Aviation Industry: The Proximity Paradox", *Journal of Economic Geography*, Vol. 12, No. 2, 2012.

Broekel T., Hartog M., "Explaining the Structure of Inter Organizational Networks Using Exponential Random Graph Models", *Industry and Innovation*,

Vol. 420, No. 3, 2013.

Broekel T., Mueller W., "Critical Links in Knowledge Networks: What about Proximities and Gatekeeper Organizations?", *Industry and Innovation*, Vol. 25, No. 10, 2018.

Broekel T., "The Co-evolution of Proximities: A Network Level Study", *Regional Studies*, Vol. 49, No. 6, 2015.

Brouthers K. D., Brouthers L. E., "Strategic Alliances: Choose your Partners", *Long Range Planning*, Vol. 28, No. 3, 1995.

Buenstorf Guido, *The Economics of Energy and the Production Process: An Evolutionary Approach*, Cheltenham: Edward Elgar Publishing, 2004, p. 328.

Bunnell T. G., Coe N. M., "Spaces and Scales of Innovation", *Progress in Human Geography*, Vol. 25, No. 4, 2001.

Burt R. S., "Structural holes and good Ideas", *American Journal of Sociology*, Vol. 110, No. 2, 2004.

Cannavale C., Esempio A., Ferretti M., "Up-and Down-Alliances: A systematic literature review", *International Business Review*, Vol. 28, No. 3, 2021.

Cao Z., Derudder B., Peng Z. W., "Interaction between different Forms of Proximity in Inter-organizational Scientific Collaboration: The Case of Medical Sciences Research Network in the Yangtze River Delta Region", *Regional Science*, Vol. 98, No. 1, 2019.

Caragliu A., Nijkamp P., "Space and Knowledge Spillovers in European Regions: The Impact of Different Forms of Proximity on Spatial Knowledge Diffusion", *Journal of Economic Geography*, Vol. 16, No. 3, 2016.

Carrincazeaux C., Lung Y., Vicente J., "The Scientific Trajectory of the French School of Proximity: Interaction-and Institution-Based Approaches to Regional Innovation Systems", *European Planning Studies*, Vol. 16, No. 5, 2008.

Cassi L. , Morrison A. , Rabellotti R. , "Proximity and Scientific Collaboration: Evidence from the Global Wine Industry", *Journal of Economic & Social Geography*, Vol. 106, No. 2, 2015.

Cassi L. , Morrison A. , Ter Wal A. L. J. , "The Evolution of Trade and Scientific Collaboration Networks in the Global Wine Sector: A Longitudinal Study Using Network Analysis", *Economic geography*, Vol. 88, No. 3, 2012.

Cassi L. , Plunket A. , "Research Collaboration in Co-inventor Networks: Combining Closure", *Regional Studies*, Vol. 49, No. 6, 2015.

Cassiman B. , Veugelers R. , "R&D Cooperation and Spillovers: Some Empirical Evidence from Belgium", *American Economic Review*, Vol. 92, No. 4, 2002.

Christensen J. F. , Olesen M. H. , Kjær J. S. , "The Industrial Dynamics of Open Innovation—Evidence from the Transformation of Consumer Electronics", *Research Policy*, Vol. 34, No. 10, 2005.

Cohen W. M. , Levinthal D. A. , "Absorptive Capacity: A new Perspective on Learning and Innovation, *Administrative Science Quarterly*, Vol. 35, No. 1, 1990.

Cooke P. , "The New Wave of Regional Innovation Networks: Analysis, Characteristics and Strategy", *Small Business Economics*, Vol. 8, No. 2, 1996.

Cowan R. , Jonard N. , Zimmermann J. B. , "Bilateral Collaboration and the Emergence of Innovation Networks", *Management Science*, Vol. 53, No. 7, 2007.

Cui J. , Li T. , Wang Z. , "Research Collaboration Beyond the Boundary: Evidence from University Patents in China", *Journal of Regional Science*, Vol. 10, 2020.

Cunningham C. E. , Woodward C. A. , Shannon H. S. , "Readiness for Organizational Change: A Longitudinal Study of Workplace, Psychological and

Behavioural Correlates", *Journal of Occupational and Organizational Psychology*, *Vol.* 75, No. 4, 2002.

Cunningham L. X., Rowley C., "Small and Medium-sized Enterprises in China: A Literature Review, Human Resource Management and Suggestions for Further Research", *Asia Pacific Business Review*, Vol. 16, No. 3, 2010.

Davids M., Frenken K., "Proximity, Knowledge Base and the Innovation Process: Towards an Integrated Framework", *Regional Studies*, Vol. 52, No. 1, 2018.

Dilk C., Gleich R., Wald A., "State and Development of Innovation Networks: Evidence from the European Vehicle Sector", *Management Decision*, Vol. 53, No. 7, 2008.

Drejer I., Østergaard C. R., "Exploring determinants of firms' collaboration with specific universities: Employee Driven Relations and Geographical Proximity", *Regional Studies*, Vol. 51, No. 8, 2017.

Eisenhardt K. M., "Building Theories from Case Study Research", *Academy of management review*, Vol. 14, No. 4, 1989.

Emirbayer M., Goodwin J., "Network Analysis, Culture, and the Problem of Agency", *American Journal of Sociology*, Vol. 99, No. 6, 1994.

Foster R. N., "Working the S-Curve: Assessing Technological Threats", *Research Management*, Vol. 29, No. 4, 1986.

Freeman C., "Networks of Innovators: A Synthesis of Research Issues", *Research Policy*, Vol. 20, No. 5, 1991.

Fry A., Mortimer K., Ramsay L., "Clinical Research and the Culture of Collaboration", *The Australian Journal of Advanced Nursing: A Quarterly Publication of the Royal Australian Nursing Federation*, Vol. 11, No. 3, 1994.

Gay B., Dousset B., "Innovation and Network Structural Dynamics: Study of the Alliance Network of a Major Sector of the Biotechnology Industry", *Research Policy*, Vol. 34, No. 10, 2005.

Giuliani E. , Bell M. , "The Micro-Determinants of Meso-Level Learning and Innovation: Evidence from a Chilean Wine Cluster", *Research Policy*, Vol. 34, No. 1, 2005.

Giuliani E. , "Network Dynamics in Regional Clusters: Evidence from Chilean Wine Cluster", *Research Policy*, Vol. 42, No. 8, 2013.

Glückler J. , "Economic Geography and the Evolution of Networks", *Journal of Economic Geography*, Vol. 7, No. 5, 2007.

Glückler J. , "How Controversial Innovation Succeeds in the Periphery? A Network Perspective of BASF Argentina", *Journal of Economic Geography*, Vol. 14, No. 5, 2014.

Graf H. , Kalthaus M. , "International Research Networks: Determinants of Country Embeddedness", *Research Policy*, Vol. 47, No. 7, 2018.

Gui Q. C. , Liu C. L. , Du D. B. , "Does Network Position Foster Knowledge Production? Evidence from International Scientific Collaboration Network", *Growth and Change*, Vol. 49, No. 4, 2018.

Gulati R. , Gargiulo M. , "Where do Interorganizational Networks Come from?", *American Journal of Sociology*, Vol. 104, No. 5, 1999.

Gulati R. , Higgins M. C. , "Which Ties Matter When? The Contingent Effects of Interorganizational Partnerships on IPO Success", *Strategic Management Journal*, Vol. 24, No. 2, 2003.

Gulati R. , "Social Structure and Alliance Formation Patterns: A Longitudinal Analysis", *Administrative Science Quarterly*, Vol. 104, No. 5, 1995.

Hansen T. , "Substitution or Overlap? The Relations between Geographical and Non-spatial Proximity Dimensions in Collaborative Innovation Projects", *Regional Studies*, Vol. 49, No. 10, 2015.

Harris L. , Coles A. M. , Dickson K. , "Building Innovation Networks: Issues of Strategy and Expertise", *Technology Analysis & Strategic Management*, Vol. 12, No. 2, 2000.

Harrison R. T. , Yohanna B. , Pierrakis Y. , "Internationalisation and Localisation: Foreign Venture Capital Investments in the United Kingdom", *Local Economy*, Vol. 35, No. 3, 2020.

Hoekman J., Frenken K., Tijssen R. J. W., "Research Collaboration at a Distance: Changing Spatial Patterns of Scientific Collaboration within Europe", *Research Policy*, Vol. 39, No. 5, 2010.

Holland P. W., Leinhardt S., "Transitivity in Structural Models of Small Groups", *Comparative Group Studies*, Vol. 2, No. 2, 1971.

Howells J., "Intermediation and the Role of Intermediaries in Innovation", *Research Policy*, Vol. 35, No. 5, 2006.

Huggins R., Prokop D., "Network Structure and Regional Innovation: A Study of University-industry Ties", *Urban Studies*, Vol. 54, No. 4, 2015.

Huggins R., Thompson P., "Entrepreneurial Networks and Open Innovation: the Role of Strategic and Embedded Ties", *Industry and Innovation*, Vol. 24, No. 4, 2017.

Huggins R., Thompson P., "Networks and Regional Economic Growth: A Spatial Analysis of Knowledge Ties", *Environment and Planning A*, Vol. 46, No. 6, 2017.

Huggins R., "Forms of Network Resource: Knowledge Access and the Role of Inter-firm Networks", *International Journal of Management Reviews*, Vol. 12, No. 3, 2010.

Kalish Y., "Stochastic Actor-Oriented Models for the Co-evolution of Networks and Behavior: An Introduction and Tutorial", *Organizational Research Methods*, Vol. 23, No. 3, 2020.

Katon W., Von Korff M., Lin E., "Collaborative Management to Achieve Depression Treatment Guidelines", *The Journal of Clinical Psychiatry*, Vol. 58, No. 1, 1997.

Katz J. S., Hicks D., "How much is a collaboration worth? A calibrated bibliometric model", *Scientometrics*, Vol. 40, 1997.

Katz J. S., Martin B. R., "What is Research collaboration?", *Research poli-*

cy, Vol. 26, No. 1, 1997.

Kauffeld M., Fritsch M., "Who are the Knowledge Brokers in Regional Systems of Innovation? A Multi-actor Network Analysis", *Regional Studies*, Vol. 47, No. 5, 2013.

Kilduff Martin and Wenpin Tsai, *Social Networks and Organizations*, Irvin: Sage, 2003.

Kirat T., Lung Y., "Innovation and Proximity: Territories as Loci of Collective Learning Processes", *European Urban and Regional Studies*, Vol. 6, No. 1, 1999.

Knoben J., Oerlemans L., "Proximity and Inter-Organizational Collaboration: A Literature Review", *International Journal of Management Reviews*, Vol. 8, No. 2, 2006.

Koschatzky K., "Innovation Networks of Industry and Business-Related Services—Relations between Innovation Intensity of Firms and Regional Inter-firm cooperation", *European Planning Studies*, Vol. 7, No. 6, 1999.

Larson S., Alexander K. S., Djalante R., et al., "The Added Value of Understanding Informal Social Networks in an Adaptive Capacity Assessment: Explorations of an Urban Water Management System in Indonesia", *Water Resources Management*, Vol. 27, No. 13, 2013.

Lazega E., Mounier L., Snijders T., et al., "Norms, status and the Dynamics of Advice Networks: A Case Study", *Social Networks*, Vol. 34, No. 3, 2012.

Leszczyńska D., Khachlouf N., "How Proximity Matters in inter Active Learning and innovation: A Study of the Venetian Glass Industry", *Industry and Innovation*, Vol. 25, No. 9, 2018.

Lin Z., Cao X., Cottam E., "International Networking and Knowledge Acquisition of Chinese SMEs: The Role of Global Mind-set and International Entrepreneurial Orientation", *Entrepreneurship & Regional Development*, Vol. 32, No. 5 – 6, 2020.

Maggioni M. , Uberti E. , "Networks and Geography in the Economics of Knowledge Flows", *Quality and Quantity*, Vol. 45, No. 5, 2011.

Maggioni M. A. , Nosvelli M. , Uberti T. E. , "Space Versus Networks in the Geography of Innovation: A European Analysis", *Papers in Regional Science*, Vol. 86, No. 3, 2007.

Malerba F. , "Sectoral Systems of Innovation and Production", *Research Policy*, Vol. 31, No. 2, 2002.

Malerba F. , "Sectoral Systems of Innovation: A Framework for Linking Innovation to the Knowledge Base, Structure and Dynamics of Sectors", *Economics of Innovation and New Technology*, Vol. 14, No. 1 – 2, 2005.

McKelvey M. , Alm H. , Riccaboni M. , "Does Co-location Matter for Formal Knowledge Collaboration in the Swedish Biotechnology-Pharmaceutical Sector?", *Research Policy*, Vol. 32, No. 3, 2003.

McPherson M. , Smith-Lovin L. , Cook J. M. , "Birds of a Feather: Homophily in Social Networks", *Annual Review of Sociology*, Vol. 27, No. 1, 2001.

Miorner J. , Zukauskaite E. , Trippl M. , et al. , "Creating Institutional Preconditions for Knowledge Flows in Cross-border Regions", *Environment and Planning C*, Vol. 35, No. 2, 2018.

Mitze T. , Strotebeck F. , "Determining Factors of Interregional Research Collaboration in Germany's Biotech Network: Capacity, Proximity, Policy?", *Tech Novation*, Vol. 80, No. 3, 2019.

Morgan K. , "The Exaggerated Death of Geography: Learning, Proximity and Territorial Innovation Systems", *Journal of Economic Geography*, Vol. 4, No. 1, 2004.

Müller-Seitz G. , "Leadership in Interorganizational Networks: A Literature Review and Suggestions for Future Research", *International Journal of Management Reviews*, Vol. 14, No. 4, 2012.

Nelson R. R. , Winter S. G. , "An Evolutionary Theory of Economy Change",

Belknap Harvard, Vol. 80, No. 3, 1982.

Nelson R. R., Winter S. G., "The Schumpeterian Tradeoff Revisited", *The American Economic Review*, Vol. 72, No. 1, 1982.

Nepelski D., Prato G. D., "The Structure and Evolution of ICT Global Innovation Network", *Industry and Innovation*, Vol. 25, No. 10, 2018.

Neumann Franz Leopold, *Behemoth*, New York: Oxford University Press, 1944.

Newman M. E. J., Park J., "Why Social Networks are Different from other Types of Networks?", *Physical Review E*, Vol. 68, No. 3, 2003.

Nomaler Ö, Verspagen B., "River Deep, Mountain High: of Long Run Knowledge Trajectories within and between Innovation Clusters", *Journal of Economic Geography*, Vol. 16, No. 6, 2016.

Nooteboom B., Haverbeke W., Duysters G., "Optimal Cognitive Distance and Absorptive Capacity", *Research Policy*, Vol. 36, No. 7, 2007.

Nooteboom B., "Innovation and Inter-firm Linkages: New Implications for Policy", *Research Policy*, Vol. 28, No. 8, 1999.

Nooteboom B., "Learning by Interaction: Absorptive Capacity, Cognitive Distance and Governance", *Journal of Management and Governance*, Vol. 4, No. 1, 2000.

North D. C., "A transaction cost theory of politics", *Journal of theoretical politics*, Vol. 2, No. 4, 1990.

Nowak M. A., May R. M., "Evolutionary Games and Spatial Chaos", *Nature*, Vol. 359, No. 6398, 1992.

OECD, "OECD Patent Databases Identifying Technology Areas for Patents", OECD, 2018.

Oerlemans L., Meeus M., "Do Organizational and Spatial Proximity Impact on Firm Performance?", *Regional Studies*, Vol. 39, No. 1, 2005.

Ojasalo J., "Management of Innovation Networks: A Case Study of Different Approaches", *European Journal of Innovation Management*, Vol. 28, No. 8,

2008.

Owen-Smith J. , Powell W. W. , "Knowledge Networks as Channels and Conduits: The Effects of Spillovers in the Boston Biotechnology Community", *Organization Science*, Vol. 15, No. 1, 2004.

Petruzzelli A. M. , "The Impact of Technological Relatedness, Prior Ties, and Geographical Distance on University-Industry Collaborations: A Joint-Patent Analysis", *Technovation*, Vol. 31, No. 7, 2011.

Ponds R. , Van Oort F. , Frenken K. , "The Geographical and Institutional Proximity of Research Collaboration", *Regional Science*, Vol. 86, No. 3, 2007.

Powers D. M. W. , "Evaluation: From Precision, Recall and F-Measure to ROC, Informedness, Markedness and Correlation", *ArXiv Preprint ArXiv*, No. 16061, 2008.

Rallet A. , Torre A. , "Is Geographical Proximity Necessary in the Innovation Network in the Era of Global Economy?", *Geo Journal*, Vol. 49, No. 4, 1999.

Rivera M. T. , Soderstrom S. B. , Uzzi B. , "Dynamics of Dyads in Social Networks: Assortative, Relational, and Proximity Mechanisms", *Annual Review of Sociology*, 2010.

Rivera-Santos M. , Rufín C. , "Global Village vs. Small Town: Understanding Networks at the Base of the Pyramid", *International Business Review*, Vol. 19, No. 2, 2010.

Romero C. C. , "Personal and Business Networks within Chilean Biotech", *Industry and Innovation*, Vol. 25, No. 9, 2018.

Ruttan V. W. , "Induced Innovation, Evolutionary Theory and Path Dependence: Sources of Technical Change", *The Economic Journal*, Vol. 107, No. 444, 1997.

Scherngell T. , Hu Y. J. , "Collaborative Knowledge Production in China: Regional Evidence from a Gravity Model Approach", *Regional Studies*,

Vol. 45, No. 6, 2011.

Singh J., "Collaborative Networks as Determinants of Knowledge Diffusion Patterns", *Management Science*, Vol. 51, No. 5, 2005.

Smith J. M., Price G. R., "The Logic of Animal Conflict", *Nature*, Vol. 246, No. 5427, 1973.

Snijders T. A. B., Steglich C. E. G., van de Bunt G G, "Introduction to Actor-based Models for Network Dynamics", *Social Networks*, Vol. 33, No. 1, 2008.

Snijders T. A. B., Van de Bunt G. G., Steglich C. E. G., "Introduction to Stochastic Actor-based Models for Network Dynamics", *Social Networks*, Vol. 32, No. 1, 2010.

Steglich C., Snijders T. A. B., West P., "Applying Siena", *Methodology*, Vol. 2, No. 1, 2006.

Tahmooresnejad L., Beaudry C., "The Importance of Collaborative Networks in Canadian Scientific Research", *Industry and Innovation*, Vol. 25, No. 10, 2018.

Talbot D., "Les Institutions Créatrices de Proximités", *Revued Economie Regionale Urbaine*, No. 3, 2008.

Tanner A., "The Emergence of New Technology-Based Industries: The case of Fuel Cells and Its Technological Relatedness to Regional Knowledge Bases", *Journal of Economic Geography*, Vol. 16, No. 3, 2016.

Taylor P. D., Jonker L. B., "Evolutionary Stable Strategies and Game Dynamics", *Mathematical Biosciences*, Vol. 40, No. 1-2, 1978.

Ter Wal A. L., Boschma R., "Applying Social Network Analysis in Economic Geography: Framing some Key Analytic Issues", *The Annals of Regional Science*, Vol. 43, No. 3, 2009.

Ter Wal A. L. J., "Cluster Emergence and Network Evolution: A Longitudinal Analysis of the Inventor Network in Sophia-Antipolis", *Regional Studies*, Vol. 47, No. 5, 2013.

Ter Wal A. L. J. , "The Dynamics of the Inventor Network in German Biotechnology: Geographic Proximity Versus Triadic Closure", *Journal of Economic Geography*, Vol. 14, No. 3, 2014.

Torre A. , Gilly J. P. , "On the Analytical Dimension of Proximity Dynamics", *Regional Studies*, Vol. 34, No. 2, 2000.

Torre A. , Rallet A. , "Proximity and Localization", *Regional Studies*, Vol. 39, No. 1, 2005.

Torre A. , "On the Role Played by Temporary Geographical Proximity in Knowledge Transmission", *Regional Studies*, Vol. 42, No. 6, 2008.

Turkina E. , Van Assche A. , Kali R. , "Structure and Evolution of Global Cluster Networks: Evidence from the Aerospace Industry", *Journal of Economic Geography*, Vol. 16, No. 6, 2016.

Uzzi B. , "Social Structure and Competition in Interfirm Networks: The Paradox of Embeddedness", *Administrative Science Quarterly*, Vol. 39, No. 1, 1997.

Uzzi B. , "The Sources and Consequences of Embeddedness for the Economic Performance of Organizations: The Network Effect", *American Sociological Review*, Vol. 39, No. 1, 1996.

Van de Bunt G. G. , Groenewegen P. , "An Actor-oriented Dynamic Network Approach: The Case of Interorganizational Network Evolution", *Organizational Research Methods*, Vol. 10, No. 3, 2007.

Wanzenböck I. , Scherngell T. , Lata R. , "Embeddedness of European Regions in European Union-funded research and Development (R&D) Networks: A Spatial Econometric Perspective", *Regional Studies*, Vol. 49, No. 10, 2015.

Watts D. J. , Strogatz S. H. , "Collective Dynamics of 'Small World' Networks", *Nature*, Vol. 393, No. 6684, 1998.

Wernerfelt B. , "A Resource-Based View of the Firm", *Strategic Management Journal*, Vol. 5, No. 2, 1984.

Wiley S. B. C. , "Rethinking nationality in the Context of Globalization",

Communication Theory, Vol. 14, No. 1, 2004.

Williamson O. E., "Strategy Research: Governance and Competence Perspectives", *Strategic Management Journal*, Vol. 20, No. 12, 1999.

Yeung H. W., "Critical Reviews of Geographical Perspectives on Business Organizations and the Organization of Production: Towards a Network Approach", *Progress in Human Geography*, Vol. 18, No. 4, 1994.

Zaheer A., Bell G. G., "Benefiting from Network Position: Firm Capabilities, Structural Holes, and Performance", *Strategic Management Journal*, Vol. 26, No. 9, 2005.

附录一　案例分析访谈提纲*

尊敬的先生/女士：

您好！我们是中国农业科学院农业经济与发展研究所中国农业生物技术网络化协同创新演化机制研究课题组成员，为了更好地开展课题研究，我们设计并进行了本次访谈，感谢您在百忙之中参加我们的访谈。

我们的访谈及其成果仅用于学术研究，无商业目的。您只需要根据您自身和所在单位的真实情况回答即可，无标准答案。我们承诺会对您的回答完全保密。

一　基本信息

访谈时间：　　　　　　　　　　　　访谈地点：

被访人物：　　　　　　　　　　　　职务情况：

二　访谈问题

（一）创新主体的基本情况

1. 请简要介绍贵单位的基本情况，包括但不限于①历史沿革，②股权结构（主管单位），③权益投资（机构组成），④经营范围与主营业务，⑤人员构成等，⑥行业地位，⑦营业收入与资产总额等。

2. 请简要介绍贵单位在“农业生物技术”领域的人员和经费投入及

* 由于篇幅原因，本附录中为案例分析所涉访谈的整体大纲。在针对三个样本的实地访谈前，分别以该大纲为基础进行了相应的调整。

其占比情况。

3. 请问贵单位有无对专利申请方面的支持或指导政策（或制度），若有，请简要介绍。

（二）协同创新的概况

4. 请问贵单位对“合作创新”有无针对性的支持或指导政策（或制度），若有，请简要介绍。

5. 在贵单位申请的众多专利中，分为独立申请和同其他单位或个人联合申请两类，其中合作申请的专利占比较低，对于是否进行合作创新以及是否联合申请专利，有无技术因素之外的考虑？或者说对合作创新是否存在顾虑？【本问题针对中国农大】

6. 在贵单位申请的众多专利中，分为独立申请和同其他单位或个人联合申请两类，其中合作申请的专利占比较低，对于是否进行合作创新以及是否联合申请专利，有无技术因素之外的考虑？或者说对合作创新是否存在顾虑？【本问题针对江苏省农科院】

7. 在贵单位申请的众多专利中，分为独立申请和同其他单位或个人联合申请两类，其中由两家单位联合进行申请的专利占比更大，对于是否进行合作创新以及是否联合申请专利，有无技术因素之外的考虑？公司大力推动合作创新具有怎样的考虑？【本问题针对大北农集团】

8. 在贵单位联合申请专利的合作伙伴中，部分仅合作一次，部分则合作多次，请结合专利名单，简要介绍出现上述差别的原因。

9. 在贵单位合作申请的专利中，哪些是贵单位主动联系其他单位进行合作创新的？哪些是其他单位主动联系贵单位的？（专利名单见附件）

10. 对于是否进行合作创新（包括主动联系对方和对方主动联系贵单位两类），贵单位有怎样的内部决定机制？

11. 决定开展协同创新时，会签订正式合同吗？如果是，会就双方的权利、义务和违约责任做出明确约定吗？如果不是，会以其他形式进行权利义务的约定吗？

12. 在开展协同创新时，贵单位是否获得过政府对合作创新或科技成果转化的各类补贴？如果有，是哪些形式的补贴？

13. 在开展合作创新时，贵单位有无出现过违反事先约定的情形？或贵单位的合作伙伴是否出现过违反事先约定的情形？是否因此受到过相关部门的处罚？

（三）协同创新伙伴的选择

14. 您认为创新主体之间的空间距离会影响协同创新的开展吗？结合贵单位联合申请的专利，您认为空间距离影响协同创新的机制是什么？

15. 如果您认为空间距离对协同创新存在影响，那么随着通信技术和交通方式的日渐发达，您认为空间距离对协同创新的影响力度有何变化？如果有变化，导致这种变化的因素除通信技术和交通方式的日渐发达外，还有其他因素吗？

16. 您认为创新主体知识背景的相似程度对开展协同创新的影响大吗？结合贵单位联合申请的专利，您认为空间距离影响协同创新的机制是什么？

17. 贵单位在考虑同潜在的伙伴建立协同创新关系时，会考虑双方是否同属于同种或相似的主体类型吗？这样考虑的原因是什么？

18. 在贵单位联合申请的众多专利中，绝大多数是在由集团内部母子公司、兄弟公司或其他形式的关联公司之间联合申请的，请问贵单位上述合作倾向基于哪些考虑？您认为创新主体间组织机构的相似性对协同创新有哪些影响或者利弊？【本问题针对大北农集团】

19. 您认为合作伙伴的创新经验对协同创新的顺利开展重要吗？

20. 贵单位的协同创新伙伴规模差异较大，您认为您或您的合作伙伴，在选择对方作为伙伴建立合作关系时，主体规模能在多大程度上影响选择行为？

21. 贵单位会将合作伙伴的伙伴，作为优先考虑的潜在合作伙伴吗？如果会，您认为这样选择有什么有利之处？如果不会，为什么？

22. 您认为贵单位在行业中所处的地位对于其他创新主体寻求协同创新有什么影响？贵单位在寻求协同创新伙伴时，会优先选择初创企业还是具有一定行业地位的大企业？

（四）协同创新的建立与终止

23. 请简要介绍贵单位同其他主体首次建立协同创新的程序和流程。

24. 请简要介绍贵单位同其他主体终止协同创新的程序和流程。

（五）其他问题

25. 就贵单位同合作伙伴开展的合作创新，您整体如何评价？贵单位未来会加强合作创新吗?

26. 现场追加的其他问题。

附录二　中国农业生物技术创新的发展态势

基于对本书第四章样本专利数据的统计分析，发现在1985—2017年，中国农业生物技术创新呈现如下态势。

一　创新实力逐年提升

通过附图2-1可以看出，1985年以来，农业生物技术在世界范围内发展迅速。这首先体现在专利申请数量上。1985年，全球农业生物技术相关专利约2.39万条，之后的30年间，全球农业生物技术专利的申请数量整体保持了上升趋势。2017年，全球农业生物技术专利申请数量已接近13万条。同世界农业生物技术的发展势头相比，中国的农业生物技术从专利申请数量角度进步更加明显。1985年4月，中国颁布实施专利法，当年农业生物技术类专利仅有306条，但2017年，该类专利已达到4.82万条。1985—2017年，中国农业生物技术专利增长率要大幅高于全球增长率，且在2001年之后，这一领先优势更趋明显。

伴随着专利数量的增长，创新主体的数量也呈现逐年增长态势。1985年，中国农业生物技术在专利方面的创新主体仅有188个，此后，该数据逐年增长，到2017年，在农业生物技术领域进行相关专利申请的创新主体已超过1.5万个。进入21世纪之后，尤其是2008年国家启动转基因重大专项之后，中国农业生物技术各类创新主体数量的增长率大幅提高。

相较于创新主体数量的逐年增长，中国农业生物技术专利的集中度逐年下降（见附图2-2）。在2001年，对于申请专利总量排名前10位

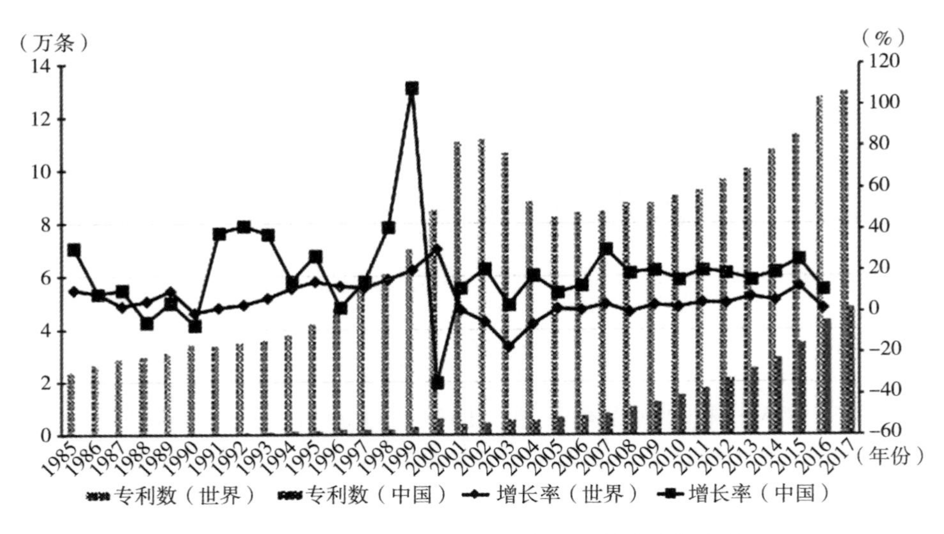

附图2－1　中国农业生物技术专利数量的增长态势

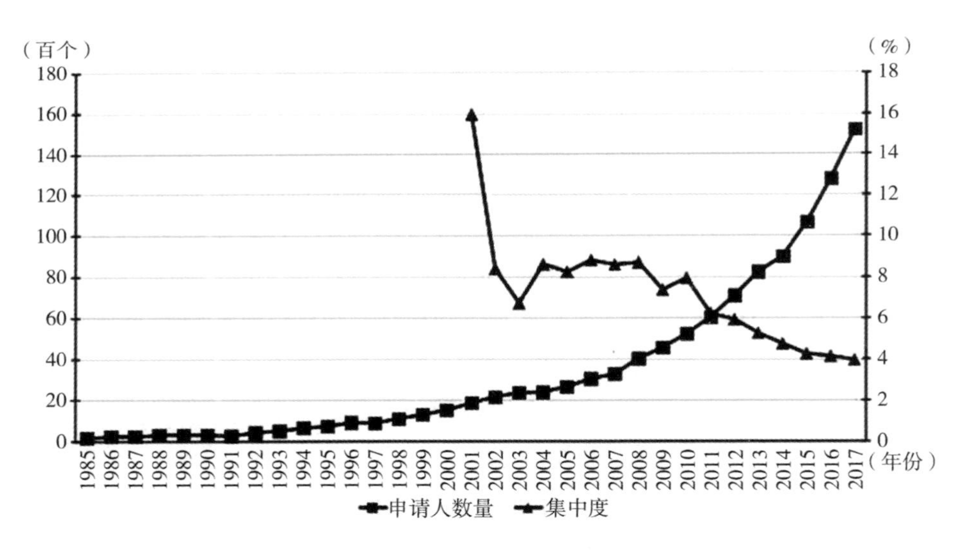

附图2－2　中国农业生物技术技术创新主体数量及专利集中度变化态势

的申请人，其专利申请量占该领域专利申请总量的比例高达15.97%，随着时间的推移和其他各类创新主体创新水平的逐步提高，到2017年，该指标已下降至不足4%。这意味着随着农业生物技术创新的重要性日渐受到重视和国家相关创新投入逐年增长，越来越多的创新主体投入农业生物技术领域的创新活动中，且不同创新主体的创新水平差距在逐年下降，创新主体日渐多元化。

二　呈现诱致性技术变迁路径

中国农业生物技术创新呈现比较明显的诱致性技术变迁路径，突出表现为随着学科自身发展和社会需求的不断变化，中国的农业生物技术创新的主题和热点呈现不断演化态势（见附图 2－3）。在中国农业生物技术创新的早期，在各类创新主体申请的专利中，数量排在前 5 名的全部属于 C12N。C12N 隶属于 C12，基本属于通过突变或遗传工程手段实现对微生物的改造，进而生产啤酒、烈性酒或果汁等饮用品。对这一阶段专利的热词进行分析，也出现了“发酵”“工艺”“咖啡”等词语。在这一时期，大量技术创新成果围绕与农业直接相关或者说紧密相连的食品类轻工业，很大程度上是由于随着生活水平的提高，人们已不满足于基本温饱问题的解决，而随着基因工程在中国的兴起，通过基因工程、遗传工程改良菌种或优化生产工艺进而提高产品产量和品质成为了必然选择。

之后，创新的热点主题开始向饲料领域演进。在这一时期，除了依然有在 C12 板块的两类专利进入前五，A23K 领域中通过生物技术的方法改造和生产饲料的相关专利开始增多。而从 2016 年起，随着中国农业生物技术创新水平开始趋于成熟，C12 板块相关的专利进一步增多，在数量上成为第一和第二的两类专利。通过生物技术手段，改造和优化饲料的生产，很大的原因是饲料和畜牧业的发展紧密相关。随着中国现代化和城镇化的持续推进，城镇人口数量增多，与此同时，农民的生活水平也日渐提高，这些因素叠加推动了中国对畜产品的需求，进而带动了对优质饲料的需求。而这也是农业生物技术创新紧跟中国市场需求变迁而实现演变的一个例证。此外，由于农业生物技术在本质上是生物技术在农业领域的应用，而生物技术脱胎于大的生命科学。因此，生命科学相关技术手段的进步不可避免地会影响中国农业生物技术创新的演变。

一个明显的例子是，在农业生物技术创新的成熟期，申请专利的热词开始出现 CAS9、CRISPR、敲除和 siRNA 等近年来兴起的基因编辑新技术相关的词语。

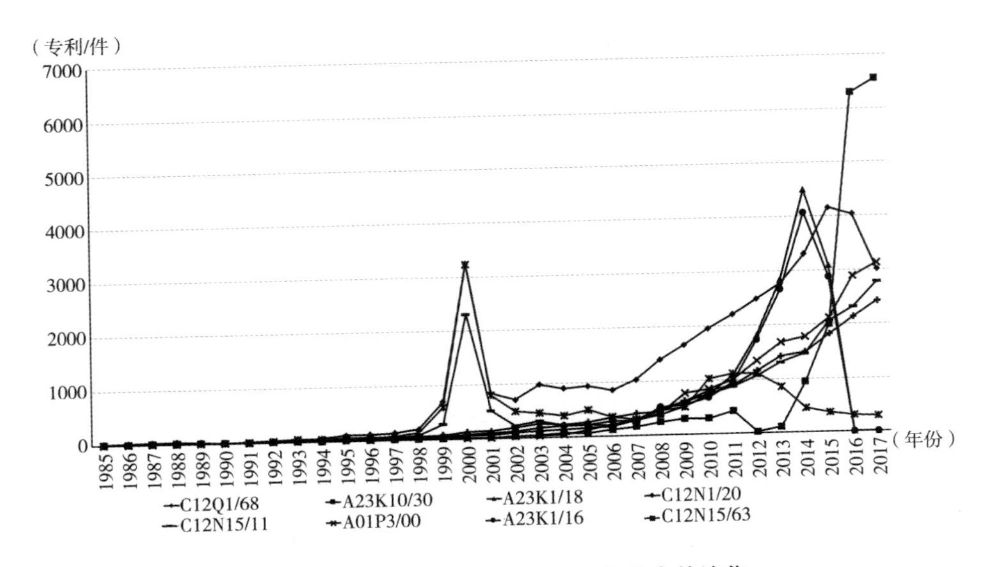

附图 2－3　中国农业生物技术创新热点的演化

三　协同创新意愿逐年下降

协同创新可以通过提高知识流动效率进而提高创新主体的创新绩效已被诸多研究证实①。然而，在本研究聚焦的 1985—2017 年，中国的农业生物技术协同创新潜力还有待进一步挖掘。附图 2－4 显示，在 20 世纪 80 年代，通过协同创新，创新主体间联合申请的专利占专利总量的比例大幅攀升，然而从 90 年代初开始至今，联合申请专利占比呈现的下降

① Bathelt H.，Malmberg A.，Maskell P.，"Clusters and Knowledge：Local Buzz，Global Pipelines and the Process of Knowledge Creation."，*Progress in Human Geography*，Vol. 28，No. 1，2004. Nomaler Ö，Verspagen B.，"River Deep，Mountain High：of Long Run Knowledge Trajectories within and between Innovation Clusters"，*Journal of Economic Geography*，Vol. 16，No. 6，2016.

趋势明显。2016—2017 年，这一比例仅约 6%，即有约 94% 的专利是以“单打独斗”的创新形式获得的。这意味着在农业生物技术创新领域，通过融入协同创新网络等形式开展协同创新，对创新主体的吸引力呈显出逐年下降的态势。创新合作占比的下降，表明在由中国农业生物技术各类创新主体（包括单独创新的主体和进行过协同创新的主体）组成的创新群体中，通过创新合作融入中国农业生物技术协同创新网络的创新主体的占比呈现下降态势。

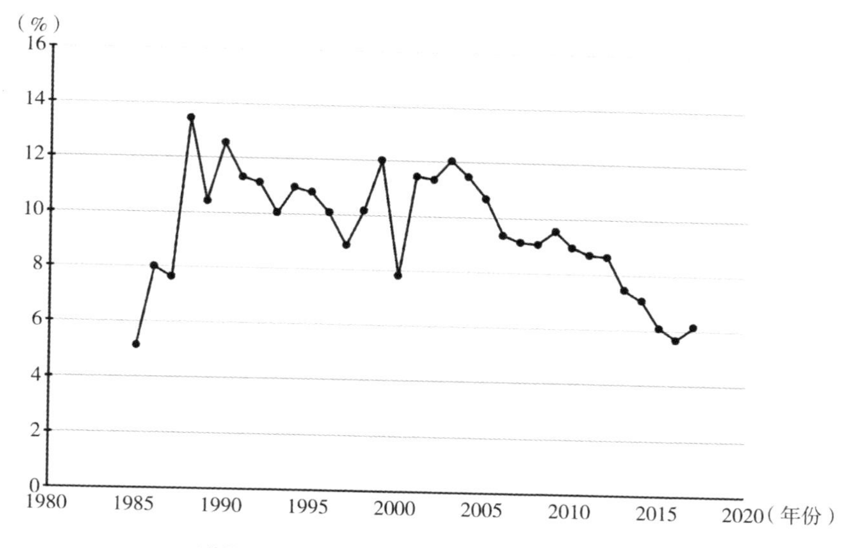

附图 2-4　联合申请专利占比的变化态势

附录三　中国农业生物技术协同创新网络社区发现方法

机器学习（Machine Learning）算法是一类从数据中自动分析获得规律，并利用规律对未知数据进行预测的算法。近年来，机器学习已在生物信息学、生物化学、医学、经济学、粮食安全和气候变化等诸多领域得到应用。社区发现（Community Detection）是机器学习诸多算法中的一种，主要用来对网络节点聚类形成的社区结构进行分析。社区发现的基本原理是，在社区内部，网络节点间的联系紧密，而不同社区的节点联系则较为松散随机。比较经典的社区发现案例包括对空手道俱乐部（Karate Club）、科学家合作网络（Collaboration Network）和斑马群体（Zebras）的社交行为研究等。

从技术层面来讲，社区发现可通过 Girvan-Newman、Walk Trap、Fast Greedy、Multi-level、Label Propagation 和 Infomap 等诸多算法实现。由于在现实数据中对于社区的定义千差万别，并不能确定每种定义和相应算法的假设匹配，上述社区发现类算法并不存优劣之分。就本书来说，创新主体及其相互间合作关系，也即创新合作网络中节点和连边等都存在权重问题，而 Infomap 算法是目前唯一能够充分顾及节点权重、连边权重等拓扑属性的主流算法，同时其还可以兼顾高阶网络数据，对于真实世界网络社区划分具有显著的适应性和稳健的性能。以此，本研究选择以 Informap 算法，实现对中国农业生物技术合作创新网络中创新社区的发掘。

Infomap 算法识别合作社区的核心思想是，同一个社区内部，节点间相互访问的频率较大，而不同社区间节点访问频率则较小。基于此，Infomap 算法采用 Huffman 编码，并以双层编码的形式，在对社区编码的同时给节点进行编码，但是节点间 Huffman 编码的长度不一样。对于访问频率比较高的给予较短的编码，对于访问频率比较低的给予较长的编码。如此一来，通过 Infomap 算法，可将寻找合作社区问题转化为求解最小编码函数的问题（见附图 3－1）。对于编码函数，定义如下：

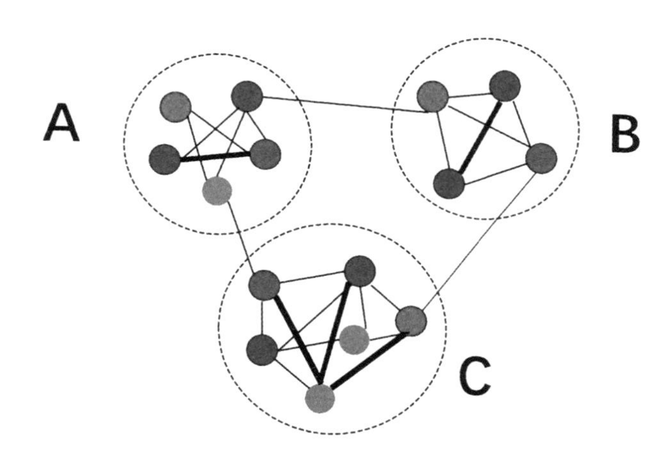

附图 3－1　创新合作网络中的合作社区

注：创新合作网络由若干创新主体及其相互间合作联系组成；而不同的创新主体又各自组成了三个创新合作社区 A、B 和 C。在社区内部，创新合作联系更加紧密和频繁；而在不同社区之间，虽然也进行了创新合作，但合作联系的强度却相对较低。

$$L(M)=qH(Q)+\sum_{i=1}^{m}p^{i}H(p^{i})$$

其中，$L(M)$ 是平均每步编码长度 ，是节点编码函数 $H(p^{i})$ 和群组编码函数 $H(Q)$ 的加权和。q 表示在编码中所有表示群组名字的编码的占比，p^{i} 表示在编码中属于群组 i 的所有节点（包括跳出节点）的编码的占比。H 函数即信息熵函数 H（X），在编码理论里，熵表示编码每个状态所需的平均字节长度，其计算函数如下：

$$H(Q)=-\sum_{i=1}^{m}\frac{q_i}{\sum_{j=1}^{m}q}\log(\frac{q_i}{\sum_{j=1}^{m}q})$$

总体来说，Infomap 算法的步骤如下：（1）将每个节点都是做独立群组，并分别进行编码；（2）所有节点中，随机抽取一个序列，按顺序将每个节点赋给其相邻节点所在社区，取平均比特下降最大时的社区赋予该节点，如果没有变化，该节点的社区不变；（3）循环重复步骤（2），直到 L（M）不能再被优化。

附录四　博弈论、演化博弈论和复杂网络上的演化博弈论

本书的核心章节多次涉及演化博弈论，并将演化博弈论用于复杂网络。为进一步阐述相关概念，将博弈论、演化博弈论、复杂网络上的演化博弈论的概念辨析如下。

1. 博弈论

博弈论（Game Theory）是研究理性个体在交互过程中做出最优决策的一门科学。借助博弈论，学者们对合作问题进行了大量研究。一般认为，经典博弈论起源于数学家 Von Neumann 和经济学家 Morgenstern 在 1944 年合著的论文《博弈论与经济学行为》①。经典博弈论包括了三个基本要素：参与者（Player）、策略集（Strategy Set）以及相应的效用（Utility）或者收益（Payoff）。参与者被认为是完全理性的——每个参与者的动机都是最大化自身的利益。

2. 演化博弈轮

在某种意义上可以说，演化博弈论是以博弈论为基础建立的。在经典博弈论中，所有个体都知道其他个体也是理性的，并且会采取个体最优策略。因此每个个体都会采取纳什均衡状态下的策略，从而导致了合作的困境。但是在很多低层次的生物系统中，个体通常不需要理性或者其他认知的能力，比如微生物组织；此外，即使人类本身也很难做到完全理性。1973 年 Smith 和 Price 用博弈论解释了动物之间的有限冲突，从

① Neumann Franz Leopold, *Behemoth*, New York: Oxford University Press, 1944.

而开辟了一个新的领域——演化博弈论[①]。

演化博弈论与经典博弈论主要有如下三个方面的差异。

（1）参与者的转变。经典的博弈论关注的是两个个体之间的交互作用，如你和我。所研究的问题是你在不清楚我做法的前提下，你如何做才能最大化自己的利益。演化博弈论将种群的思维模式引入博弈论中。研究的对象是许多个体组成的群体。个体会和许多其他个体交互。

（2）策略的转变。在经典博弈论中，个体的策略指代的是行为。在演化博弈论中，个体的策略既可以是行为，如游动的速度（快/慢）、采取的策略（捐赠/不捐赠）等，也可以是个体的表现型如身体的高度（高/矮）或者基因型如抗药型（有/无抗药基因）。

（3）收益的转变。在经典博弈论中，交互要么是单次的，要么是重复的。个体的收益是基于指定的个体之间单次或者重复的交互。在演化博弈论中，每个个体会遭遇不同的对手。个体的收益是与大量不同个体交互的结果。此外，个体的收益可以理解为个体在环境中的适应度或者繁殖速率。适应度高的个体繁殖快，更容易占领整个种群。演化博弈论采用适者生存的思想取代经典博弈论中完全理性的假设。

此外，经典博弈论和演化博弈论也存在均衡意义上的转变。经典博弈论关注的是纳什均衡——在该状态没有任何个体有改变自身策略的动机。演化博弈理论中有一个演化稳定策略（Evolutionarily Stable Strategy，ESS）的概念。该策略描述的是当种群中所有个体都采取该策略的时候，一小部分突变策略个体无法入侵该种群。演化稳定策略最初是定义在无限大的种群中。

演化稳定策略是演化博弈论领域非常重要的概念，但它是一个“静态”的概念。它只要求表现更好的策略具有更快的复制（增长）速率，并不涉及具体的博弈动力学。复制动力学方程（Replicator Dynamics）一方面能体现出演化博弈论优胜略汰的思想，另一方面也考虑了具体的博

① Smith J. M.，Price G. R.，“The Logic of Animal Conflict”，*Nature*，Vol. 246，No. 5427，1973.

弈动力学。复制动力学方程由 Taylor 和 Jonker 于 1978 年提出。其核心思想就是适应度更大的个体有更大的繁殖率，因此在种群中的占比会增加①。对于两策略博弈，复制动力学的方程形式如下：

$$\dot{x} = x\left[f_A(x) - \bar{f}(x)\right]$$

其中，x 表示 A 个体（采取 A 策略）的比例。$f_A(x)$ 表示 A 个体的适应度，$\bar{f}(x)$ 表示种群的平均适应度，$\bar{f}(x) = xf_A(x) + (1-x)f_B(x)$。如果 $f_A(x) > \bar{f}(x)$，A 个体的比例增加，否则减小。

3. 复杂网络上的演化博弈论

复杂网络上的演化博弈论是研究结构种群上合作演化和策略竞争的一种非常有用的方法。自从 1992 年 Nowak 和 May 开创性地研究了空间方格网络上的合作演化②，复杂网络上的合作演化和博弈动力学研究逐渐成为了研究的热点。复杂网络上演化博弈的基本过程如下：在每一代（Generation）或者每一个时间步（Time step），个体与其博弈伙伴进行交互，并累积在所有交互中获得的收益。通过同其邻居进行收益比较，个体将基于有限理性，根据适应度进行策略更新，并以较大概率在后续博弈环节模仿邻居的博弈策略。随着时间的推进，复杂网络的演化持续进行，直至达到演化系统稳定（见附图 4－1）。

---

① Taylor P. D.，Jonker L. B.，"Evolutionary Stable Strategies and Game Dynamics"，*Mathematical Biosciences*，Vol. 40，No. 1－2，1978.

② Nowak M. A.，May R. M.，"Evolutionary Games and Spatial Chaos"，*Nature*，Vol. 359，No. 6398，1992.

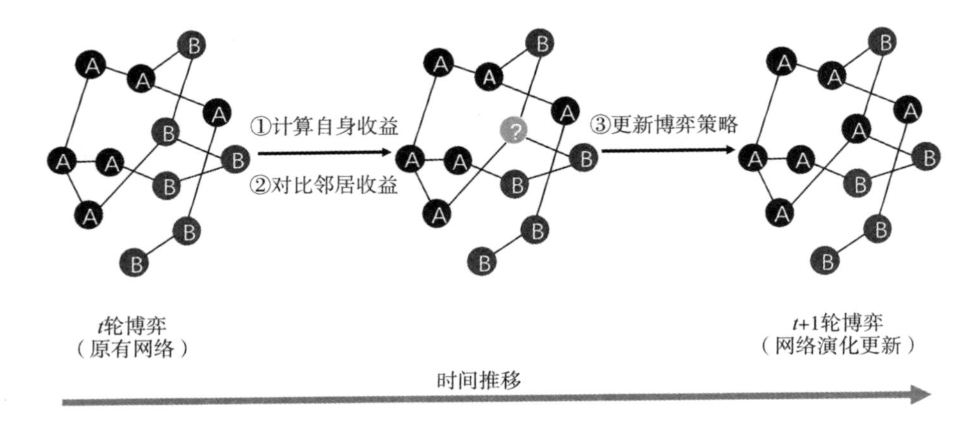

附图 4－1　复杂网络上的演化博弈

注：在 t 轮博弈中，某个网络节点采取博弈策略 B；博弈结束后，其将基于采取的策略计算自身收益（①），之后将同期在复杂网络中的邻居进行博弈收益比较（②）；之后，假定其博弈收益低于其采取 A 策略邻居的收益，那么其很有可能在接下来一轮的博弈中，更新博弈策略（③）；随着网络节点博弈策略的更新，复杂网络实际上也实现了更新和演化。

资料来源：笔者以（苏奇，2020）为基础绘制。